美国国家天气与气候观测网

美国国家学院国家科学研究委员会
地球与生命研究部大气科学和气候理事会
发展中尺度观测能力满足多重国家需求委员会 著

厉运周 译
王军成 漆随平 刘 磊 校

图书在版编目（CIP）数据

美国国家天气与气候观测网 / 美国国家学院国家科学研究委员会地球与生命研究部大气科学和气候理事会发展中尺度观测能力满足多重国家需求委员会著 ; 厉运周译. -- 北京 : 气象出版社, 2023.3

书名原文: Observing Weather and Climate from the Ground Up: A Nationwide Network of Networks (2009)

ISBN 978-7-5029-7929-4

Ⅰ. ①美… Ⅱ. ①美… ②厉… Ⅲ. ①气象观测一美国 Ⅳ. ①P41

中国国家版本馆CIP数据核字(2023)第032471号

美国国家天气与气候观测网

Meiguo Guojia Tianqi yu Qihou Guancewang

出版发行：气象出版社

地　　址：北京市海淀区中关村南大街46号　**邮政编码**：100081

电　　话：010-68407112(总编室)　010-68408042(发行部)

网　　址：http://www.qxcbs.com　**E-mail**：qxcbs@cma.gov.cn

责任编辑：王萃萃　**终　　审**：张　斌

责任校对：张硕杰　**责任技编**：赵相宁

封面设计：艺点设计

印　　刷：北京建宏印刷有限公司

开　　本：787 mm×1092 mm　1/16　**印　　张**：10.25

字　　数：262千字　**彩　　插**：5

版　　次：2023年3月第1版　**印　　次**：2023年3月第1次印刷

定　　价：80.00元

美国国家学院

美国国家科学、工程、医学顾问

美国国家科学院是一个私立的、非营利性的长期经营机构，拥有从事科学和工程研究的著名学者，致力于推动科技发展以及使用科技为公众谋取福利。根据美国国会于 1863 年授予的特许权，要求科学院就科学技术问题向联邦政府提出建议。Ralph J. Cicerone 博士时任美国国家科学院院长。

美国国家工程院成立于 1964 年，根据美国国家科学院章程，工程院是一个由杰出工程科技人才组成的平级机构。工程院在管理和成员选择方面具有自主权；与国家科学院共同承担为联邦政府提供咨询服务的责任。美国国家工程院还赞助旨在满足国家需求的工程项目，鼓励教育和研究，并认可褒奖工程师的卓越成就。Charles M. Vest 博士时任国家工程院院长。

美国国家医学院由美国国家科学院于 1970 年成立，旨在确保有合适的专业人才能够审查有关公众健康的政策。根据美国国会章程授予国家科学院的职责，医学院为联邦政府提供咨询服务，并自行确定与医疗、研究及教育相关的事务。Harvey V. Fineberg 博士时任美国国家医学院院长。

美国国家科学研究委员会由美国国家科学院于 1916 年组织成立，旨在联合广大科技机构以进一步增长知识及为联邦政府提供咨询服务。该委员会按照科学院制定的一般性政策运行，向政府、公众、科学和工程等机构提供服务，该委员会已成为美国国家科学院和美国国家工程院的主要运营机构。该委员会由美国国家科学院、美国国家工程院和美国国家医学院共同管理。Ralph J. Cicerone 博士和 Charles M. Vest 博士分别为时任美国国家科学研究委员会主席和副主席。

www. national-academies. org

发展中尺度观测能力满足多重国家需求委员会

RICHARD E. CARBONE(主席),美国国家大气研究中心,科罗拉多州博尔德
JAMES BLOCK,DTN,明尼苏达州明尼阿波利斯市气象局
S. EDWARD BOSELLY,天气解决方案集团,华盛顿州奥林匹亚
GREGORY R. CARMICHAEL,艾奥瓦大学,艾奥瓦市
FREDERICK H. CARR,俄克拉何马大学,诺曼
V. (CHANDRA)CHANDRASEKAR,科罗拉多州立大学,柯林斯堡
EVE GRUNTFEST,科罗拉多大学,科罗拉多斯普林斯
RAYMOND M. HOFF,马里兰大学,巴尔的摩县
WITOLD F. KRAJEWSKI,艾奥瓦大学,艾奥瓦市
MARGARET A. LeMONE,美国国家大气研究中心,科罗拉多州博尔德
JAMES F. W. PURDOM,科罗拉多州立大学,柯林斯堡
THOMAS W. SCHLATTER,科罗拉多州立大学,博尔德
EUGENE S. TAKLE,艾奥瓦州立大学,艾姆斯
JAY TITLOW,动态天气公司,弗吉尼亚州普库森市

美国国家科学研究委员会工作人员

CURTIS H. MARSHALL,高级项目官员
ROB GREENWAY,高级项目助理

美国大气科学和气候理事会

前办公成员

美国国家科学研究委员会工作人员

译者简介

厉运周，山东莒县人。2008年本科毕业于山东科技大学电子信息工程专业，2011年硕士毕业于山东科技大学控制理论与控制工程专业，2011年至今在山东省科学院海洋仪器仪表研究所工作，2018年获副研究员专业技术职务资格，2022年博士毕业于国防科技大学大气科学专业。现为齐鲁工业大学(山东省科学院)海洋环境智能监测技术院士创新中心院士办公室主任，山东省科学院海洋仪器仪表研究所泰山学者攀登计划办公室学术秘书，山东省科学院海洋仪器仪表研究所总工程师办公室秘书。

主要从事海洋环境监测技术研究和战略研究。参与国家重点研发计划项目2项、中国工程院战略研究与咨询项目4项、山东省重点研发计划项目2项、山东省泰山学者项目2项等国家、省部级项目。担任中国仪器仪表学会气象水文海洋仪器分会第十届理事会副秘书长、理事，中国仪器仪表学会标准化工作委员会气象水文海洋仪器技术委员会委员兼副秘书长，《中国大百科全书》第三版学科编委会仪器科学与技术学科气象水文海洋仪器分支编纂工作组成员。2014年至今，作为主要成员参与中国仪器仪表学会气象水文海洋仪器分会年度学术交流会、《气象水文海洋观测技术与仪器发展报告》编委会议、《中国大百科全书》气象水文海洋仪器分支编委会议及相关技术交流会等系列学术活动的组织筹备工作。

参与编写、编纂、校对或翻译的图书有：(1)《气象水文海洋观测技术与仪器发展报告2016》海洋篇，海洋出版社；(2)《海洋技术进展2021》，海洋出版社；(3)《中国大百科全书》第三版网络版仪器科学与技术卷气象水文海洋仪器分支条目，中国大百科全书出版社；(4)《海洋科学家手记》(第一辑)，中国海洋大学出版社；(5)《海洋资料浮标原理与工程》，海洋出版社；(6)《Observing Weather and Climate from the Ground Up: A Nationwide Network of Networks》(中文名《美国国家天气与气候观测网》)，气象出版社。

中文版序言

近年来，中小尺度天气系统及与其相联系的灾害性天气（如雷暴、飑线、暴雨、冰雹、龙卷、下击暴流等），给工农业生产、交通运输和人民生活等带来极大危害和不便。中小尺度天气系统的显著特征是水平尺度小、空气垂直运动强烈、生命周期短、气象要素梯度大，并伴随短时强降水、大风等强对流天气。目前，对中小尺度天气系统及与其相联系的灾害性天气认识还不甚清晰，预报能力还不高。常规天气观测通常能有效观测大尺度的天气现象特征，有利于数值预报模式预测这些大气现象。然而由于缺乏中尺度天气的观测资料，对中尺度天气系统特征认识不够，使得预报模式在预测特定的中尺度高影响天气方面能力有限。因此，建立全国/区域范围的中小尺度的天气和气候观测系统，提高观测时空密度，是中尺度天气和气候观测网必需的选择。

为此，美国从国家到各州和地方政府、大学及各类企业单位建立了多种天气与气候观测网，实现对中尺度天气与气候事件有效的监测，获得天气与气候的中尺度观测数据，从而为天气预报、经济发展、健康、交通、农业和安全等服务。

《美国国家天气与气候观测网》这本译著对美国国家中尺度天气与气候观测网的建设需求、采用的技术、网络构建的原则和方法等方面进行了全面介绍。书中从国家中尺度天气和气候观测在监测预报、科学研究、防灾减灾、能源安全、公共安全、交通运输、粮食生产等需求出发，首先对美国气象观测的发展历史进行了梳理，对国家中尺度天气与气候观测网的当前政策和技术背景进行了总结；在此基础上，从美国经济中密切依赖观测网的能源安全、公共安全、交通、水资源和粮食生产等代表行业进行分析，突出了国家中尺度天气与气候观测网对观测需求的多样性。然后，从地面观测系统、天基观测系统等方面对美国当时观测能力和新型仪器技术进行了综述，并在观测面临挑战分析基础上，分析了全球背景和基础设施方面的全球观测系统陆基子系统和天基子系统，从测量网络、国家中尺度观测系统及网络标准、协议、全球观测系统等方面对美国国家天气观测网的架构进行了具体介绍。在翔实介绍现状的基础上，从未来发展规划、基本核心服务、基础设施扩建、统一管理机构等方面对美国国家中尺度天气与气候观测网发展进行了展望。从现有中尺度观测网络模式分析、理想观测网特征分析、地方网络与国家网络统一构建等方面提出了满足国家多种需求的完全一体化观测网的组织模式，根据预期目标和模式需求类别，给出了若干个组织模式方案及首选方案。最后从保护多样性、满足人类发展等方面，提出了源于共同需求的天气与气候观测网优先事项和面临挑战。

本书通俗性和专业性兼顾、可读性和学术性并重，从多种需求分析出发，有重点、有选择地介绍了美国国家中尺度天气与气候观测网的历史、现状和未来。本书适用于各类天气与气候观测技术、仪器及观测网构建、应用及服务等领域感兴趣的读者，“他山之石可以攻玉”，特别对我国从事该领域的科研工作者、技术研发者及政策制定、数据管理服务等行业的读者，本书更是值得仔细研读的一部有参考价值的资料。

衷心地感谢译者所做的贡献和付出的努力。衷心希望读者能够从本书中获得大量有用的信息，从而更好地了解美国国家天气与气候观测网技术现状和未来趋势，对标找出我国在相关方面存在的差距，发展完善我国的中尺度天气和气候观测网及相关的技术和仪器，为我国的天气预报和气候监测、科学研究、防灾减灾、能源安全、公共安全、交通运输、水资源和农业安全等提供有力的保障支撑。

徐祥德

2023 年 2 月

徐祥德，中国工程院院士，中国气象科学研究院研究员。

译者前言

气象学界认为，天气指某一个地区距离地表较近的大气层在短时间内的具体状态。不同类型天气主要区别在于时空尺度的长短。美国学者 I. Orlanski、中国学者孟智勇等将水平范围 2 km 以下的天气系统称为小尺度天气系统（如雷暴、龙卷等），生命期为几分钟到几小时；2～2000 km 的称为中尺度天气系统（如超级单体、海陆风、飑线、台风、锋面、气旋、反气旋等），生命期为几小时到几天，其中 200～2000 km 的也称为天气尺度天气系统（如台风、锋面、气旋、反气旋等），生命期为一天到几天；2000 km 以上的称为大尺度天气系统（阻塞高压、副热带高压等），生命期为几天到十几天。而气候是指地球上某一地区多年间大气的一般状态。根据地球上各个地区的气温和降水状况等不同，气候分为热带雨林气候、热带草原气候、热带季风气候、热带沙漠气候、亚热带季风气候或季风性湿润气候、亚热带地中海气候、温带季风气候、温带大陆性气候、温带海洋性气候、高原山地气候、极地气候等类型。不同类型的天气与气候及其变化，对人类的生存、生产和生活有重大的影响，因此，天气与气候的研究得到了高度的重视和关注。

作为博士研究生在国防科技大学气象海洋学院学习期间，一次偶然查资料，我接触到美国国家学术出版社出版的图书《Observing Weather and Climate from the Ground Up: A Nationwide Network of Networks》（直译为：从头开始观测天气与气候：一个全国范围的网际网）；2018 年到美国交流访问期间，调研了解到美国在中尺度天气与气候观测方面做的大量工作在这本书中有较为系统全面的介绍，意识到这对于中国气象探测领域的科研与业务或将具有参考和借鉴价值。之后利用工作之余，边看边翻译了这本书，并积极争取经费完成中文版的出版。到 2021 年上半年终于完成了全书的翻译初稿，下半年开始与气象出版社洽谈出版事宜，并由气象出版社与美方办理版权引进事宜。2022 年 3 月，气象出版社取得该书在大陆使用汉语翻译的版权，我所在工作单位山东省科学院海洋仪器仪表研究所与气象出版社签订了该书的出版合同；申请图书在版编目时，需要确定中文书名，根据当时对原著书名及书中内容的理解并征求有关专家意见，于是将中文书名定为《美国国家天气与气候观测网》并办理了版权登记。自此，经过译稿核对、三审三校、多轮修改等，本书完成定稿。这时，对原著有了更深的认识，书名"观测网"在原著中所指的"网际网"（Network of Networks），就是从美国国家战略需求出发，将现有分散在美国不同州县、部门、单位及个人所属的气象观测网，协调、整合成为全国统一的分布式自适应综合观测网，从而最大程度地满足经济发展、安全、健康等对中尺度观测的多种需求。基于此，宜将书名译为《美国国家中尺度天气与气候观测网际网》才会与书中主体内容更为一致；但更改书的译名，涉及需要重新变更版权登记，基于出版时间考虑，因而就保持翻译书名不再变更，盼望读者能够理解，若给读者造成混淆也敬请谅解。

本书主体内容共分为 8 章，主要为背景情况、中尺度监测和预报基础设施、中尺度观测需求、观测系统和技术、观测网架构、观测网建设步骤、观测网组织模式、总结与思考，另外还有观测网发展建议及相关附录。本书编写是在美国国家科学研究委员会所属专业委员会组织领导下，气象、海洋、水文、环境等领域的科学家及工程技术人员共同完成的，因此，是一本国家需求牵引、多学科交叉、跨部门合作、多领域专家参与、饱含集体智慧结晶的战略咨询报告。书中介绍的有关观测网布局规划、分布式组网、组织模式、运行维护、共建共享、经费保障等做法经验，可供国内气象等领域有关业务部门、科研单位、机构团体参考借鉴。

本书的翻译，基本涵盖了我在国防科技大学气象海洋学院学习过程，在潘德炉、黄思训、张立凤、高太长、孙学金、张韧、严卫、项杰等教授的教导下学习了大气科学与大气探测方面知识，正是这些知识储备让我有信心坚持到底，完成本书的翻译。翻译完成后，由中国工程院院士、崂山实验室领军科学家、山东省科学院海洋仪器仪表研究所研究员王军成及山东省科学院海洋仪器仪表研究所漆随平研究员、国防科技大学气象海洋学院刘磊研究员对全书进行了审校。之后请曾庆伟、李肖霞、曹煊、高杨等有关同事好友对语言流畅性、错别字等做了检查。本书出版前夕，中国仪器仪表学会气象水文海洋仪器分会组织气象领域的李柏研究员、吕文华研究员、沙奕卓研究员、高太长教授、孙学金教授、行鸿彦教授、马尚昌教授、赵传峰教授对译文相关章节内容进行了审查，各位专家对有关术语、语句等方面存在问题提出了建设性修改意见建议，进一步帮助提高了本书的翻译质量；中国工程院院士、中国气象科学研究院研究员徐祥德百忙之中审阅了本书，并欣然撰写了序言。

感谢山东省泰山学者工程项目、山东省住鲁院士科研项目、山东省重点研发计划项目(2023ZLYS01)、湖南省自然科学基金杰出青年基金项目(2021JJ10047)、国家重点研发计划项目(2021YFC2802501、2022YFC3104200)、中国工程院战略研究与咨询项目(2021-XBZD-13、2022-XY-21)等项目对本书翻译和出版的支持。感谢气象出版社总编室、编辑室的有关同志对本书出版的帮助和支持，他们为保障本书出版付出了大量辛勤劳动。

本书翻译过程中，本着对原著和读者负责的态度，译者尽所能做到使中文译文准确和流畅，但由于工作、学习任务相互交织，且主要利用业余时间完成，时间精力投入不足及水平所限，译文中不当之处及错误在所难免，敬请读者批评指正并联系译者(lyz@qlu. edu. cn)订正。

译者

2023 年 1 月

于青岛

原版前言

众所周知，在美国提供天气和气候信息如今已不再是政府的唯一领域。天气信息和服务现在广泛覆盖了各个公有和私有部门，有不同的任务和多种应用。

从观测结果来看，这项事业的覆盖面越来越广。价格低廉的数字电子产品和高带宽通信的出现，降低了对大气观测的投资障碍，特别是在近地面观测方面的障碍。包括小型企业、财富500强公司、国家机构、地方水务管区、城市空气质量管理当局、农业生产者和服务提供商以及娱乐提供商在内的众多组织已经进入中尺度观测领域，以带来更多与其使命相关的特殊利益。这些气象观测资产显然是由市场驱动的，涵盖了广泛的动态投资范围。

成千上万的业余爱好者和气象爱好者在气象站观测方面进行了大量的投资，这些投资有时具有专业水平，而且往往能起到相当大的作用。他们积极地寻求通过地方、区域和国家范围内的志愿网络分享气象观测信息。这种基层参与通过全国范围内广受欢迎的数百个学校网络进一步扩大，并且通常由地方电视台提供资助。

尽管有广泛的人员参与气象观测投资，但在大气和相关环境观测方面并不尽如人意，特别是在与大气表层以上观测有关的昂贵基础设施以及相关的数据整合、同化和访问服务方面。本研究的赞助机构①已认识到许多国家的脆弱性，与他们的任务有关的未满足的需求，以及联合起来寻求高效、有效和经济实惠的解决方案的推动力。考虑到这些问题和愿景，委员会特此负责制定一个综合、灵活、适应性强和多用途的中尺度观测网络的总体设想；并确定具体步骤，以帮助开发一个以高性价比的方式满足国家多种需求的气象观测网络（任务说明全文见附录D）。编写本研究报告的委员会（委员会成员简历见附录E）代表了对中尺度观测发展和应用的广泛观点，并综合考虑了一系列公有、学术和私有部门的利益。委员会的科学和技术专长包括业务气象学和天气预报、气候科学、空气质量观测和建模、水文学、农业气象学、沿海气象学、交通气象学、卫星观测及环境观测应用中的人类层面。利用这一专业知识，并根据其职责，委员会编写了一份报告，该报告（1）概括总结了现有的中尺度观测资产，（2）评估了为一些主要应用服务的总体充分性和适宜性，（3）确定了以具有成本效益的方式提高能力的前进方向，以及（4）考虑了创新的组织和商业模式选项，以促进和维持企业实现这一目标。

为了履行其职责，委员会给自己分配了三项任务。第一，明确考虑美国中尺度观测网络在天气、气候和地球系统观测的大背景下的作用，包括全球综合地球观测系统（GEOSS）。正如美国国家科学研究委员会（NRC）的研究报告《地球科学和太空利用：美国未来十年及以后的国家需求》（以下简称“十年调查”）所述，通常情况下，全球规模的观测最好从太空进行。委员会已明确将设想的天基观测作用纳入本文提出的地面观测计划中，力求尽量减少冗余，并使整个观测系统的有效性和效率最大化。

---

① 本研究由美国商务部、运输部、国土安全部、环境保护署和国家航空航天局资助。

* 本书英文版于2009年出版。

第二，当前的挑战比气象观测本身更为广泛。虽然本研究中的绝大部分观测结果是大气层的结果，而不是其他观测。其中，其他观测涉及对陆地或水面性质的观测，或对其他非气象变量的观测（例如，有毒成分或在污染、气候和全球变化应用中具有重大意义的成分）。因此，本报告在着重强调中尺度气象观测要求的同时，也酌情包括了许多影响或描述对流层下部状态的辅助性观测。

第三，尽管通常情况下未将国家中尺度观测网络归类为“应用”，但它对地球科学和生物地球科学研究的效用是巨大的，因此被认为是观测系统的一个重要组成部分。在许多情况下，前瞻性的研究结果已经并将继续对改善本研究的资助机构所提供的服务起到关键作用。此外，就美国国家科学基金会而言，我们注意到美国国家生态观测站网络（NEON）是几个有代表性例子中的一个，在这个网络中，以研究为目的的观测可以立即为公有和私有部门的实际应用作出贡献。

在履行职责的过程中，委员会就涉及公有和私有利益方面咨询了许多个人和组织。我们对 NRC 最近研究的建议和调查结果进行了研究，如 Fair Weather(2003)和 Earth Science and Applications from Space(2007)等。我们在哥伦比亚特区举行了会议，强调了各机构的情况介绍；在科罗拉多州博尔德探讨了研究部门和私营部门的关系；将俄克拉何马州诺曼确定为全国中尺度地表网络的“黄金标准”所在地；并在加利福尼亚州欧文提出了建议。此外，我们还从文献、数据库链接网站和最近在美国国家科学基金会大气科学部主持下进行的观测系统调查中获得了更多信息。委员会在此感谢许多向委员会介绍情况、以信函形式提供书面资料或其他技术资料的个人。具体包括 David Andrus、Rick Anthes、Albert Ashwood、Walter Bach、Randy Baker、Stan Changnon、Ken Crawford、Andy Detwiler、Paul Dirmeyer、Tim Dye、Robert Dumont、Frank Eden、Gary Foley、Mike Getchell、John Grundmann、Jack Hayes、Dave Helms、W. Hernandez、Rick Hooper、John Horel、Ed Johnson、Nick Keener、Scott Loeher、Teresa Lustig、Don Lynch、Greg Mandt、Cliff Mass、John McGinley、Dave McLaughlin、Phil Pasteris、Paul Pisano、Putnam Reiter、Dave Reynolds、Art Schantz、Dave Schimel、Victor Schisler、Ronnie Warren、Mark Weadon 和 Y. Zhang。另外，我们衷心感谢研究主任 Ian Kraucunas 和他优秀的继任者 Curtis Marshall，以及高级项目助理 Rob Greenway，感谢他们坚定的支持和鼓励。

Richard E. Carbone
发展中尺度观测能力满足多重国家需求委员会主席

致　　谢

根据美国国家科学研究委员会报告审查委员会批准的程序，本报告草案由具有不同观点和技术专长的专家进行审查。这一独立审查的目的是提供坦率和批判性的意见，以帮助委员会使其发表的报告尽可能合理，并确保报告在客观性、证据性和响应性的响应方面符合委员会标准。为保证审议过程的完整性，审查意见和草稿依旧保密。我们要感谢下列人士参与了本报告的审查：

Richard Anthes，美国大气研究大学联合会
Kenneth C. Crawford，俄克拉何马大学
George L. Frederick，维萨拉公司（已退休）
Richard M. Goody，哈佛大学（荣誉教授）
Bruce B. Hicks，美泰公司
John D. Horel，犹他大学
Irving Leveson，莱韦森咨询公司
Vijay Manghnani，美国运动委员会
Timothy Matuszewski，美国联合航空公司
Leon F. Osborne，Jr.，北达科他大学
Roger Pielke，Jr.，科罗拉多大学（博尔德分校）
Maria A. Pirone，大气和环境研究公司
Yvette P. Richardson，宾夕法尼亚州立大学

虽然上文所列的审查人员提出了许多建设性意见和建议，但是没有要求他们认可报告的结论或建议，他们也没有在报告发布前看到报告的最终稿。新泽西理工学院的 Louis J. Lanzerotti 和 IBM 公司的 John A. Armstrong（已退休）对本报告的审查工作进行了监督。他们由美国国家科学研究委员会任命，负责确保按照委员会程序对本报告进行独立审查，并认真考虑所有审查意见。本报告的最终内容完全由编写小组和美国国家科学研究委员会负责。

目　录

摘要

中尺度观测(见知识框 S. 1)在促进我们国家的健康、安全和生活水平的提高方面发挥着重要作用。中尺度观测捕获天气现象,如雷暴、飑线、锋面和雨带,其水平尺度从一个小城市的面积到如艾奥瓦州一个州的面积不等。这些数据可用来支持诸如天气和空气质量预报等服务,以及包括交通、农业和国土安全等许多部门的决策。

知识框 S. 1

中尺度的含义

中尺度一词来源于希腊语 meso,在英语中近似翻译为中间的。在气象学中,这个术语指的是在水平尺度发生的天气现象,范围从一个小城市的大小到美国中西部一个普通州(如艾奥瓦州)的大小不等。《气象学词汇表》(Glickman,2000)将中尺度定义为:

> 与水平尺度从几千米到几百千米的大气现象有关,包括雷暴、飑线、锋面、热带气旋和超热带气旋中的降水带,以及由地形生成的天气系统,如地形波和海陆风。

《气象学词汇表》指出,从物理学或动力学的角度来看,中尺度特征的水平范围正好接近地球自转对空气运动产生显著影响的地方。除此之外,还有宏观("大")尺度特征,包括天气特征。天气学,其名称来自希腊语 sunoptikos,意思是"一起出现",包括气象解说员经常在天气图上指出的常见低气压和高气压系统。低气压和高气压天气系统通常成对出现("一起出现"),它们的演变在几天的时间尺度上决定着区域和国家的天气模式(例如,低压/暴风雨天之后是高压/晴天)。然而,更大的天气尺度系统中嵌入的中尺度特征,包括单个雷暴、雨带和锋面过境,通常提供特定位置的高影响天气。

在中尺度天气特征中,垂直空气运动会很强烈,并且在短的水平距离内变化很大,导致在任何特定地点观测到的温度、湿度、动量和化学组分浓度的强烈波动。这些是与人类居住地所"感知"到的天气有关的一些变量。一般来说,这些变量在环境大气中的垂向变化(即垂直梯度)在地球表面附近相对较大。因此,地球表面附近的大型垂直运动可以非常有效地重新分配温度、水分、动量和化学组分。正是这种空气的垂直运动与这些变量的急剧垂直梯度的相互作用,导致了中尺度上的高影响性天气和空气质量事件。对这些环境的观测是改进对高影响性事件预报的关键,其原因是提供这种预报的复杂计算机模式固有地受到作为计算起点的观测质量和数量的限制。

标准天气观测通常能解决较大尺度的特征,使计算机模式能够对这些特征进行熟练的预报,同时也能产生中尺度的事件。然而,由于缺乏能解决更多前期中尺度天气结构的观测资料,模式在预报特定的中尺度高影响性事件方面的能力有限。因此,一个更有效的气象和化学天气观测系统必须包括全国范围内的观测,这些观测在时间上更快,在水平方向上更密集,并旨在获取低层大气的垂直结构的详细信息。

虽然联邦政府在天气和气候信息服务方面的作用是至关重要的，但一些州和地方政府、大学和私有领域的利益集团已经开发和部署了密集的气象观测系统网络，我们称之为“中尺度网”。价格低廉的数字电子技术和高带宽通信的出现降低了这一领域的投资门槛，使数以千计的小型企业、财富500强企业、农产品生产者、娱乐提供商和其他许多人能够进入被不同投资水平的任务和市场所推动的中尺度观测领域。

尽管有如此广泛的参与，但对大气和相关的环境观测并不尽如人意。目前的美国企业拥有坚实的天气尺度观测网(在全国范围对大气现象进行观测)，但其中尺度观测能力在数量、质量、易用性、仪器布局、站位选择和元数据方面存在很大差异。美国的国家雷达网络仍然是世界上最好的，但数量不是很多，而且有一些明显的缺陷。美国中尺度观测的垂直分量(即测量不同高度下大气条件的能力)尤显不足。

国家的优先事项要求更详细的气象观测，具有比现在更精细的时空分辨率。这些优先事项包括：跟踪工业事故和恐怖活动产生的化学、生物和核污染物在大气中的扩散情况，以及对野火、规定的燃烧和季节性农业火灾的烟雾扩散监测和预测；更广泛的空气质量预报、高分辨率“即时预报”和高影响性天气的短期预报；航空、地面运输和沿海航道的高分辨率天气信息；以及支持区域气候监测。

本研究的赞助机构①认识到与他们任务有关的众多国家级短板和未满足的需求，要求美国国家科学研究委员会召集一个委员会议，以帮助确定负担得起和有效的解决方案，发展中尺度观测能力以满足多重国家需求，委员会制定一个综合、灵活、适应性强、多用途的中尺度观测网的总体设想。

本报告提供了影响美国中尺度观测的近期改进的步骤，以及为加强长期观测能力而可能进行的投资。尽管许多建议具体说明了本报告的联邦赞助机构应采取的行动，但仅靠联邦机构不太可能满足国家对中尺度天气资料的广泛需求。因此，这些建议特别针对更广泛的私人、公共和学术伙伴群体。

主要结论

委员会认为，总体而言，美国地面气象观测能力的现状是既充满活力又混乱，主要原因是观测网建设由局地需求驱动，没有充分的协调。虽然有其他供应商在当地采取行动以满足特定的区域监测需求，但联邦政府在从国家利益出发而采取的战略和全球行动能力方面是独一无二的。因此需要一项总体的国家战略来整合不同的系统，以便从中获得更大的效益，并确定实现一个真正的全国范围内多用途网络所需的额外观测，从而充分实现中尺度数值天气预报和其他应用。

加强现有地面观测网之间的协调将是向前迈出的重要一步，并将有助于实现更好的质量检查、更完整的元数据、更多的观测机会和更广泛的数据应用，以满足当地的多种需求。开展这种合作所面临的一个主要挑战是保留我们目前的高效、积极和多样化的投资，同时引入适当程度的集中管理，以实现协调、整合和一体化，以使国家利益最大化。

委员会设想了一个分布式自适应观测“网际网”(NoN)，服务于地球表面附近的多种环境

① 本研究由美国商务部、运输部、国土安全部、环境保护署和国家航空航天局赞助。

应用。观测由政府、工业界和公众共同提供和使用，对于实现与我们国家的健康、安全和经济福祉相关的重要服务和能力至关重要。本报告中的建议是本着委员会对“网际网”（NoN）的广泛愿景而提出的。

除非所有运营商都提供全面的元数据，否则“网际网”（NoN）无法为用户提供净收益。尽管提供高质量的元数据是一项艰巨的任务，但元数据是有效容纳各种数据源和尽可能广泛地利用这些信息的关键。全面的元数据使自定制的网络配置能够最大程度地满足用户自己指定的特定用户需求，包括观测与特定应用有关的系统性能的所有方面。

基础设施需求

除了现有地面观测网之间的协作之外，其他类型的观测对于实现全面和综合的国家中尺度观测网的预期结果至关重要。大气层最低处 10 m 及以上的中尺度观测尤其不充分。在最低 10 m 以上高度的较低对流层气象廓线观测非常有限，分布太稀疏或不均匀，经常局限于区域性覆盖，显然不符合国家规模的中尺度观测网的要求。同样，在大多数州，仅在相对较少的地点进行了次表层温度和湿度观测，这限制了我们预报中尺度天气过程和高影响天气的能力。解决这些特定短板需要联邦机构的领导和基础设施投资。

解决当前不足最需要的观测包括：

- 大气边界层的高度；
- 土壤湿度和温度廓线；
- 湿度的高分辨率垂直廓线；
- 近地层上方空气质量和相关化学成分的观测。

上述这些对高影响天气和/或化学天气的动态预报至关重要的变量，国家尚没有系统的观测能力。

仅次于上述最高优先级的便是一些目前已有的能力，但由于某个或多个原因未能达到适用的国家标准：

- 太阳直射和太阳漫射辐射；
- 风的垂直廓线；
- 地下温度廓线（例如路面下方）；
- 地表结冰；
- 温度的垂直廓线；
- 地表湍流参数。

地理和人口

委员会一再重申对城市、沿海和山区的关切，因为它们影响到地面中尺度观测系统的协调性。山脉、海岸线和城市的重要性比从表面上看上去的重要性要更大。但令人惋惜的是，相对于它们的需求，它们的观测严重不足。这三者都有自己的天气，其不同的天气在天气尺度的模式中常常难以分辨。考虑到冬季出行或夏季扑灭森林火灾的危险性，山区观测的内容早已超出了简单的天气预报范畴。人口稠密的海岸线和城市也具有特别重要的意义，尤其是考虑到观测在应对有毒物质释放、应对冰风暴或暴风雪时处理道路、飓风登陆前疏散人员方面所起的关键作用。

观测网发展步骤建议

要从目前不同的观测网络状况发展到一个综合的、协调的观测网，需要采取几个步骤。首先，有必要在供应商和用户之间牢固地建立一种共识，即观测网将产生与建立它所需的努力成正比或更大的收益。这一建立共识的步骤基本上是政治性的，需要在公共和私人参与的各个层面上达成原则性的协议，从而合作制定一个实施计划。观测网的新要素有两个方面：(1)提供服务和设施，使单独拥有和经营的网络或多或少地作为一个虚拟网络运行；(2)提供新的观测系统或设施，以实现国家目标。第一个方面和第二个方面在很大程度上是可以分开的，因为利用现有的观测资源改进功能，可能会带来相当大的好处。

建议：包括各级政府、各类私有部门利益团体和学术界在内的利益相关方应共同制定和实施一项计划，以实现和维护一个中尺度观测系统，满足国家的多重需求。

该计划应认识并考虑到参与者的不同角色、责任、能力、目标和应用有关的复杂性，以及从过去的经验中获得的教训。启动计划程序为：

• 应召开中尺度环境观测系统峰会，讨论并建议实施观测网，并规定制定计划的程序。来自私营行业、联邦行政部门、美国国会、州长和市长以及主要专业协会的与会者应出席。

• 进一步讨论和建议实施中尺度观测系统的论坛应该由专业学会和协会组织，如美国气象学会、美国国家工业气象学家委员会、美国地球物理联盟、商业气象服务协会、美国国家气象协会、美国化学工程学会、美国土木工程学会、美国国家公路和交通运输官员协会。美国气象学会的天气和气候事业委员会应发挥主导作用，该委员会的组成结构也特别适合完成这项任务。

建议：为确保进展，应确定一个统一管理机构，为观测网提供或启用基本核心服务。

基本核心服务被定义为那些从一个观测网中获得功能和利益的服务，这些服务明显超过了目前从相对独立的观测网组合中实现的服务。

基本核心服务包括但不限于：

• 定义所有主要应用中的观测标准；

• 定义所有观测的元数据需求；

• 对所有适当的应用进行数据认证；

• 定期对观测网要求和用户期望进行“滚动审查”；

• 数据通信链路和协议的定义和实现；

• 设计和实施一个数据存储库，用于安全地实时访问和有限时间后访问；

• 根据原始观测结果生成一套限量产品，最主要的是数据字段的图形显示和分析；

• 外部生成较复杂产品的指示器，如从短期模式预报和多个观测源生成的分析；

• 指向数据提供者的指示器，该指示器提供更多的产品和服务；

• 建立美国国家海洋大气局(NOAA)和美国气象数据中心(NCDC)的链接，以便将国家气候数据中心认为适当的选定数据存档；

• 开发和提供用于数据搜索、信息挖掘和批量数据传输的软件工具和互联网连接；

• 开发和提供一套有限的最终用户应用软件，以便为主要的应用程序选择默认的网络数据配置，并提供创建自定义网络数据配置的工具；

• 提供数据质量检查服务，对所有主要数据类别进行客观、基于统计学的错误检查，包括人工干预和向提供商提供反馈。

提供这些服务的前提是：

• 在建立和维护所提供数据的标准方面有专家协助；
• 了解哪些附加数据可用并适合自己的应用程序；
• 与选定的观测和分析具有兼容性，并易于获取；
• 确保选定数据的归档与它们的使用寿命相称；
• 轻松获取其他提供商的产品和服务。

最初，这些行动的重点应该是明显改善现有观测系统数据的使用和价值。随着新的观测、计算和通信基础设施的增加，重点应转移到迅速和无缝地适应这些新要素及其相关目标。核心服务的提供对于充分获取中尺度观测资料并将其应用于国家的多重需求至关重要。

关于适度集中化的建议紧紧围绕着基本的核心服务。它明确排除了以获取和运行观测系统为目的进行的集中化管理，这些系统由机构、公司和其他组织拥有和运行，以服务于其特定任务。统一管理机构是对广大企业的一个有利因素，只有在从观测网中获得额外的效用和功能时才会发挥作用。它并不涉及个别观测网络本身的所有权、运营、升级或维护。由此可见，可将集中管理想象成是整个观测网非企业中相对较小但极为重要的一部分。

建议：联邦主管当局应使用综合、多用途观测系统中每个组成部分的元数据。

观测数据在有全面的元数据时才具有高价值。如需获得观测网的成员资格，则必须提供元数据，并且应向提供元数据的网络提供方给予奖励。应谨慎确定元数据文件的内容，汇编后，国家元数据库应经常更新并可供所有人访问。如果通过提供未记录系统的相关全面信息来完善元数据和填补空白，则现有数据的价值和影响将远远超过元数据的收集成本。

建议：国家设计团队应开发一个清晰的架构，将现有和新的中尺度天气观测网整合成一个国家“网际网”。

为了满足国家多种需求，美国需构建一个系统，从架构意义上来说，该系统属于观测网。“架构”一词涵盖了中尺度观测网的基本要素以及组织和界面结构。其还涉及系统组件之间的内部接口，以及系统与其环境（尤其是用户）之间的接口。这种架构应通过改善元数据、标准和互操作性，以及支持访问中尺度数据、分析工具和模式，为数据提供方和用户建立优越的环境。为达成目标，还必须不断识别出关键观测差距、新测量系统和机遇以及最终用户不断变化的需求。

建议：国家观测网架构应足够灵活和开放，以提供用于研究的辅助观测结果和适应教育需求，通常针对有限区域内的有限时间。

如果历史是合适的评判标准，则根据用于研究的传感器和观测结果将推断出能满足现有和未来社会需求的具体行动。基于研究的观测系统很可能在地球表面或其附近感受到，与管理和自然陆地和海洋生态系统有关，并与大量建筑环境有关的问题。将正规大学教育与观测结果、业务预报和研究更紧密的结合，可推进以满足未来人的需求为目的的能力建设。

建议：联邦机构和合作伙伴应使用应用研究和开发的测试平台来评估和整合国家中尺度观测系统及其网络和相应的数据同化系统。除其他问题外，测试平台应满足城市化地区、山区和沿海地区的独特要求，因为这些地区目前存在特别严重的不足之处和挑战。

应用研究和开发应包括但不限于过渡性活动（包括运行原型网络和评估其对预报的影响）；开发易于使用的数据访问工具，以实现实时同化；开发其他工具来为群众提供服务和进行公民教育；探索先进和创新的技术，以更好、更实惠和更快地满足多重国家需求。测试平台可由国家实验室、大学或联合机构根据应用情况进行运营，并且可重点针对有限的活动范围，在过渡中将用户集中整合到业务中。

建议：美国应建立一个强大且在经济上可行的组织架构，以便在国家层面建设中尺度多用途环境观测网络。这个组织最好采取公共特许的私人非营利公司形式。公私混合组织模式将在广泛动态的投资和应用范围内提升公共和私人参与度，最大限度地获取中尺度观测数据，并起到协调公共利益和私有利益的作用。

从历史上看，美国国会出于各种目的特许私人非营利公司，其活动确实在全国范围内开展，但主要资源来自政府和私人在联邦和地方两级合作提供的资源。虽然所有提供中尺度数据的实体对企业都很重要，但所有实体的任务有限，因此在提供基础设施和服务方面的作用也有限。公私混合组织有助于巩固关键联邦机构（如美国国家海洋大气局）的领导和突出地位，同时也起到保护、促进和扶持其他利益相关方的作用，这是合作企业获得成功的关键。

测量和基础设施建议

建议：作为基础设施的重要优先事项，联邦机构及其合作伙伴应在全国大约 400 个站点部署激光雷达和微波廓线仪，以连续监测下对流层的状况。

湿度、风和日边界层结构廓线是观测网的首要优先事项，站点的特征间距应设置为 125 km 左右，但基于区域考虑，可能在 50～200 km。此类观测结果虽然不能完全反映中尺度现象，但对于提高高分辨率数值天气预报模式和中尺度化学天气预报的性能非常重要。通过先进的数据同化技术，如果将 400 个站点的数据与先进的地球同步卫星红外和微波探测、全球定位系统（GPS）星座无线电掩星探测和商业航空探测结合使用，将有效填补国家观测系统中的许多关键空白。

建议：为了满足与公共健康和安全有关的国家需求（包括对化学天气预报日益增长的需求），中尺度观测系统应提供大气污染物成分参数核心数据集。核心数据集应有从约 200 个城市和农村站点（间距约 175 km）获得的一氧化碳、二氧化硫、臭氧和 2.5 μm 以下颗粒物的数据。

这些观测结果将是确定国家污染物构成的基础，并且将观测结果与地面气象观测和相关的垂直廓线结合使用时，对空气质量（化学天气）预报十分有用。选定的核心化学物具有各种影响，例如对人类健康的影响；可能对自然景观和管理景观有害；也可能成为其他危险化合物的前体；并且有助于从空间观测到的参数得到更好的应用。在针对设想的应用开发出合适且负担得起的技术后，就应加入额外的重要参数（如二氧化氮）。拟建设观测网不仅能在全国范围内进行化学天气预测，还支持城市空气污染监测，而这只有中尺度观测网才能做到。

建议：应在全国约3000个站点部署全国实时土壤湿度和土壤温度观测网。

对于一个在空间上分布在美国大陆的观测网来说，这个数字对应的特征间距约为50 km。尽管这一间距不足以捕获地表土壤湿度短期空间变异性的全部光谱，但由于它很小，因此足以代表季节变化和区域梯度，从而支持许多重要的应用，如支持数值天气预报、水资源管理、防洪和预报以及林业、牧场、农田和生态系统管理的土地数据同化系统。通过这种特征间距获得的分辨率数据还能补充历史和相关数据集。如果仪器露置和所有选址标准均可接受，并且可实现实时通信，则选址应更多地考虑现有观测网。

在考虑是通过地面吸收雨水或是将雨水径流到溪流时，必须了解地方的土壤湿度。土壤湿度也对分配至蒸发和感热的太阳能的量有很强的控制作用，而蒸发和感热反过来影响大气，改变降水和云层。土壤表层的水分在较短的时间尺度上起作用，影响日常天气，而较深层的土壤水分量在区域尺度上会影响较慢的过程，并在长时间没有降水的情况下成为深根植物的水源，而这些水分最后会蒸发到大气中。

建议：应通过观测网，特别是扫描雷达和激光雷达等遥感器，采用分布式协同自适应遥感的新兴技术。

可能无法探测或通过目前的低密度天气雷达网络无法很好地发现某些级别有限且出现在近地表位置的高强度天气现象(例如龙卷)，协同和自适应遥感及相关技术可有效加强危险天气方面的探测和监测，以便减轻灾害和用于其他用途，特别是用于对流尺度和复杂地形以及沿海和城市环境的探测。成本较低的高密度传感器网络能“智能”运行，以提高观测效率，同时控制成本。如果使用当前的技术趋势作为指导，那么将使用能协助测量的智能传感器来构建许多新的仪器网络。这些网络传感器将根据用户的输入和当前环境对反馈做出响应。当前最先进的通信、计算和遥感技术推进了这种网络化仪器运行的新模式。

建议：作为卫星仪器的重要优先事项，美国国家航空航天局(NASA)和美国国家海洋大气局(NOAA)与外国空间机构合作，努力提高地球同步卫星在陆地大气边界层内的水汽和温度探测质量。

红外高光谱探测和微波合成薄孔径阵列探测均位于地球同步轨道上，为改进中尺度预报提供了独特的机会。当与地面廓线数据结合时，改进后的地球同步探测可带来巨大好处，有可能提高对流性降雨和伴随的恶劣天气和洪水预报方面的技术。地球同步平台在卫星中是独一无二的，提供了这一应用所需的采样频率。

建议：应酌情扩大与公路和铁路运输相关的现有地面观测和观测平台，将其纳入世界气象组织(WMO)标准气象参数。相反，应酌情扩大公路和铁路附近现有的世界气象组织标准气象观测站，以满足运输业的特殊需要。

在继续满足运输业基本需求的同时，一些现有公路和铁路观测站可轻易地纳入观测网中，以最低的成本提供完善的气象和土壤测量结果。在现有站点增加一两个测量点可避免花费大量资金建立一个新站点，无线通信可灵活地对单个仪器进行最佳定位。同样，在靠近公路和铁路轨道的气象站可增加传感器，以便提供有利于交通的数据，例如提高涵洞附近的水深测量数据。

建议：运输业应通过车路协调计划评估并最终促成高密度观测的部署。一般航空和航海运输工具也应考虑类似的概念。

车路协调计划旨在利用车辆传感器进行观测，例如美国汽车和卡车车队中使用的温度和降雨量(从刮水器速度获知)。纳米传感器技术的进一步发展将实现“芯片测量”，从而将取代20世纪一直使用的传感器模式。

人的因素建议

建议：利益相关方应委托独立的社会和物理科学家小组对选定行业进行最终用户评估。评估应进一步量化目前中尺度观测数据在决策中的用途和价值，还应预测未来趋势以及拟议新观测方面的价值。在实施和利用改进后的观测后，应进行定期评估，以量化中尺度观测数据用途的变更及其增加的社会影响和价值。

除了已知数据提供方和用户的参与外，应通过非正式的调查来从博客和网页反馈中获取用户评论。此类调查能有效获取已注册用户或定期访问数据用户的意见。调查的总体目标是：

- 确定可开展培训和外联的优先领域，以扩大用户数量和类型以及观测网数据的用途；
- 制定相应方法，确认和扩大环境监测信息的使用范围，使监测范围超出天气范围，包括审查社会对更广泛危害的脆弱性和复原力；
- 核实一个州、集团或区域内的合作协议和申请是否能在其他地方使用以及使用的方法；
- 发现新指标来衡量当前计划满足公民(例如教师、学生、医院管理人员、高尔夫球手、房主和所有年龄段的个人)数据需求的程度；
- 找寻出新方法来建设在社会中使用环境监测数据的能力。

未来挑战

如今，我们面临着一系列复杂的中尺度观测网络，这些网络显然由市场需求所驱动。这种情况既充满活力又混乱，并具有地方优势、国家差距和业务弱点。地面气象站的激增代表了地方的优势，这些气象站通常是为满足特定应用的监测需求而量身定制的。造成国家差距的原因是联邦政府在中尺度数值天气预报和化学天气预报方面的观测基础设施功能薄弱。需要特别注意的是对山区、海岸和接近城市化地区未进行充分观测的情况。就中尺度数值天气预报和化学天气预报而言，立体观测不可或缺，要实现立体观测则需要大量基础设施，而联邦机构必须是这个任务的主要参与者。

需要关注参与中尺度观测的每一个维度，因为它们都很重要。目前所面临的挑战是利用我们当前条件的优势，同时创建一个能激励和协调不同资产的组织环境，以服务于类似的各种需求。委员会认为，它为此提供了具建设性的、有时是新颖的替代办法，同时避免了不成熟的指令或过于集中的解决办法。因此仍有许多工作要做，特别是在架构细化、网络设计、各级政府和工业间新关系的建立以及公民真诚贡献方面。

第1章

引言

1.1 研究方法和报告组织机构

委员会设想了一个分布式自适应“网际网”,为地球表面附近的多种环境应用服务。观测由政府、工业界和公众共同提供和使用,对于实现与美国国家健康、安全和经济福祉相关的重要服务和设施至关重要。

出于对其愿景的考量,实际考虑因素在委员会审议和制定建议时占了很大比重。为此,该研究强调了社会应用及其相关因素对强化观测系统实施的影响,其目的是显著改善与天气相关的服务和决策。委员会考虑了联邦、州和地方政府以及商业实体将发挥的各种作用。从本质上说,本报告提供了一个框架和一些建议,让各种天气、气候和相关环境敏感信息的提供者参与进来,同时使这些信息的用户能够在其具体应用中切实有效地利用国家综合观测网络。

本项报告并非试图编制一份详尽的中尺度观测资产目录,尽管它确定并总结了这类信息的许多重要来源。这项报告也并非试图设计一个全国性网络,尽管它也确实确定了关键的系统属性和视为保持对用户的持续重要性和相关性所必不可少的成分。

为了充实其愿景,委员会将对“国家需求”的考虑因素分成了六大主题:(1)天气预报和气候监测,(2)科学研究,(3)能源安全,(4)公共卫生和安全,(5)交通运输,(6)水和粮食。

本报告组织如下:在第1章,我们持续描述了美国气象观测的发展史,总结了当前的政策和技术背景。

第2章概述了在天气预报、气候监测和研究等基本范畴内对中尺度观测的现有需求。“基本”一词很恰当,因为收集、处理、质量检查以及将原始观测结果纳入预报模式所需的基础设施均服务于所有其他具有经济意义的应用。人们可能会质疑为什么这份报告会考虑气候问题。气候在某种程度上是日常天气的一种统计表现,以平均值和偏离平均值的方式表示。因此,它像天气一样具有中尺度可变性,这取决于纬度、地形和地面环境。因此,尽管测量标准可能不同,用于天气监测和预报目的的中尺度观测也适用于气候目的。科学研究放在第2章中有两个原因:(1)观测结果说明并证实了理论,以及(2)科学研究(尤其是涉及现场监测的项目)经常会提出观测大气的新方法并促进新仪器的开发。

第3章考察了美国经济中严重依赖中尺度观测和建模基础设施的五个代表性行业:能源安全、公共卫生和安全、交通、水资源和粮食生产。对于每个经济行业,我们讨论了在整个观测系统中中尺度观测对国民经济和流动资金及缺口的重要性。委员会希望第2章和第3章能够重点突出天气和气候对国民生活的普遍影响,以及中尺度观测需求的惊人多样性。

第4章是当前观测能力的指南和新兴仪器技术的概述。从本报告的标题“从地面开始”可以看出，本章首先考虑了地面观测，然后考虑了附接在穿过大气层的平台（例如气球、飞机）或者从地面远程对其进行采样（例如，雷达）的平台上的传感器。接下来，本章总结了卫星观测系统，并强调了空基系统和陆基系统的互补作用。虽然这项报告最终侧重于解决中尺度特征的观测，但这种观测的效用部分取决于在更大地理区域以较低分辨率进行观测，以支持数值天气预报。

第 5 章将第 2 章至第 4 章中所述观测网的各个方面整合在一个能够支持所有功能元素的架构中。该架构认识到国家级中尺度观测网将是一个网际网（NoN）。

第 6 章提供了一系列步骤，以确保朝着委员会的综合、多用途、全国性中尺度观测网的愿景取得进展。这些最初的步骤包括提供“基本核心服务”所需的最低协调水平，这在国家观测网成为可能之前必不可少，无论其组织模式如何。

第 7 章探讨了这种组织模式的选择。这一探讨包括组织实体运行企业的选择，并推荐了一种候选组织模式，该模式确定了联邦、州、地方、学术和私人合作伙伴可能扮演的各种角色。

第 8 章在报告的最后列出了观测网发展道路上的优先事项。

1.2　历史背景

美国的系统气象观测记录可以追溯到大革命前，当时乔治·华盛顿和托马斯·杰斐逊均记录了弗农山庄和蒙蒂塞洛的观测结果。尽管从大革命到 19 世纪中叶，观测结果和小型网络激增，但气象数据的系统收集和分发一直到电报问世后才得以实现。到 1849 年，共有 150 名志愿者收集基本气象观测数据，并通过电报将数据传输到史密森学会。然后由气象学家绘制并分析这些数据，以制作地面天气图。南北战争前夕，史密森网络中的志愿者人数已经增加到近 500 人。《华盛顿明星晚报》收集了这些数据和来自各种其他网络（包括那些由州天气局运营网络）的数据。

1870 年 2 月 9 日，首项气象观测立法委任条例以美国国会联合决议的形式出台。该决议由格兰特总统签署，指定由战争部长收集天气观测数据，并同步通过电报传送到华盛顿特区。这一举措最终促使在 1890 年《组织法》的支持下制定了合作观测计划（COOP），并在农业部内设立了气象局。

《组织法》指定美国气象局职责为：预报天气；发布风暴警报；为农业、商业和航海业提供天气和洪水信息；测量和报告河流流量；维护和运营沿海电报线路，收集和传输有利于商业和航海业的海洋情报；报告棉花种植区的温度和降水情况；提供霜冻和寒潮信息；向农业和商业发布气象信息；并为建立和记录美国气候条件进行气象观测，或是恰当履行上述职责所必需的气象观测。

COOP 网络是一个由观测员组成的志愿者网络，他们负责收集由美国国家气候数据中心归档的每日气象观测数据，到 21 世纪初，该网络已发展到 11000 多个站点。此外，美国国家气象局和其他联邦组织的观测能力已经远远超出了基于地面的基本气象变量，涵盖了一系列广泛的地球系统观测。关键的立法支持拓展这些观测能力。

1926 年，《航空商业法》指示美国气象局负责对影响美国和公海上空民航安全和效率的大气现象进行观测、预报和预警。该法案呼吁为此目的成立一个专门组织机构。1938 年，《防洪法》大大扩展了气象局在水文和水资源领域的作用，要求气象局建立水文气候网，即一个降水信息系统，其目的就是进行防洪、预报和预警。出台该法案的部分起因是 1937 年俄亥俄河发生的大洪水，以及事后意识到详细水文观测在及时、经济地提供河流洪水警报方面的效用。在那次洪水中，肯塔基州路易斯维尔市有70%被淹，而下游的帕迪尤卡则被完全疏散。

富兰克林·罗斯福总统认识到美国气象局的任务范围已经远远超出了其最初支持农业的定位，于是他于1940年6月30日提出了第4次重组计划，将气象局并入了商务部。罗斯福总统的计划明确认可了气象局在航空业的首要作用，并强调此举决非"质疑气象局对农业的贡献。"正是这一时期，气象局的观测能力因无线电探空仪的引入而发生了革命性的变化，无线电探空仪以比20世纪初以来各种民用和军用机构利用飞机完成任务更安全且更经济的方式提供了风、温度、气压和湿度的系统垂直分布。就在几年前，气象局通过在浮标上放置仪器，开始系统地收集海水的观测结果。

随着美国介入第二次世界大战，因军事行动的需要，对详细气象观测的需求显著增加。在天气尺度上系统地进行了额外的高空和地面观测，中尺度的概念开始为人所知晓。不久之后，雷暴项目(Byers和Braham,1949)通过引入二战军用雷达和装备了仪表的飞机观测到了中尺度天气。在战后的几十年里，美国颁布了多项立法委任条例，建立新的观测计划和组织机构，以发展新的能力，并将其应用于加强美国公众安全和增进经济福祉。1958年《联邦航空法》出台，大大扩展了商务部在航空气象应用方面的作用，尤其是通过将观测延伸到极地地区，并指定商务部与其他国家的天气局达成国际协议，以实现数据共享。1959年6月26日，气象局在佛罗里达州迈阿密的新飓风预报中心启用了第一台用于气象监测的现代雷达——WSR-57。

在这些战后立法建立的同时，美国国家科学研究委员会(NRC)气象委员会建议将大学的气象研究联邦资金增加100%，并建立一个国家研究所，提供的研究设施和设备超过任何单一的大学(NRC,1958)。此后，美国国家大气研究中心(NCAR)成立，大学的气象研究蓬勃发展，联邦政府持续支持气象观测系统的开发和部署。

20世纪60年代和70年代，美国颁布了一项法规，在各种机构之间和内部建立了观测计划。气象局更名为国家气象局，并于1967年在新环境科学服务管理局(ESSA)的支持下进行了重组。1970年，尼克松总统发布了一项行政命令，成立美国国家海洋大气局，研究进一步提升环境观测能力，而卫星技术的应用为观测地球大气的能力带来了一场革命。

进入20世纪80年代，中尺度观测能力现代化所必需的研究和技术进展得到了实现。美国先前建立的系统能够提供足够的天气尺度数据，但中尺度现象观测方面的业务能力仍然有所欠缺，需要一个新的框架将研究进展实施于现场观测技术、雷达和卫星，以实现对天气、水和气候的实时中尺度观测。1992年《天气服务现代化法案》提出了这样一种途径。作为国家气象局现代化的一部分，美国国家气象局部署了几个主要的新的观测系统，包括WSR-88D多普勒雷达的下一代气象多普勒雷达(NEXRAD)网络和自动地面观测系统(ASOS)。部署的其他系统也具有不同程度的运行稳定性问题，包括垂直方向风廓线雷达的示范网络。先进天气信息处理系统(AWIPS)提供了一种工作站环境，用于处理整合这些数据集，并将其提交给美国各地新建的天气预报办公室，以方便业务天气预报员获取。国家气象局现代化委员会在其最终报告《国家气象局展望：未来路线图》(NRC,1999)中承认，这些观测结果可能推动数值天气预报方面发生重大潜在进步。

自美国国家气象局实现现代化以来，中尺度观测能力的发展一直没有间断。许多州和地方政府、大学和私营部门均热衷于开发并建设了密集的气象观测站网("中尺度网")。广播媒体运营的地基雷达在某些区域的密度与NEXRAD雷达相当。其他传感器所提供化学天气和空气污染信息的时空分辨率超过了传统气象观测系统。然而，在21世纪第一个十年结束时，这些观测系统并未覆盖全国，用于系统收集和分发观测结果的全国性基础设施也尚未建立。因此，可能有必要发布新的任务，以扩展能力，并利用现有系统推动美国中尺度观测能力的下一步发展。

在美国国家气象局现代化委员会（NWSMC）发布其最终报告前不久，美国国家科学研究委员会发表了《迈向21世纪的大气科学》（NRC，1998），将其两项最高优先级的建议确定为"当务之急"，一是呼吁"大气科学界和相关联邦机构制定优化全球大气、海洋和陆地观测的具体计划"，二是致力于制定一项战略、优先事项和一项计划，以开发观测关键变量的新能力，包括水的所有相态、风、气溶胶、化学成分以及与近地空间现象有关的变量，所有这些都在空间和时间尺度上与预报和应用相关。

自这份报告发表以来，又有多份报告发表，论述了加强特定系统和应用中尺度观测能力的必要性，包括在数值天气预报系统中使用卫星数据（NRC，2000）、扩散和危险释放（NRC，2003a）、交通运输（NRC，2004a）以及重启美国环境空间计划的需求（NRC，2007a）。

其他最新报告则侧重于数据管理及促进公共、私营和学术利益群体之间合作伙伴关系的组织和计划结构。《晴朗天气：天气与气候服务中的有效合作关系》（NRC，2003b）提出了一些机制，方便美国国家气象局修改其与私营部门达成协议的方式。近来，美国国家海洋大气局环境数据管理署（NRC，2007b）提出了关于在国家海洋大气局归档并评估数据和元数据的建议，包括国家海洋大气局"应制定和编纂企业级数据管理计划，明确纳入该报告所述的所有原则"这一建议。

本报告的其中一个目标是基于以往报告所提建议，同时考虑到当前政策和技术背景，就推进满足多重国家需求的多用途中尺度观测网提供一个框架。

1.3 现行政策和技术背景

最近几十年里，随着计算能力和建模能力提高，开发并提供准确、可靠和有效中尺度（即高影响力天气系统规模）大气预报相关的能力有所提高，但这些能力提高所带来的益处尚未在实际应用中得到充分体现。观测、建模和预报行业正逐渐达成一个共识，即一个精心设计的综合式立体中尺度国家观测网将对短期预报产生显著改善（Dabberdt et al.，2005a）。这种预报可为恶劣天气、山洪暴发、水资源管理、能源生产和管理、交通管理、林业和沿海生态系统管理与监测、农业、空气质量、城区管理、国土安全以及公共卫生和安全等领域的决策提供切实益处。

一些国家优先事项进行气象观测要求在空间和时间分辨率上比目前广泛使用的分辨率高得多。这些优先事项包括：跟踪工业事故和恐怖活动所产生的化学、生物和核污染物大气扩散情况；预测和监测野火、指定焚烧和季节性农业火灾的烟雾扩散情况；为空气质量预报、高分辨率即时预报和高影响天气短期预报提供信息；为航空、陆上运输和沿海航运提供高分辨率天气信息；用于支持区域气候监测。改善城镇地区的中尺度观测网对于解决诸多此类计划尤为重要，确定如何加强和设计中尺度气象观测系统（包括校准卫星环境数据）使其有效地共同为上述及其他需求服务，提供机会显著提高分析和预报能力，同时共享基础设施和成本。

因此，当前技术背景要求制定一项总体国家战略，以此整合现有的不同系统，并确定实现预期结果所需的观测。此外，必须就如何最佳地实施一个切实可用和高性价比的真正多用途中尺度观测系统提供指导。其实施的主要挑战在于维持促成当前状况所需的精力、积极性和多样化投资，同时就实现协调和整合进行适当程度的集中化管理，最大限度地保障国家利益。

第2章

中尺度监测和预报的基础设施

本章重点介绍了中尺度天气用户，其主要职能是提供当前天气信息、警戒、警报和预报；利用计算机生成天气分析和预报；以及中尺度监测气候趋势。民众可通过广播、电视、互联网或订阅方式公开获得该类用户提供的信息。目前此类用户中最大的用户为美国国家气象局，其主要任务是保护生命和财产安全。其他大用户包括私营企业，该类企业通过网络和其他媒体提供部分免费产品并提供专业的有偿服务。我们在此需要考虑这些中尺度用户普遍的观测需求，而非其客户的更具体需求。

此类中尺度天气用户几乎所有观测结果都由纳税款支付。在多数情况下，美国政府一般自行运营并维护观测系统，或者付款给私营企业完成（例如美国雷电监测网）。支持中间用户的观测系统可视为环境服务系统的支柱，其范围包含从简单的天气数据显示到复杂的产品和决策支持工具。如果没有原始观测，将观测融入大气模式，以及在计算机生成预报，就无法为第 3 章所述的具体应用量身定制产品。

鉴于中尺度天气用户极其依赖原始观测、计算机分析和预报，并且美国国家气象局非常重视生命和财产保护，本节将重点介绍支持这些功能所需的观测。具体而言，其侧重于精确的数值天气分析和预报方面的观测、灾害性天气实时观测和预警及特殊气候监测要求。

该委员会职责为：(1)关注 48 小时以内的时间尺度，但需考虑到更长的时间尺度；(2)关注美国和邻近沿海地区，但需考虑全球观测系统要求；(3)关注地面现场观测和遥感观测，但需考虑卫星观测的效用；(4)关注大气边界层，但需考虑深层对流层。在此情况下，最需进行探测、监测和预报的灾害性天气事件包括：

- 大型风暴导致的洪灾；
- 东北风暴；
- 暴风雪和冰暴；

[对于以上三项，必须注意降水类型、强度、降水量（在冰雪情况下，考虑液体当量、地面堆积）]

- 飓风和热带风暴；
- 空气污染①；
- 雷暴，包括中尺度对流系统：

——闪电，

——暴洪，

① 本报告涵盖意外或故意毒性物质释放。该主题最接近“空气污染”，但由于其并非一种自然现象，因此未在附录 A 予以讨论，也未在表 2.1 提及。毒性物质释放的空间和时间尺度（分别为 0.2～2.0 km 和 15 min～1 h）通常小于空气污染。

——冰雹，

——破坏性直线风(因飑线天气或弓形回波导致)，

——龙卷；

• 无降水风暴：

——下坡风暴，

——气压梯度风暴；

• 火险天气；

• 航空危险：

——云中积冰，

——下击暴流，

——飞机颠簸。

以上清单大致以规模和持续时间排序。这些现象相关的时间和空间尺度如图 2.1(彩)所示。所有这些现象都会影响生命、财产和经济，因此均为“高影响”现象。对于所有这些现象，预报员需考虑相同问题：开始时间、强度和强度变化及结束时间。此外，尽管列表顶端的一些现象规模很大并且持续多天，但大部分破坏均由其中所含的中尺度特征(尤其是对流天气)导致。

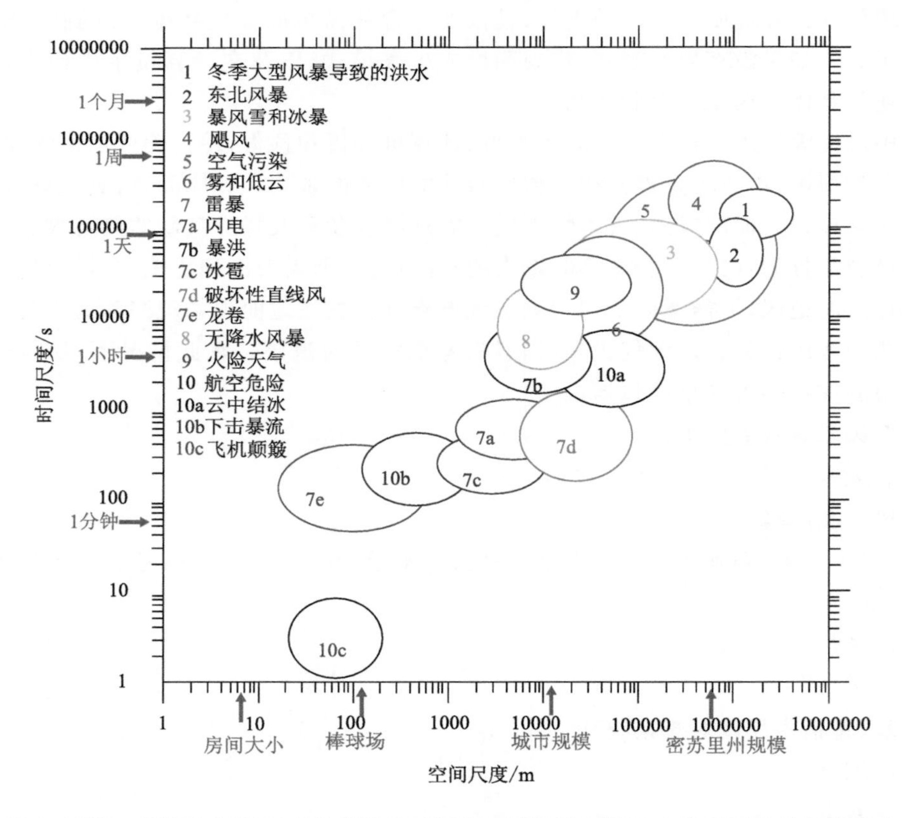

图 2.1(彩) “高影响”天气现象相关的时间和空间尺度在附录 A 进行讨论并总结于此

注：该尺度在两个方向上均为对数。垂直坐标上标注了常用的时间单位。水平轴上列出了常用的空间尺度表示。每个现象相关的空间尺度和持续时间为典型特征，但并不具有绝对性。较大事件中所含的中尺度特征未予描述

在本研究项下的有效观测同样适用于监测此研究所述时空包络之外的现象，例如大尺度半球环流模式转变、热浪、干旱和气候变化。用复杂同化系统对几十年来收集的大气观测数据进行再分析，这实际上综合了自气象卫星时代以来我们对大气行为的所有了解。

2.1 天气现象的观测要求

对于上述各种天气现象，我们都会问：

• 为什么各种天气现象很重要？

• 可使用哪些变量(如温度、湿度、风)来描述这种现象？

• 对于观测和监测各种天气现象，同时描述其内部工作原理并预报其开始和未来行为，需要怎样的观测空间密度和测量频率？

附录A详细阐述了这些问题，并给出了选择空间和时间分辨率(适合观测每种天气现象)的依据。据我们所知，此类分析尚未在其他地方使用。附录A中的讨论总结于表2.1。

表2.1 强调目前在所列天气现象尚未满足的观测要求，该要求将改进中尺度结构的定义和48 h以外的预报

天气现象	空间尺度	时间尺度	需观测的参数	分辨率		
				Δx	Δt	Δz
大型风暴导致的洪水	300～2000 km	0.5～5.0 d	温度 湿度 风 降水	50 km	3 h	200 m(最高5 km MSL)
东北风暴	500～2000 km	0.5～4.0 d	海面温度 温度	10 km	12 h	
			湿度 风	50 km	3 h	100 m(最高12 km)
暴风雪 冰暴	条带 200 km宽 1000 km长	2 h～2 d	温度 湿度 风 降水	30 km	2 h	100 m(最高5 km MSL)
飓风和热带风暴	100～2000 km	1～7 d	温度 湿度 风	路径预报 100 km 强度变化	6h	500 m(最高16 km)
			海面温度 降水	10 km	3h	200 m(最高16 km)
空气污染和有毒物质释放	20～1000 km	6 h～5 d	温度 湿度 风 来源/集坑 浓度	城市区域 5 km 农村地区 20～30 km	15 min 30min	50 m｜至混合顶部 ｜普通层 50 m｜低于4 km AGL)
雾和低云	10～500 km	1 h～1 d	温度 湿度 风	25 km	15 min	30 m(最高AGL 3 km)

续表

天气现象	空间尺度	时间尺度	需观测的参数	分辨率		
				Δx	Δt	Δz
闪电	1～20 km	5 min～1 h	温度	雷暴开始预报		
			湿度	2 km	15 min	100 m(至 PBL 顶部)
			风			
			土壤湿度			
			天电			
暴洪	2～20 km	5 min～1 h	温度	不稳定性评估		
			湿度	50 km	1 h	200 m(最高 12 km)
			风	云下层表征		
			土壤湿度	20 km	15 min	100 m(最高 2 km AGL)
			降水	低空急流捕获		
				30 km	2 h	200 m(最高 3 km AGL)
冰雹	0.5～10.0 km	2～30 min	温度	与暴洪相同		
			湿度			
			风			
破坏性直线风	5～10 km 宽 50～300 km 长	10 min～2 h	温度	1 km	5 min	100 m(最高 12 km)
			湿度			
			风			
			水凝物混合比			
龙卷	20 m～2 km	1 min～1 h	温度	风暴前环境		
			湿度	50 km	1 h	200 m(最远 6 km)
			风	非超级单体龙卷(云下层)		
				0.5 km	5 min	100 m(最高 3 km AGL)
下坡风暴	20 km 顺风 100 km 横向风	2～5 h	温度	风暴前环境		
			湿度	100 km	3 h	200 m(最远 15 km)
			风	局部变化		
				1 km	15 min	100 m(最高 15 km)
气压梯度风暴	100～300 km	2～12 h	温度	100 km	6 h	500 m
			湿度			
			风			
			气压			
火险天气	10～100 km	2 h～5 d	温度	1 km	15 min	100 m(最高 5 km)
			湿度			
			风			
			日晒			
云中结冰	10～300 km	30 min～12 h	温度	5 km	1 h	100 m(在温度介于 0 ℃和 −20 ℃之间的任何层内)
			湿度			
			风			
			水凝物混合比			
下击暴流	100～3000 m	1～10 min	温度	1 km	1 min	200 m(最高 8 km)
			湿度			
			风			
			水凝物混合比			

续表

天气现象	空间尺度	时间尺度	需观测的参数	分辨率		
				Δx	Δt	Δz
飞机乱流(晴空)	10～100 m	1～30 s	温度 湿度 风	1 km	1 min	50 m(垂直切变强的区域)

注：km/m——千米/米；
h/min/s——时/分/秒；
$\Delta x/\Delta t/\Delta z$——水平分辨率/时间频率/垂直分辨率；
MSL/AGL——平均海平面以上/地平面以上；
SST——海面温度；
PBL——大气边界层。
* 表中所列空间尺度和持续时间提供了典型范围，但可能不包括极端情况。所建议的观测间隔和频率应视为粗略估计，而非确切数字。

表 2.1 所列的现象大家都很熟悉。有一种大气实体(重力波)几乎不为公众所知，然而其影响表 2.1 中列出的许多天气现象。重力波在大气中无处不在。其属于波扰动，浮力作为从平衡位置移开时的局部恢复力。重力波可引发雷暴、在山脉附近产生强湍流、创造持续的奇努克风(温暖干燥的下坡风)天气条件、增加冬季风暴天气下的风力和降雪量、并通过“压力泵效应”从土壤中排出微量气体。

重力波的典型波长从几千米到几百千米不等。典型传播速度为 10～20 m/s。为捕获重力波，观测网必须精细到能够分辨容纳重力波移动的静态稳定层(通常在对流层顶或对流层下部，且一般在逆温层内)。这意味着在温度、湿度和风力测量中，大致水平分辨率为 5～10 km，垂直分辨率为 100 m。

从表 2.1 和重力波简要介绍中得出的主要结论如下：

• 温度、湿度和风力均为普遍要求的参数(在这三者中，湿度为迄今为止测量最少的参数)。对于一些关键应用，大气气溶胶和选定气体成分的浓度以及水凝物混合比至关重要。

• 大多数尚未满足的要求和最苛刻观测要求处于海拔 5 km 以下。其原因如下：(1)大气边界层是对于地面条件和日循环最敏感的大气部分，是许多中尺度现象的根源所在。除了在沙漠区域，其深度很少超过 5 km。(2)主要的热量、水分、微量气体和动量交换发生在地球表面附近。(3)大气梯度在对流层下部更强，并且受地形影响很大。(4)目前观测系统无法像对地表或对流层上层条件那样对地表上方的大气条件进行观测。例如，卫星搭载的红外传感器无法穿透云层，在对流层下部的现场观测水平密度比地面低得多。重要的是，无线电探空测风仪站点相距数百千米，每 12 h 只进行一次探空(0000 和 1200UTC，在大多数经度上，既不在峰值处，也不在边界层发展的最低值处)。

• 对于规模较小且持续时间较短的中尺度天气现象，观测的空间密度和时间频率一般较高。然而，如下文所述，通过数据同化将观测资料和模式信息混合在一起可在一定程度上放宽要求。

2.2 数据同化:观测和预报模式之间的协同作用

数据同化旨在以最佳方式结合从观测和模式中收集信息(Daley,1991;Kalnay,2003;Rabier et al.,2000;Wu et al.,2002)。当使用观测数据修正短期模式预报时,模式动态一致性和连续模式状态之间的时间连续性通常可产生比无同化时更好的后续预报。观测结果与模式方程中的大气行为理解之间的协同作用促使对大气状态进行更精确展示,尤其在像运营中心一样频繁地重复同化时(至少每 6 h)。这种"同化循环"是否允许放宽一些观测要求?这毫无疑问,但其真实度尚未进行仔细研究。

数据同化并不能解决数据覆盖或准确性方面的所有限制。质量控制始终是一个重要问题。在某些快速变化且动态复杂的情况下(例如强对流),无论是否有良好观测数据作为输入,模式能力都较为有限。即便如此,表 2.1 所列的空间密度和时间频率要求可能降低(各减少两倍),并且肯定会降低观测成本。

在此,我们提供了两个观测与模式之间协同作用的示例。土壤水分的现场观测稀少并且分布不均,而美国卫星覆盖面更为广泛,但卫星的估计仅适用于表面湿度,在植被密集的情况下这些温度估计会被削弱。针对这些缺陷,陆面数据同化系统(LDASs)被开发出来以生成真实的物理土壤-水分廓线,用于初始化计算机预报模式(Mitchell et al.,2004)。陆地资料同化系统运行需要频繁输入卫星的辐射数据;美国国家海洋大气局(NOAA)水文办公室根据雷达反射率测量、雨量计数据、有时基于卫星信息得出"第四阶段"降水量估计值并集成到模式。运行时间以月为单位进行测量,然而,使用 LDASs 可生成比单独直接测量更加完整的土壤水分特征,同时也在一定程度上改进了夏季对流降水的预报。

目前,数据同化系统非常复杂。其往往需要关于观测、模式误差及其空间相关性的全面信息。观测结果存在以下两种误差。

(1)测量误差——仪器运行时固有的误差。每种仪器都会采集特定体积的待测介质(无论是安装在掩蔽处的温度计、气象气球上上升穿过大气层的湿度传感器,或是测量大气中特定波长间隔长波射出辐射的卫星)。此外,每次测量相关参数还包括仪器对待收集介质做出响应的时间间隔。测量值与样本量和采样时间上积分的真实值(永远无法精确知道)之间的差值称为测量误差。通常情况下,根据更精确的实验室标准校准现场仪器来估计测量误差。

(2)代表性误差——实际上并非误差,而是测量的时空维度与模式可捕捉的时空维度之间的差异度量(与网格点空间和时间步长相关)。

例如,夏季午后雷暴可能仅占模式格网方格面积的 1/10。代表整个格网方格的表面温度(模式应计算的)可能与雷暴天气下直接测量的精确温度相差 10 ℃。如果模式分辨率很高,可明确预报雷暴,这种差异就会小得多。估计代表性误差与其说是科学,不如说是一项艺术。

由于有效数据同化会在考虑各自误差大小的情况下就观测资料和模式信息分配权重,因此观测误差相关信息可能与测量值同样重要。

良好的元数据——仪器及其暴露方式、校准和准确位置相关的详细信息对于估计测量误差和代表性误差至关重要。本书第 6 章将着重强调元数据。

2.3 气候监测的特殊要求

重申引言所述的一个观点，气候与天气一样，具有由地形和陆地/海洋表面条件引起的中尺度变化。这就是为何本讨论中不能忽视气候监测；这是中尺度观测所支持的多个国家应用之一。

气候监测对于测量的绝对精度和长期稳定性作出了严格要求。例如，需考虑以下趋势，在过去 100 年里，全球地表温度上升了 0.76 ℃左右；自 1961 年起到 2003 年，全球平均海平面每年上升 1.8 mm(IPCC,2007)。这些变化虽小但意义重大，它已经影响到许多区域生态系统。只有长期稳定的测量和大量求取平均值才能发现到这种趋势。

美国国家海洋大气局正在逐渐构建一个美国气候基准站网(USCRN)，其 2008 年目标是全国范围内建立起 114 个站点，以此提供未来温度和降水的长期均匀观测，这些观测可与以往长期观测相结合以用于气候变化监测和归因(参见 http://www.ncdc.noaa.gov/oa/climate/uscrn/index.html)。每个站点至少测量五个参数：气温、降水、风力(仅风速)、地表温度(使用红外传感器)和半球太阳辐射(使用日射强度计)。由于缺乏风向测量，降低了 USCRN 观测在天气相关应用中的价值。

USCRN 遵循世界气象组织(WMO)在过去 10 年就全球气候观测系统(GCOS)制定的气候监测原则。世界气象组织在 1999 年颁布了最初的 10 项原则，该套原则主要适用于地面观测。2003 年，又批准了另 10 项关于卫星气候监测的原则(所有原则均列于 http://www.wmo.ch/pages/prog/gcos/index.php? name=monitoringprinciples)。

世界气象组织已指定选定探空点作为全球气候观测系统高层大气监测网(GUAN)的一部分，以提供：(1)长期、高质量气候记录；(2)用于约束和校准来自空间密度更高的全球监测网(包括卫星)数据的定位点；以及(3)一系列更广泛的相关变量(如有可能)，例如云特性、红外辐射和对气候监测具有重要意义的痕量气体浓度。美国共设有 12 个 GUAN 站点，其中 3 个位于阿拉斯加，1 个位于夏威夷(设计原则、精度要求和最佳实践列表可访问 http://www.gosic.org/gcos/GUAN-spec.htm 获取)。

由于所观测到的气候变化极有可能(政府间气候变化专门委员会措辞)因温室气体增加所致，因此扩大对大气和海洋化学成分的测量变得愈发重要(尤其是温室气体和气溶胶，不仅应测量浓度，还应检测其源和汇)。当然，这种测量也适用于日常空气质量监测与预报。

根据设计，气候基准测量旨在长期维持高精确度和稳定性。基准测量位于不同来源的密集中尺度观测网中，用作对照和校准点。相反，中尺度观测表明，更大尺度的气候趋势是如何在区域尺度上变异的，并受到下边界特征的调节。气候变化所带来的影响很可能具有极高的空间变异性。

为确认这一点，请参阅《炎热干燥：西部气候变化》(Saunders et al.,2008)第 4 页图 3。该图比较了 2000—2007 年温度较低的 48 个州(按气候区划分)平均地表温度与 20 世纪的平均温度。图中显示空间变异性极大。

2.4 用于研究的中尺度观测

研究领域与服务于多重国家需求的中尺度观测建立了多方面关系。其既可从更广泛的企业中吸取经验,也可为之做出贡献,但通常使用不同于其他潜在合作伙伴的方式。提供适当资金的业务观测结果可确保稳定、可信任且可靠,但通常不具有灵活性和适应性(有时牺牲掉灵敏度和精密度)。

研究型观测往往具有不定期、短暂和地域范围有限等特点,并且倾向于详细地关注过程层面问题。因此,研究成果可能无法可靠地或持续地对于正在经营的企业作出贡献,因而可能被视为不可靠的、破坏性的甚至是依附性的。

但研究领域有长期跟踪记录,指出了在业务观测系统中最终成为常规方式的方法。我们现在视为天气业务监测网的核心组成部分通常起源于学术界和/或国家研究实验室。其示例包括但不限于多普勒雷达、偏振雷达、无线电声学探测系统、风廓线仪、人眼安全气溶胶后向散射激光雷达、便携式自动化中尺度网系统(使用地球同步卫星作为主要数据收集平台)、下投式测风探空仪数据传输系统及固态传感器和数字电子系统,这些系统在数字电子时代开始时显著提高了地面气象站的性能。人们可将更广泛的研究界视为大气观测事业中的自主研发部门(或多或少)及其基础设施的主要贡献者,同时也认识到一些高度定向的组成部分,例如在美国国家海洋大气局实验室中。

研究界另一个角色是具有特殊需求的用户。一些研究需求极为专业且持续时间短,如果实施,将对国家监测网构成大量和昂贵的负担。其示例可能包括广泛使用质谱法来检测和量化大气中与反应化学相关的数千种单一组分化合物;各地面站构建的大型声风速计阵列,用于全面表征乱流和相关的陆-气通量;或者各地面气象站构建的声学、光学和射频廓线仪。短期内,尽管这些要求可能有用,但很可能无法很好地满足更广泛利益。

几乎所有对流层和相关研究项目都使用中尺度观测网,以此提供高质量和最小混叠的环境采样。研究界的要求与其他用户要求大体一致,即要求可靠性、校准、文件化、至少维持最低限度灵活性和适应性的能力以及可接受的高标准提供广泛功能的一般能力。由于核心国家观测网具有永久性、可靠性、长期记录和地理广泛性等特点,因此对于研究界极有价值。

如在观测网实施前有所预料,可考虑在全国范围内或在最相关地区和季节部署部分灵活的"辅助研究型传感器"。这些系统可由各研究利益相关方资助,费用仅为独立部署时的一小部分。这些研究型观测系统是国家研究基础,帮助其他研究型观测置于适当记录的环境背景下。在许多情况下,研究型观测指示了未来业务观测网能力的前进方向,因而可促进研究界所参与的发展方面。

建议:国家观测网架构应足够灵活和开放,以提供用于研究的辅助观测结果和适应教育需求,通常针对有限区域内的有限时间。

如果历史能做出正确的判决,则许多研究型传感器和研究型观测将投入到业务应用,更好地服务于现有社会需求和未来社会需求。这种影响可在地表或地表附近感受到,并与受管理、自然陆地和海洋生态系统以及密集的人造环境有关。国家科学基金会(NSF)赞助的国家生态系统观测网络(NEON)是有益研究参与的一个有前景示例。正规大学教育与观测结果、业务预报和研究的更紧密结合将推进以满足未来人的需求为目的的能力建设。

科学研究和工程界共同发挥的发展作用对于成功实施国家中尺度观测网至关重要。这是从概念实证研究演示到可靠和固化业务性能的转变。通常，这一研发阶段(R&D)由国家实验室和行业共同承担。其包括稳健设计和通过有限区域原型观测网进行的准业务演示。数据可同化到有限区域模式中，用于评估和验证预报影响。

应用研发应包括但不限于过渡性活动，包括运行和评估原型观测网及其对预报影响；开发工具以促进实时同化的数据访问；开发公众服务和教育工具；探索先进和创新的技术，以更好、更优惠、更快地满足多重国家需求。测试平台为这些活动提供了适当载体(参见第 6 章)。在后续章节中，我们还将讨论综合性全国天气与气候观测网际网(NoN)的设计概念，以及实现此网络所需的服务。

在此，我们强调几个研究实例，以支持在 NoN 中纳入辅助研究观测这一建议。

研究实例 1:数值预报模式中对流的初始化

天气雷达(尤其是 WSR-88D 雷达)在晴空反射率显示中经常显示准线性边界，并且地球静止轨道环境业务卫星(GOES)拍摄的可见光卫星图像显示出不断增长的积云线(例如，Wilson et al.，1986；Purdom，1976)。

这两个特征都表明存在边界层辐合，因此其通常标志着该位置倾向于形成深对流。短期现场项目已经表明，边界层内温度、湿度和风力垂直结构中的极小变化决定了是否会形成雷暴(Weckworth，2000；Sun et al.，2001)。问题的关键在于低空空气块能否抵达自由对流层。静止边界和运动边界(例如重力流、孔洞及其他被困的重力波)都是如此。

十多年来，隶属北美观测系统(NAOS)计划和美国天气研究计划(USWRP)的委员会一直主张在边界层进行密集观测。大气辐射测量/云和辐射测试平台(ARM/CART)站点最可满足边界层结构的水平密集测量要求，但即使如此，其观测也不够密集。空间辐射测量不具备用于此应用的垂直分辨率，红外测量在任何情况下都无法穿透云层。

对于亚公里水平分辨率和 50 m 垂直分辨率的边界层风、温度和湿度测量，地基遥感[可能是廓线多普勒雷达、水汽激光雷达、来自 88D 雷达及其他雷达的雷达折射率与无线电声波探测系统(RASS)的组合]具有最好的前景。此解决方案在小型研究网络中也许可行。

对于地表热湿通量，模式计算无法非常精确。由于这些通量会影响边界层的发展和对流的最终形成，必须改进其计算。如果未针对土壤水分、温度和植被覆盖率[先进甚高分辨率辐射仪(AVHRR)和中分辨率成像光谱辐射仪(MODIS)卫星数据与后者相关]进行更为完整的观测，则很难予以改进。

这些信息将提高地表参数化以及依赖于其通量计算。

本项研究旨在成功且一致地通过数值模式(已将这些详细观测数值纳入初始条件)模拟对流形成。该成果将证明成功预报这种无处不在、具扰乱性且通常具有危险性的现象的最低观测要求。

研究实例 2:支持短期气候变化建模的土壤水分网络

土壤水分(又称土壤温度或墒情)变化相当于海表温度变化，可为气候系统提供记忆。Koster 等(2004)研究已经表明，更好地理解主要受土壤水分控制的陆-气相互作用，可以提高全球选定区域的可预报性。美国中部就是这些地区之一。改善土壤水分测量可改进气候预报模式初始化,并允许对水文循环中重要且缓慢变化的部分进行更精确模拟。在生长季更好地模拟土壤水分贮存将提高地表能量收支的真实性,从而影响边界层梯度稳定性以及对流产生的位置和时间。改善蒸发和降水类水循环模拟将改进对于在弱天气强迫和强对流延长期内整个区域的水跃迁预报。

近期经改善的地-气相互作用模式能够更真实地模拟地表能量、水和痕量气体循环,但存在无法精确了解土壤水分贮存这一严重限制。

对于俄克拉何马州的每个郡县,其中尺度气象网每 30 min 进行一次土壤水分测量。这些测量校准了基于卫星的地表湿度估计,并验证了地表与大气间水能交换的模式估计。伊利诺伊州国家水文调查局和内布拉斯加大学进行了其他较低密度的土壤水分测量,但未开展系统的全国性甚至区域性工作来收集和分发这些数据。

研究实例 3:地表非均匀性及其对边界层结构和对流降水的影响

尽管天气预报有所改善,但暖季对流降水预报仍处于滞后状态。

其中一个可能原因在于受到植被、土壤水分及地形对大气边界层(ABL)感热和增湿情况的影响。地表特性的水平变异导致浮力通量出现水平变异。浮力通量及其水平变异性通过中尺度热力直接环流的发展影响大气边界层增长。

由于热力直接环流具有季节性变化,因此需进行长期的地表、地下和边界层观测。例如,堪萨斯州 C3 冬小麦在 4 月和 5 月呈绿色,随后开始衰老并在 6 月中旬收获。然而,当地草混合植物在 5 月份开始慢慢绿起来,到 6 月份变得郁郁葱葱。这意味着作物与草场的作用相反,春季草场的感热通量最大,夏季收获麦田的感热通量最大。如果高地分布有草场(如堪萨斯州),则山脊"高地热源"效应会在春季带来额外热量,从而增加地形影响环流的可能性。

哪种观测能更好地预报热力直接环流?长期部署在中尺度网的土壤温度和水分探测网可做到。除此之外,雷达风廓线仪和激光雷达水汽廓线仪(参见第 4 章)可跟踪大气边界层的发展,并计算垂直空气运动、局部自由对流水平和对流有效势能。这些观测可记录边界层深度,并在了解周围天气条件的情况下记录深层湿对流形成概率及强度。与观测网雨量计数据进行同化后,可根据观测网多普勒雷达和偏振雷达很好地估计降水水平变化。

国家中尺度观测网的独特优势在于,其可将对土壤水分和温度、风和辐散场廓线、水汽分布、降水测量/雷达覆盖进行长期区域尺度观测。联合仪表化飞机和通量塔等研究观测系统,暖季对流降水预报将取得长足进展。其补充策略是对通量塔进行实地调查,以便在多个站点对不同类型的土地覆被、土壤类型和地形环境进行长周期采样。为获得代表性记录周期(无论有无热驱动中尺度环流),适用于国家中尺度观测网的长期类观测是非常必要的。

研究实例 4:改进化学天气预报

化学天气预报对于社会越来越重要。化学传输模式已成为减少城市污染水平、设计具有高性价比的排放控制策略、设施选址、解释观测数据,以及评估全球环境化学变革方式的最佳替代方案提供科学性信息的重要工具。化学天气预报已成为一个新应用领域,可为公众、决策者和研究人员提供重要信息。世界各地的国家气象局正在扩大中尺度天气预报的传统作用,纳入可能影响公众健康与福祉的其他环境现象(如生物质燃烧产生的羽流、火山爆发、沙尘暴及城市空气污染)。目前,全球已有数百个城市可提供实时空气质量预报。

尽管化学天气预报与天气预报密切相关,但两者间存在重大区别。其中一个重大区别为,天气预报通常侧重于严重的恶劣天气条件(如风暴),而恶劣空气质量条件在气象学上往往与良性天气相关。对于化学天气预报,边界层结构和风向可能是最难以确定的两个气象变量。气象观测对于有效预报空气质量至关重要,然而气象观测系统通常针对恶劣天气预报进行设计,而不用于不良空气质量的细微问题。近期,人们评估了空气质量预报的气象要素相关的研究需求(Dabberdt et al.,2004a)。此外,化学天气预报与天气预报还通过排放、化学转化和清除相关的额外过程予以区分。由于许多重要污染物(如臭氧和微粒硫酸盐)在本质上属于次生物质(即通过大气中的化学反应形成),化学天气模式必须包含有关光化学氧化物循环的详细描述。值得注意的是,化学过程和清除过程与气象变量(如温度和水蒸气)高度耦合,其他许多排放条件也是如此。对于风吹土壤,其排放率与地表风相关,蒸发排放与温度相关。在供暖和空调相关排放下,需求响应于环境温度。

化学观测网旨在支持合规和监管职能,而非用于预报。化学天气预报更加强调实时获取数据,在更大空间覆盖和垂直范围内初始化预报模式。如要提高预报能力,必须更好地将观测能力与化学天气预报需求相匹配(Carmichael et al.,2008)。本报告所述的中尺度观测系统将提供数据基础,以此促进和加快化学天气预报领域发展。

一项重要研究活动为,利用化学数据同化系统帮助设计产生更好预报所需的观测系统。我们需要增加对添加物种和地表之上的观测、扩大地表覆盖度,以及增加并加强卫星观测对化学天气应用的效用,以便严格量化预报的价值。

研究实例5:将中尺度观测数据同化到预报模式

目前,仅有小部分卫星观测数据同化到预报模式。有关如何对待向上辐射测量的争论仍在继续。英国气象局初步研究表明,将源自大气红外探测仪和红外干涉式大气垂直探测仪的测量数据插入到计算机预报模式中时,对数值预报的影响比直接同化传感器辐射数据更大(这与主流观点相反)。其原因可能是辐射数据在空间和光谱上被稀释了,而生成的测量数据使用了所有光谱信息,只有开展进一步实验才能解决此问题。

在预报模式中使用卫星探测的云和水文气象信息、地面升限观测、飞机对云和结冰现象的观测、雷达反射率以及闪电数据仍然不够成熟,迫切需要更完善的同化技术。

如要使三维或四维变分资料同化取得最佳效果,就必须正确说明模式预报误差的统计结构,尤其是模式误差的空间协方差。此问题的直接方法依赖于广泛的密集观测网,用于直接计算预报值与观测值之间的差异及其平均值、标准偏差和空间协方差。另一种方法是通过集合预报来估计环境相关的模式误差。

此外,还需进一步研究初始情况不确定性(主要由于目前业务预报模式中网格分辨率方面的观测较少导致)如何转化为模式预报不确定性。

第3章

国家五大经济领域对中尺度观测的需求

第 2 章连同附录 A 一起提出了适合全国天气预报、气候监测和相关研究的观测间隔和频率的论据。这是中尺度观测的最基本应用，其直接或间接地支持许多其他具有巨大经济意义的应用。

本章介绍了对国家福祉至关重要的五个领域的中尺度观测需求：(1)能源安全，(2)公共健康与安全，(3)交通，(4)水资源，(5)粮食生产。也可针对其他研究领域（例如户外娱乐或建筑），但这五个领域既代表了超大的多样性需求，也代表了科学观测所带来的巨大价值。

基于这些领域对国民经济的重要性，本章列出了中尺度观测的业务要求，并强调了未来发展需求。

3.1 能源安全

3.1.1 对国民经济的重要性

充足可靠的能源供应对于国家安全以及经济持续增长至关重要。为应对能源安全所需的气象观测问题，我们应首先确定从初级能源到最终消费的过程和具体阶段。例如，将化石燃料用于能源消费涉及开采、提炼、运输、转化、传输（用于电力）和使用。在每个阶段，都可能需要气象观测来制定决策。例如，在开采、提炼和运输阶段，使用煤炭发电供居民消费对于天气相对不敏感（极端气候造成中断除外），但转换（负荷规划）、传输（线路暴露于大气）和使用（天气驱动需求）阶段对天气敏感。

近期，利用可再生初级能源（尤其是生物质能、直接太阳能、风能和水力发电）取代化石燃料的这种趋势导致初级能源到最终消费的过程阶段出现轻微变化，因此环境监测需求也稍有不同。生物质能可能最易受天气影响，因此最需要进行天气监测（从有利于生物质能源作物种植的季节性天气预报开始，而非其他天气），种植、生长、收获及运输到集合点或转换设施均存在不同于化石燃料的天气敏感性，需要可靠的气象测量、最佳天气预报和季节性气候预测。直接太阳能、风能和水力发电略微不同，对天气数据的要求并不复杂。总体而言，需要在更多地点对可再生初级能源进行更为广泛的测量（例如土壤水分、直接和散射辐射、垂直风廓线、积雪深度、河道径流、水库温度），并开展短期和季节性预报。此外，相比于化石能源，可再生初级能源更容易受到极端天气的影响（尤其是干旱、冰雹、洪水、酷热和严寒、龙卷和飓风）。

新兴风力发电行业的气象观测需求与本书其他章节讨论的其他目前尚未满足的需求相似，特别是在观测地表上方大气边界层下部的观测。如同化学天气监测和预报，风能资源表征和预报，需要关于整个大气边界层的平均风和湍流风特性及温度（包括边界层高度）的垂直结构信息。风速特性误差 1%，会对 100 MW 风力发电站的产量造成价值 1200 万美元影响。由于风电场短期（日循环）和未来长期可输送能源的可变性和不确定性，必须在超过每天两次探空观测的频率下对相关变量进行垂直廓线测量。

在能源行业，天气信息可直接转化为短时间尺度上（几分钟到几天）的盈亏。能源需求对气候波动的敏感性可以通过一个事实来说明，在供暖季节规划时，平均温度的几分之一度波动就会对盈利能力产生巨大影响。此外，专门的电力公司会对整个国家（其自身职责以外）进行日常市场分析，而这需要可靠的观测和预报。

简介：杜克能源公司

背景情况

位于卡罗来纳州的杜克能源公司的主营业务是发电、电力输送以及将电能分配至北卡罗来纳州和南卡罗来纳州整个西部地区的用户。1996 年、2002 年和 2005 年破坏性冰暴使杜克公司花费了数百万美元的修复费用。2002 年 12 月，卡罗来纳州服务区域大部分地区受到史上最严重冰暴的影响，导致 137.5 万用户断电并花费了公司 7700 万美元的维修费用。这场冰暴促使杜克能源公司和外部公司动员了 11000 多名工人来修复 3200 根受损电线杆、2300 台变压器和 549 mile① 电线。由于破坏性冰暴的巨大经济影响，电力公司在该等事件之前采取了积极措施来预测、规划和调度资源。在冰暴之前和期间，于资源决策方面花费了数百万美元。

由于冰暴极具破坏性且难以预报，实时中尺度观测至关重要。有两个因素会影响树木和输电线上的冰积累：总降雨量和地表温度（即低于冰点多少度）。降雨量和冰点以下温度的空间模式对于估算冰层厚度和面积覆盖率非常重要，同时也会影响公用事业管理的资源决策。最近发生的事件从侧面印证了实时中尺度观测在做出快速资源决策方面的重要性。

2002 年 12 月西卡罗来纳州发生的冰暴。图片来源：Nick Keener，杜克能源公司。

① 1 mile（英里）=1.609 km。

事件过程

美国国家环境预报中心(NCEP)的数值预报表明,2007 年 2 月 1 日,在杜克能源公司西卡罗来纳服务区域的部分地区可能会出现严重的冰暴。预报模式显示,从凌晨开始,有可能出现 3/8～1/2 in[①] 的积冰,并持续到 2 月 1 日下午。早在 1 月 29 日,杜克能源公司就动员了内部员工,并开始联系邻近的电力公司和承包商,寻求获得更多的人力资源,以应对整个服务区域的严重停电。2 月 1 日黎明前几个小时,该地区开始下起了冻雨。到上午时分,积冰厚度已接近 1/8 in。雷达探测和预报结果显示,冻雨将持续到下午,如果温度仍然低于冰点,将导致树木和电线上的积冰接近 1/2 in,然后才结束。2 月 1 日上午 10 时,自动地面观测系统(ASOS)的观测显示温度上升到接近冰点。到上午 11 时,大多数受影响地区的地表温度为 32℉。尽管当时最新的数值预报和美国国家气象局(NWS)的官方预报显示冻雨仍在持续,但很明显,较温和的空气正从高空混合到地表,侵蚀着浅层的冰楔温度。考虑到 ASOS 实时观测结果和其他补充的地面观测报告,杜克能源公司的气象工作人员建议停止为应对重大停电做准备,从而为公司节省了大量资金。

温度、露点、风、气压和降水的实时中尺度观测对决策至关重要,因为几度的温度变化就代表着是出现冷雨还是冰暴。冷雨会给人造成困扰;而冰暴则会造成重大的破坏。增加中尺度观测网的空间覆盖面并提供 15 min 预报将使电力公司、市政当局和公共交通事业能够做出更好的资源决策,从而节省资金并可能减轻不利天气条件的影响。

3.1.2 中尺度观测的现有条件和业务化要求

发电行业会综合使用美国国家海洋大气局的观测预报产品和服务,以及公司管理的观测和内部预报。公司管理的观测通常旨在提高观测空间分辨率或及时获取观测结果,而不是引入新的传感技术或观测不同的气象变量。

以下是一些适用于保障国家能源安全的观测和预报时间范围的例子。

(1)固定发电

• 满足每日用电量的当前观测和短期预报,电价定价及用电量的风险分析;

• 对可能导致电力中断和出现风暴等极端情况的当前观测和短期预报;

• 对地面附近高浓度污染物的观测和短期预报,它是缩减燃煤发电厂运营的一个重要因素;

• 气候数据库和季节性预报,用于制定燃料储备和收益预测的月度和季节性计划;

• 气候数据库,以及气候变动和变化的季节性、年际到年代际预测。城乡发展的长期规划和工商业需求(气候尺度)。

(2)生物质一次能源生产

• 基于季节气候预测或展望选择生物质作物;

• 种植条件(土壤湿度、土壤温度)的当前观测和短期预报;

• 预测作物生长和收成的季节预报。

---

① 1 in=2.54 cm。

(3)可再生能源发电

• 为预测太阳能发电而对大气浑浊度和云量进行1～3 d的估算；

• 为估算风力涡轮机发电量而对风速进行1～3 d的估算。在同样的时间段内，必须预先对叶片上的结冰情况做好准备；

• 阵风风向或风速的极短期预报。如果风速过高，必须关闭风力涡轮机以避免损坏。空气密度预报是有用的，因为密度会影响到风吹动时施加在叶片上的力量。

3.1.3 未来需求

加强观测，以满足发电工业的需求，将会使模式预报的初始条件更加准确。同样，国土安全部(DHS)为运行烟羽模式和协调城市环境中的应急响应所需要的高分辨率观测，将在能源行业中得到全天候的高效利用。

在进口能源被本国能源、特别是生物质等更易受天气影响的能源取代的情况下，需要更多关注能源安全，必将要求加强(短期和季节性的)天气监测和预报。同时，可以提供更多与能源有关的观测平台以进行新的测量(例如风电场铁塔、仪表化农业机械或偏远地区的"智能"输电线杆)。

城市中心需要更多精细尺度的信息。区分影响城市各区(如住宅区、工业区、商业区、娱乐区)能源输出的气象因素(温度、湿度、风、太阳辐射)，将有助于估计对能源的短期需求。每15 min应从美国国家海洋大气局门户网站或其同等门户网站获取实时的地面资料。

能够在飓风和严重雷暴等异常天气事件中运行和传输数据的站点，对于在受影响地区恢复电力、正常通信和安全出行前的损害评估至关重要。将数据传送到中央设施的多种选择通常标志着重要信息会丢失还是持续接收。

为管理水库蓄水，需要更详细地了解各个流域总降雨量的空间分布。在冬季和春季，各流域积雪和融化速度的数据有助于估算水库蓄水量，并阐明大河发生洪水从而影响内陆海上交通的可能性。

需要遥感系统和现场观测描述大气边界层昼夜循环的特征。运营常规发电设施和风力发电场需要对大气边界层的深度了解。对高空温度、湿度、风和悬浮水汽凝结物的详细观测有助于为资源估算(风力发电场)、应急行动(停电)和作业缩减(由空气污染导致)提供信息。

任何能够改善更大范围内(季节性)预报(海面温度、温跃层内温度、土壤湿度、融雪)的观测都将极大地有利于发电行业，特别是生物质燃料的生产。

国家的土壤湿度测量网络(不必在空间上保持一致)将使能源行业的一些参与者受益。土壤湿度作为气候印记是短期和季节性预报的重要参数。这样一个网络将会产生倍增效应，因为更好的土壤湿度观测将改善短期降水(从而改善短期土壤湿度)预报，这反过来将改善季节性降水和土壤湿度气候预报。此外，土壤湿度测量网络将有利于河流流量预报、积雪深度预报、生物质产量估算和水库水位估算。当季节性预报达到一定程度的准确性和可量化的不确定性，以至于在经济预测模型中常规适用时，它们就有可能大大减轻极端天气事件所带来的负面经济影响。

美国国家海洋大气局或其他标准网络没有测量发电厂、邻近湖泊和下游河流排放的水温。人为引起的自然水温变化对下游的生态环境有很大影响。

天气对发电行业的影响是由天气事件驱动的。根据Schlatter等(2005)提供的分析数据，按照我们在附录A中使用的方法，我们可以总结出天气对电力行业影响的空间尺度和时间尺度（表3.1）。我们还可以估算出满足电力行业所需的测量分辨率（仪器准确度、空间分辨率和时间分辨率）。

表3.1　对发电行业有影响的几种气象现象的空间和时间尺度，以及充分观测这些现象所需的测量分辨率（仪器精度、空间分辨率和时间分辨率）

天气事件	空间尺度	时间尺度	测量分辨率
热浪（温度）	500～1500 km	2 d～1周	0.5 ℃，10 km，1 h
风[a]	1～2000 km	1 min～4 d	1 m/s，1 km，1 min
风（用于风力发电）	100 m～1000 km；至1 km[b]	10 min～1周	0.5 m/s，100 m，10 min；(1 m/s，30 m，10 min)[b]
暴风雪	50～1000 km	数分钟～2 d	1 mm雪水当量 1 cm厚雪，1 km，30 min
闪电	区域	数分钟到数小时	定位到0.5 km
降水量[c]	流域到区域	数小时～数天，季节性到年际	1 mm，1 km，1 h
云量[c]	地区到区域	白天每小时到每月	0.1天空，10 km，20 min
余热影响	10 km，湖泊和河流	1 h～4 d	0.5 ℃，100 m，1 h
正常天气	城市（2 km） 农村（30 km）	20 min～气候	

[a] 可能与东北风（4 d）、结冰条件、飓风或龙卷（1 min）、直线风或火险天气有关。
[b] 垂直方向的测量。
[c] 可以是短期（管理）或长期（规划）的发电量。
资料来源：摘自Schlatter等（2005）。

3.2　公共卫生和安全

3.2.1　对国民经济的重要性

安全和健康问题超出了与交通、严重风暴和能源相关的传统天气问题，延伸到了空气质量这一重要问题。大气的化学成分已经（并且正在）受到与各种人类活动有关的微量气体和气溶胶排放的严重干扰。大气层化学成分的这种变化对城市、区域和全球空气质量以及气候变化有着重要影响。在美国，目前有104个县没有达到国家环境空气质量标准（NAAQS）中关于8 h地面臭氧的标准[图3.1（彩）]。随着我们向更严格的标准迈进，情况预计会更为糟糕。安全和健康问题也超出了传统的空气质量问题，包括热浪、严寒和高花粉水平对人的影响，以及对危险物质释放、生物恐怖主义和火灾/烟雾做出应急响应。

处理公共健康和安全问题需要具备表征和预报化学气象的能力。我们所说的化学气象是指“重要微量气体和气溶胶在局部、区域和全球分布，以及它们在几分钟到几天的时间尺度上的变化，特别是考虑到它们的各种影响，如对人类健康的影响”（Lawrence et al.，2005）。与在气象学领域类似，化学气象预报涉及观测和模式，以及两者之间的紧密结合。在公共健康和安全(PHS)管理中使用化学气象预报已成为一个新的应用领域,并为公众、决策者和研究人员提供了重要信息。美国许多城市正在提供实时空气质量/化学气象预报,各种组织正在扩大其服务范围,包括预报其他可能影响居民健康和福利的环境现象(例如生物质燃烧产生的烟羽、火山爆发、沙尘暴和城市空气污染)。例如,美国国家气象局(NWS)最近开始为短期空气质量预报提供中尺度数值模式预报指导,从次日臭氧预报(可在 www.weather.gov/aq 查阅)开始,计划通过延长预报期和在预报中增加细颗粒物($PM_{2.5}$)来扩大这一空气质量预报能力。

违反 8 h 臭氧替代标准的监测县
(根据 2003—2005 年空气质量数据)

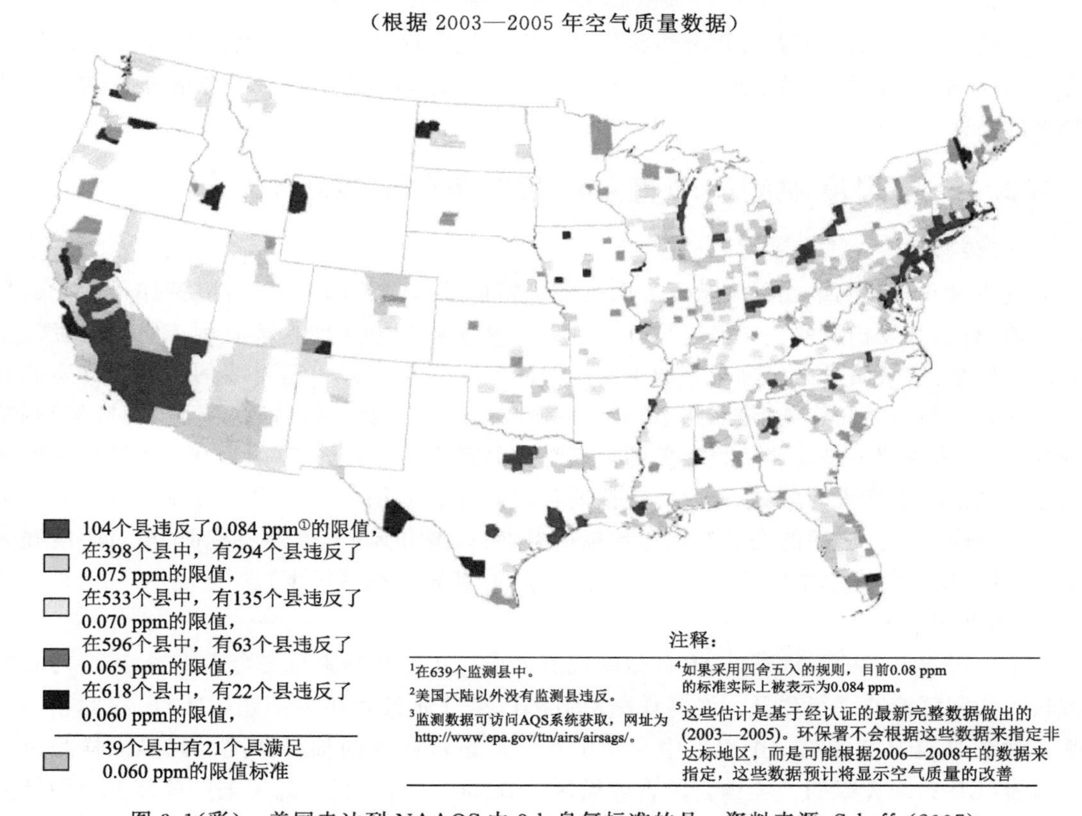

图 3.1(彩) 美国未达到 NAAQS 中 8 h 臭氧标准的县。资料来源:Scheffe(2007)

从数值天气预报(NWP)的发展中吸取经验教训,通过化学数据的同化来进行化学气象预报具有很大的前景。仔细设计和使用观测数据将扩大化学气象预报的能力,这反过来将在以下领域带来好处。

• 公共健康:当预计污染会严重时,在特定时间和地点准确地发出健康警报将有助于减少急性暴露。日常预报将使公众能够做出更健康的选择(例如,仅在低污染日进行户外锻炼)。

• 规划:化学气象预报有助于组织更有效的规划业务活动。例如,美国林务局和其他土地管理机构将需要这些预报,来确保他们将指定的秸秆燃烧量增加 10 倍不会导致违反国家环境空气质量标准(NAAQS)。政府和工业界可以利用预报数据,在预报的高污染日减少排放,从而避免因连续排放控制而产生的高成本。

① 1 ppm$=10^{-6}$。

• 应急响应和风险管理：有效的应急响应预报将帮助各组织更好地了解和管理危险材料意外或故意释放到大气中的后果。有了这些信息，他们就可以通过有效的反应（如原地避难、疏散）和计划补救行动来减少暴露于危险。

• 取证：确定释放到大气中的有害物质的类型和数量，不仅需要测量，还需要对烟羽浓度和地面沉积进行准确的扩散建模。

• 野火和烟雾：改善化学气象预报，将有助于空气质量机构规划控制燃烧，以及帮助消防员建立指挥所，进行消防管理或扑灭火灾，并保护自己免受烟雾的伤害。此外，公众将从疏散指导和保护措施中受益。

• 评估：化学预报模拟及其再分析将提供关于空气质量和大气沉降估计值的连续记录，从而为许多回顾性的评估提供信息，如流行病学研究、大气规划发展，以及气象和排放对空气质量影响的描述。

3.2.2 中尺度观测的现有条件和业务化要求

（1）气象参数

空气质量和相关问题在很大程度上取决于影响扩散和排放的气象条件（例如风吹土通量取决于地面风，蒸发排放取决于温度）。因此，更好地描述气象条件直接有利于空气质量预报和管理。但是，空气质量中尺度观测的空间和时间要求方面存在一些重要的差异。许多公共健康与安全问题与温和气候（停滞状态）和诸如城市热岛、夜间急流、局地环流（如海陆风）等特殊现象有关，这些都不是观测系统和美国国家气象局努力的主要重点（因为观测系统和美国国家气象局更倾向于严重的风暴条件）。包括混合层高度和云层信息在内的边界层信息非常重要。公共健康与安全应用的关键气象参数包括温度、风速和风向、边界层特征、相对湿度和太阳辐射，其尺度通常在水平间距小于 1 km 的范围内（即城市街区尺度）。

（2）污染物参数

除了气象学方面的需求外，还有其他的观测需求。在公共健康与安全应用中，需要对关键的微量气体和气溶胶进行测量。许多观测网络都以空气质量和相关问题为重点，在此不一一列举。附录 B 表 B.2 的第二个表格中介绍了空气质量观测网的抽样情况。许多抽样是由美国环保署（EPA）来完成的。美国公园管理局（NPS）、国家海洋大气局、美国能源部和美国林务局（USFS）、州机构和部落政府都参与了空气监测网的运营，另外一些监测网由感兴趣的行业或研究团体私人运营（Scheffe，2007）。除了附录表 B.2 中概述的观测网络外，还有一些环境观测网，由为遵守规定和其他目的部署在电力和工业设施的监测网组成。这方面的例子包括田纳西州流域管理局和电力研究院运营的观测网。这些网络是为了按照方案路线实现相当具体的目标而开发的。例如，通过地表水生态系统临时综合监测/长期监测（TIME/LTM）网来跟踪酸度和酸中和容量的趋势，在州及当地空气监测网（SLAM）中确定 NAAQS 的遵守情况，并通过受保护视觉环境的跨部门监测（IMPROVE）网络来建立能见度基准和相关进展。紫外网（UV-Net）等网络侧重于测量太阳辐射[紫外线（UV）、光合和光化学有效辐射]，并提供关于辐射的地理分布和时间趋势的信息，以研究紫外线对生物群和材料的影响。辐射网（RadNet）的监测重点是放射性，它在每个州都设有站点，用于跟踪核武器试验和核事故造成的环境放射性物质排放。国土安全部设立的“生物观察”（Bio Watch）监测项目旨在检测病原体释放到空气中的情况，为政府和公共卫生界提供潜在生物攻击的警报。

AIRNow 简介

在美国，每年哮喘患者的活动受限天数累计超过 1 亿天，花费在哮喘治疗方面的费用超过 40 亿美元，大约有 4000 人死于哮喘(National Center for Health Statistics,2002)。

观测网络集成和应用的一个很好的样板是 AIRNow，它是一个国家空气质量通知和预报系统。AIRNow 为公众提供了获取国家空气质量信息的便捷途径，包括空气污染数据和地图、空气质量预报、空气污染对公众健康和环境影响的信息，以及人们可以采取的保护自身健康和减少污染排放的行动。AIRNow 由美国环保署与 130 多个组织合作运营，其中包括美国国家海洋大气局、国家公园管理局、国家航空航天局、林业部，以及美国、加拿大和墨西哥部分地区的州、地方和部落空气质量机构。10 年前，AIRNow 作为一个区域性的数据收集和传播系统在美国东北地区起步，现在已经发展成为提供每日空气质量指数(AQI)预报和实时状况的当前空气质量信息的“首选”资源。

随着来自 130 多个空气质量机构的 2000 多个监测点的空气质量和气象数据的整合，这个自愿机制得到了快速发展，以提供近乎实时的空气质量信息(数据收集后 30 min 内即可提供)。AIRNow 系统会接收数据并进行质量检查，然后通过互联网(www. AIRNow. gov)和电子邮件(www. EnviroFlash. info)以及向媒体机构(电视、广播和报纸)提供天气相关信息的商业气象服务提供商分发数据，为基于健康的信息提供一个单一访问点。

AIRNow 不仅仅是一个系统，还是为保护公众健康而共同努力的社区。最近，由美国国家科学基金会资助的研究人员对发展并继续维持这一计划和社区的管理动态进行了研究。他们评估了管理和领导能力的特点，这些特点使一些政府项目取得了超出所有预期的成功(Linder,2007)。AIRNow 正继续扩大其服务范围，将原始数据分发给其他许多需要获得实时空气质量数据的业务单位、研究团体及大学。

这些站点的地理分布如图 3.2(彩)所示。从附录 B 表 B.2 和图 3.2(彩)可以看出，总的来说，大量的化学参数被观测到，为各种重要的健康和安全问题的解决提供了支持。

这些观测系统多年来不断发展，反映了国家的需要。1970 年的《清洁空气法》为美国国家空气质量标准建立了一个框架，并在 20 世纪 70 年代末推动了美国国家环境监测站网(NAMS)及州和地方空气监测网(SLAMS)的设计和实施。这些监测网的主要目的是建立臭氧、二氧化硫、二氧化氮、二氧化碳、铅和颗粒物的国家环境空气质量标准(NAAQS)方面的未达标区域。NAMS/SLAM 网络随着时间的推移而发展[图 3.3(彩)]，这是 NAAQS 周期性审查和颁布工作的结果，导致与平均时间、位置和与颗粒物相关的各种尺寸削减有关的测量要求发生变化。

(3)卫星的贡献

卫星数据支持包括公共健康咨询在内的各种服务，并通过在缺乏地面监测和垂直信息的地区提供涵盖广泛空间体制的数据来协助社区。卫星产品通过以下方式完善了现有的观测平台：

- 探测火灾和烟羽；
- 提供 GOES 气象数据和气溶胶光学厚度反演；
- 提供区域和长距离洲际运输的直接观测证据；

• 通过逆推模拟改进排放清单；
• 协助评估空气质量模式；
• 追踪排放趋势(可说明)；
• 通过补充空间空白完善地面网络；
• 支持制定野火和规定燃烧的排放清单。

美国的环境空气监测站

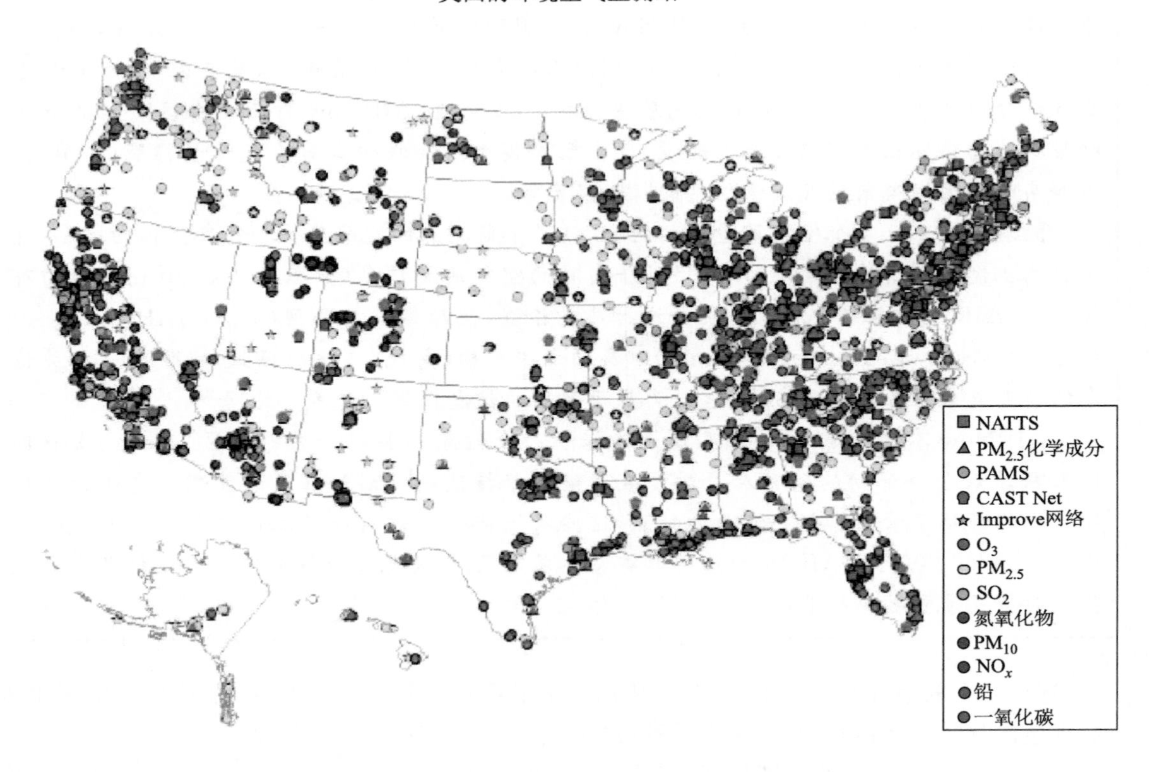

图 3.2(彩) 美国空气监测网的现状

图中显示了各个项目的站点位置，以及具体的空气污染参数在全国的覆盖范围。

关于国家空气毒物趋势站、光化学评估测量站、清洁空气现状和趋势网和 IMPROVE 网的详细情况，见附录表 B.2。

资料来源：《国家空气质量监测战略(草案)》，环保署空气质量标准和规划办公室，三角研究园，北卡罗来纳州，2005 年 12 月，相关资料可查阅 http://www.epa.gov/particles/pdfs/naam_strategy_20051222.pdf

3.2.3 未来需求

(1)一般注意事项

国家需求不断发展，当前健康和安全问题的范围给观测系统带来了新的挑战(NRC，2004b)。具体包括：

• 制定多种污染物综合管理战略；
• 评估和保护生态系统健康；
• 观察多个感兴趣的空间尺度，从街道峡谷到洲际交通；

• 使空气质量管理适应不断变化的气候；

• 减轻可能过度影响少数群体和低收入社区的污染效应；

• 对化学气象预报能力和应急响应应用的需求日益增长，这对(接近)实时访问数据提出了其他的要求。

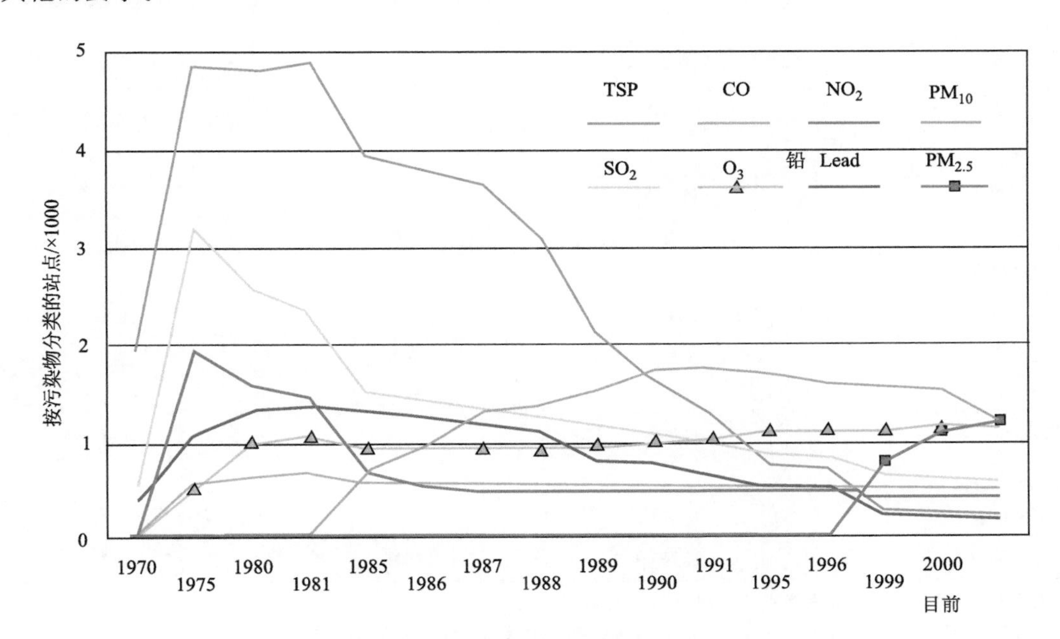

图 3.3(彩) 美国航空网络的发展演变

注：TSP＝总悬浮颗粒物，PM_{10} 和 $PM_{2.5}$ 分别指直径小于 10 μm 和 2.5 μm 的颗粒。

资料来源：国家空气监测战略草案，环保署空气质量规划和标准办公室，研究三角公园，北卡罗来纳州，2005 年 12 月，相关资料可查阅 http://www.epa.gov/particles/pdfs/naam_strat-egy_20051222.pdf

一般来说，这些公共健康与安全应用需要访问更广泛的数据，而且要比目前现有的网络更快。此外，需要快速评估可能发生在美国任何地方的事件对 PHS 的影响，这需要比目前监测的地点更多的数据。

(2)加强气象观测以支持公共健康和安全

表 3.2(彩)总结了主要的气象参数和当前观测系统的能力，而这些参数是满足空间和时间要求所必需的。主要的不足与高空、水上每小时空间数据和时间分辨率方面存在显著差距。

表 3.2(彩) 满足公共卫生和安全应用的关键气象观测能力概要

参数	观测问题		
	水平分辨率	垂直分辨率	时间分辨率
空气质量			
• 地表	一般		良好
• 高空	差	差	差
边界层高度			
• 夜间边界层	差	差	差
• 陆地边界层	一般	一般	差

续表

参数	观测问题		
	水平分辨率	垂直分辨率	时间分辨率
·*海洋边界层*	差	差	差
风速			
·*地表*	良好		良好
·*空中*	一般	一般	差
温度			
·*地表*	良好		良好
·*空中*	一般	一般	差
相对湿度			
·*地表*	良好		良好
·*空中*	一般	良好	差
云层	良好	良好	良好
降水	良好		良好
气压			
·*地表*	良好		良好
·*空中*	良好	良好	良好

注：NBL、CBL和MBL分别指夜间、陆地和海洋边界层。

资料来源：Tim Dye，Sonoma Technologies，《社区的空气质量气象数据需求》，向委员会作的报告。

中尺度观测网的设计应反映出公共健康和安全对更好地描述大气边界层（PBL）动力学和其他影响传输和扩散因素的需求。化学气象预报在公共健康和安全管理中发挥着关键作用，地方机构利用它们来发布公共卫生预警和警报，警察和消防部门也利用它们来应对危险化学品的释放。自“9·11”袭击以来，人们越来越重视发展城市和建筑规模的分散建模能力，以及预测时间尺度为几分钟、距离为几千米的城市街渠内的流量。

最近，相关专家工作组召开了会议，以确定和划定与空气质量预测有关的关键气象研究问题。在这种情况下，“预测”被表示为“预报”，包括描述和传达大气当前的化学状态、外推或即时预报，以及在多达几天时间尺度上的数值预报和化学演化。该专家工作组强调了空气质量的气象学方面。由此拟定的报告《改善空气质量预报的气象学研究需要：美国天气研究计划第11次计划发展小组的报告》（Dabberdt et al.，2004a），确定了加强气象观测和预报能力的需求，以支持公共健康和安全。这些措施包括：

• 改进对边界层高度的时间和空间变化和不确定性的估计；

• 对浅层、地表稳定层以上的风和湍流进行更好的参数化，并在关键区域对这个更深的层进行遥感；

• 一个全国性的观测网络，利用和完善现有的测量系统，以高分辨率定期监测边界层高度和结构的日变化；

• 加强边界层的数值建模。相关的气象观测必须与化学测量联系起来；

• 改进对干沉降有重要影响的植被季节性和年际变化的描述；

• 对土壤湿度的空间和时间变化进行更真实的建模处理，以及更好的土壤湿度初始化。

(3)更好地表征大气化学性质的观测

尽管图3.2显示了许多测量大气化学成分的站点，但农村地区的测量网络覆盖率较低，部分原因是测量主要是为了测试是否符合浓度的监管标准，而不是为了提高空气质量的可预测性或为了应对紧急情况。后两种功能需要广泛的空间覆盖，为初始化建模和评估长距离传输的贡献。用于测量某一特定参数的仪器往往是不同的，这使问题更加复杂。例如，尽管北美网络已经部署了1000多台常规持续运行的$PM_{2.5}$空气质量采样器，但由于使用不同的仪器，其误差和灵敏度不同，因此很难将数据集结合起来。

在空间、时间和参数覆盖方面存在重大差距。例如，虽然超过95%的空气污染物位于100 m以上的高空，但95%的测量是在地面附近进行。对地面以上的污染物水平的观测很重要，因为大量的物质在被带到地面附近影响人类和生态系统的健康之前，会被传输到地面以上。垂直观测一般侧重于影响污染物混合和传输的气象参数，而不是污染物的浓度。垂直信息的一个主要来源，即无线电探空仪网络(在几个观测站点设有臭氧监测组件)，缺乏必要的时间分辨率来充分描述边界层的不断发展和崩溃。光化学评估监测站(PAMS)计划和其他航空机构合作建设了激光风廓仪，提供了高分辨的风速剖面，但全国的覆盖范围非常有限。关于垂直观测能力的更多详细内容将在第4章中讨论。

上述事实严重限制了我们描述和预测化学气象的能力。

建议：为了满足与公共健康和安全有关的国家需求(包括对化学天气预报日益增长的需求)，中尺度观测系统应提供大气污染物成分核心参数集。核心集应有从约200个城市和农村站点(间距约175 km)获得的一氧化碳、二氧化硫、臭氧和2.5 μm以下颗粒物质的数据。

这些观测将构成城市和农村地区的国家观测骨架，当与地面气象观测和相关垂直剖面结合使用时，应能高效实现化学气象预报(如第4章所述)。所确定的参数在化学气象预报应用中发挥着重要作用，可以在中尺度监测网的规模和位置上进行有效测量，并且可以从卫星上测量或推断(例如，$PM_{2.5}$和气溶胶光学厚度)。对于这些化学成分，卫星观测可用于提供关于污染物空间分布的其他信息。一旦为设想的应用开发出负担得起的技术，就应尽快添加其他的重要参数(如二氧化氮)，以供参考。

中尺度监测网的这一方面可以建立在环保署提议的国家核心监测网(NCore)的基础之上。NCore是根据美国国家科学研究委员会的《美国空气质量管理》(NRC，2004b)一书而开发的。如图3.4(彩)所示，NCore框架是一个分层系统，包括三个不同级别的观测。第3级观测旨在为单一污染物提供广泛的空间覆盖。第2级观测包括在"具有代表性"的城市和区域组合中部署75个地面观测站，其测量范围可满足多种需求，包括限制性区域建模评估、与卫星的连接、服务问责和流行病学研究(非合规站点)。第1级观测由一小组高级站点组成，这些站点需要新的测量来服务于科学和技术转让目标。该网络设计解决了本节前面指出的近地面观测的许多不足之处，包括确定关键的气象和污染物信息。需要注意的是，从空间覆盖的角度来看，75个2级NCore站点是不够的，但从它们的效能来看，这些站点能够促进更多的测量站部署。一个为满足公共健康和安全应用范围的国家网络，需要在200个观测站点具备核心参数的合成能力，这些参数应包括一氧化碳、二氧化硫、臭氧和小于2.5 μm的颗粒物质。

当与地面气象观测和相关的垂直剖面相配合时，这些成分观测在实现化学气象预报方面应该特别有效。目前，NCore计划并没有为纳入来自激光雷达或飞机的分析信息制订策略。

在国家中尺度监测网中，这些观测应与垂直剖面观测相配合，详见第 4 章。

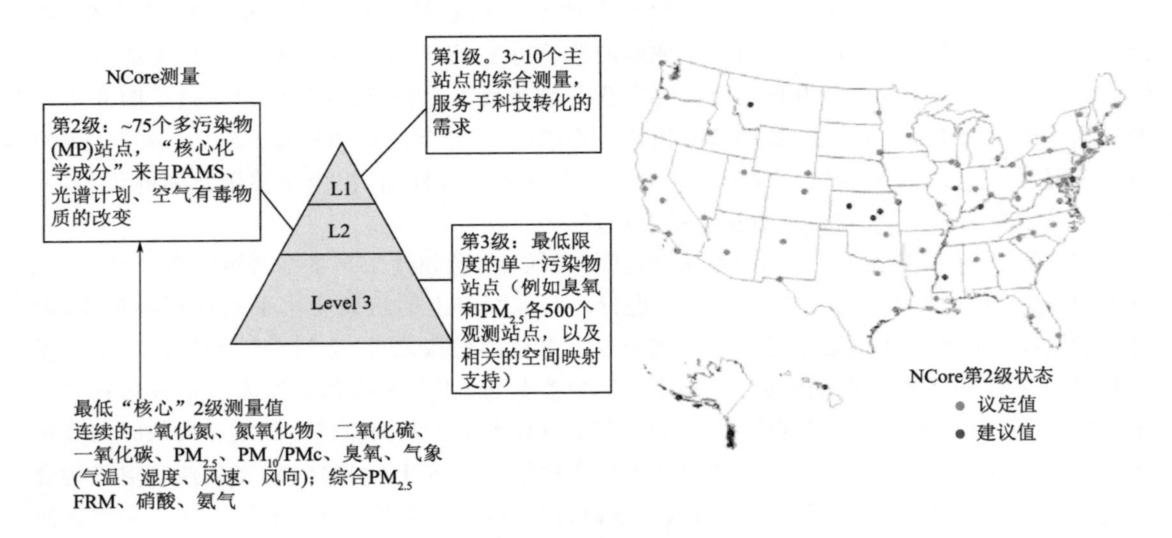

图 3.4(彩) NCore 网络的设计

注：PAMS 是指光化学评估监测站计划，PMc 是指颗粒物的粗粒度部分，FRM 是指细颗粒物测量的联邦参考测量方法。资料来源：Scheffe(2007)

(4)整合地表和天基化学观测

中尺度观测网存在的差距，限制了整合地面和基于卫星的系统的能力，以相互改进和利用这两个系统来表征边界层空气质量。为了使卫星观测与地面观测相结合，陆基网络必须有从卫星观测到的同一化学成分的地面和边界层的信息。重点应放在对卫星柱中已得到很好反演的化学成分(臭氧、PM 光学厚度、二氧化硫、二氧化氮、一氧化碳、甲醛和乙二醛)提供精确的地面测量，以便对卫星数据进行验证(Tinkle et al.，2007)。目前，只有前三个化学成分在地面观测中具有广泛的覆盖面。因此，有必要扩大利用卫星数据的关键陆基测量系统。这些化学成分中有一些但不是全部包括在上述计划的 NCore 站点中。

对流层低层大气化学成分的空间观测受到了阻碍，这是由于大气在瑞利散射的紫外线中不透明，以及近地面红外反演的垂直分辨率有限。因此，中尺度观测对于描述低层大气的成分至关重要。

(5)城市地区的观测：一个特殊案例

根据目前的人口普查数据，超过 75％的美国人口生活在城市环境中(人口超过 20 万的城市)。污染和恐怖主义的危害使城市环境中的中尺度观测要求比本章其他地方讨论的要求更高。对于本书的一些赞助机构来说，对城市街道峡谷层面的观测需求是显而易见的，但对其他社会效益领域的交叉性审查，并没有使城市尺度的观测成为加强网络发展的明显候选者。美国国家科学研究委员会关于国土安全报告的建议(NRC，2003a)确定了增加观测的必要性，旨在系统地描述被认为是潜在的恐怖主义目标地区局地规模的风场模式(在整个昼夜周期)，目的是优化固定观测，并给那些参与制定关于当地气流扩散预报和模型强弱的人提供参考。委员会与国土安全部的讨论表明，改进大气层顶气流的模式(即更好地预报天气对城市地区的外部影响)是对中尺度观测系统的最严格要求。有了这样的边界条件信息，国土安全部将依赖城市单独的街道峡谷气流模式和城市街道峡谷可部署的仪器(其中许多无法与委员会讨论)。在城市环境中，所需的观测数量可能非常大，以至于正在考虑用于其他中尺度监测结构的网络模型很可能是不够的，应把这种观测的责任推向联邦领域，在联邦区域，大量的资源和定向计划可以最大程度地管理这些需求。

同样，交通事故（空难、火车出轨、危险货物汇露、港口泄露）也需要在最精细的空间尺度和时间尺度上提供天气信息，正如美国国家科学研究委员会在其关于危险废物扩散的报告中所述（NRC，2003a）。使这些重要的公共健康和安全应用复杂化的事实是，源功能是一个关键的驱动因素，但它的位置和强度往往没有很好的约束。这就对观测系统提出了额外的要求，需要对这类事实作出反应的机构参与，能够调动以提供额外瞬时信息的快速部署传感器。在野火或可能威胁到公共安全的特殊事件周围部署的原型远程自动气象站（RAWS）观测就是一个例子。第4章将进一步讨论城市应用的具体挑战和需求。

（6）跨网络整合，增强应用能力

要满足健康和安全的多种需求，就需要加大对观测数据的整合力度，其主要目的是更及时、有效地获取环境监测数据。空气质量网络的观测有多种用途。例如，来自这些网络的数据被用来描述当前的环境状态，对物理/化学过程进行参数化，跟踪环境条件的变化（趋势），建立观测和反应之间的因果关系，发布公共警报，并为模式提供输入和评估数据。这些应用通常要求数据用户群体将来自不同网络的信息编织在一起，尽管存在公认的空间、时间和组成上的差距。

但是，跨网络整合存在困难和挑战。面临的困难和挑战包括可达性问题，包括对近实时数据的新需求，以支持预报和应急响应；质量问题，包括对元数据和质量评估的需求；以及人的问题，包括对分享数据的关注和激励。整合可以通过多种方式来实现，包括质量保证协议的调整和通过仪器的修改和相关技术的结合来协调平台。

3.3 交通运输

3.3.1 对国民经济的重要性

本节重点介绍三种主要的运输方式：（1）陆路运输，包括公路运输（客运和卡车）和铁路运输；（2）航空运输，包括商业航空公司（客运和货运）和普通航空；（3）海洋运输（大型船舶、港口作业和游艇业）。

（1）公路运输

天气对公路运输的影响是巨大的。美国公路上有超过2.3亿辆商业和客运车辆在行驶，每年行驶近3万亿 mile。美国联邦公路管理局[①]的统计数据表明：

• 美国每年会发生157万起与天气有关的车祸，造成7400人死亡（超过与闪电、龙卷、洪水、飓风、高温、低温和冬季风暴直接相关的死亡人数总和的10倍[②]）和69万起受伤事故；

• 天气因素占所有车祸事故的24%；

• 天气因素造成高速公路25%的非重现延误，每年造成10亿 h 的系统延误；

---

① Paul Pisano，道路气象经理，联邦公路管理局，华盛顿特区，2007。

② 从1988年到2003年因特定的天气灾害而死亡的平均人数，如 http://www.hprcc.unl.edu/nebraska/weather-related-fatalities1940-2003.html 的表所示。最终来源：美国国家海洋大气局的国家气候数据中心和国家气象局。不包括2005年的卡特里娜飓风。

• 与天气有关的延误每年会增加34亿美元的货运成本；

• “准时制”制造和仓储意味着运输延误会迅速发展成工业损失；

• 尾气排放大大增加了温室气体；

• 用于控制冰雪的化学防冰剂和除冰材料会影响流域、空气质量和基础设施。

(2)铁路运输

天气对铁路运输的影响也很大。货运铁路绝大多数都是私营的，只得到最低限度的政府补贴，但以吨-英里计算，它们承担了全国大约40%的货运。他们运输货物的主要竞争对手是卡车和驳船。2006年，铁路运输了大约1230万辆卡车拖车或集装箱。截至2006年底，美国货运铁路雇用了18.7万名工人，创造了480亿美元的收入。① 天气对铁路运输的影响如下：

• 最严重和代价最大的影响集中在轨道冲刷上。仅仅是轻微的冲刷就能造成数百万美元的损失。

• 美国历史上最大的铁路损失是1993年密苏里河、密西西比河和其他大河沿岸的主河道洪水造成的。许多长达数英里的轨道位于这些河流和其他河流的洪水平原中。铁路部门花费了48亿美元进行维修。②

• 任何原因导致的脱轨(最常见的是轨道故障)的直接损失约为40万美元，但货物丢失、火车延误或火车改道等间接成本可能会翻倍。③

• 与天气有关的问题对造成延误有很大影响。铁路收入受到能源需求和农产品产量的影响——两者都与天气有很高的关联性。美国铁路协会在2000年报告称，煤炭和农产品分别占铁路行业总收入的21%和8%。由于这种商品风险，铁路收入往往随着这些产品的市场起伏波动。交货延误代价高昂。

• 由雾、烟、尘、雨、雪或其他大气浑浊物在铁路和公路沿线造成的意外低能见度，每年都会造成多起事故。④

(3)航空运输

天气对航空运输部门的影响也许比其他部门更明显。美国的航空公司雇用了60多万名员工。商业航空通过与其他产业，特别是旅游业的联系，帮助创造和维持了1000多万个就业机会，支撑了大约8%的美国国内生产总值。2003年，美国航空公司的客运里程数超过了5000亿 mile。2006年，乘客登机次数超过7.4亿次。同年，航空货运量达到近400亿 t-mile。⑤

天气对航空运输的主要影响是延误。根据美国联邦航空管理局的数据，天气和空中交通管制延误高度相关，约占2006年所有延误的66%。2006年，近50万次航班延误导致航空公司损失约60亿美元，乘客损失约100亿美元[美国运输部(译者注：又译为美国交通部)估计，每架飞机每延误一分钟的费用为62美元]。

由于天气原因造成的飞机事故包括每年造成的飞机损坏和人身伤害损失约为4200万美元。这些数字是从美国国家运输安全委员会的事故数据库中推断出来的。但是，由于保险索

① 美国铁路协会，“美国货运铁路概览”，2007年1月。该文件可通过访问 http://www.aar.org/PubCommon/Documents/AboutTheIndustry/Overview.pdf 获取。

② Stan Changnon，伊利诺伊州水利勘测系，伊利诺伊大学，伊利诺伊州尚佩恩，2007。

③ 伯灵顿北方圣菲铁路运输公司，2007. 参见 http://www.zetatech.com/bnsf_rts.htm。

④ 地面交通气象信息报告，FCM-R18-2002，附录E，联邦气象协调办公室，华盛顿特区，2002。

⑤ 美国运输部运输统计局，2007。

赔，即使是一次重大事故造成的潜在损失也可能更大，超过10亿美元。

(4)海洋运输

在美国的对外贸易中，近80%的货运是通过船舶运输的。2005年船舶运输量为14.9亿t，其中出口3.9亿t，进口11.0亿t。这些货物的总价值为1.12万亿美元。[①] 近一半的国际货物可以被认为是危险的，特别是当这些货物倾落到水中时。

海洋气象索赔包括范围广泛的近海和沿海天气相关的事故，从打捞行动的失误，到货物损失/损坏，甚至船员受伤。许多海事索赔的共同点是天气或海况在所有损失中所起的作用是确切的。没有其他行业像那些关注海洋的行业一样强调安全。船舶、水路、码头、配套设施和多方式联运连接基础设施之间存在着复杂的相互依存关系，以确保安全、高效和环保地运送人员和货物。

天气影响及时交货。天气会影响路线状况、出发或到达的时间以及避难港。避开热带风暴对海洋运输至关重要。其他容易受天气影响的领域包括沿海贸易(在海岸附近的短途航线上的航运)、商业港口运营、捕鱼业、游艇业、国家海洋大气局渔业管理、美国海岸警卫队的搜索和救援(SAR)和港口安全运营以及应急响应(例如石油泄漏)。

港口运营提出了一系列独特的挑战。[②] 大型船只通常在离防波堤几英里的地方停泊。领航员登上船只，指挥拖船，并把船驶向安全的泊位(如防波堤锚地或码头)。航道的宽度和深度以及横跨航道的任何桥梁的高度决定了可以靠港的船只的大小。航道的任何急转弯和码头的长度限制了可容纳的船舶长度。非常大的船只，如重30万t、长1200 ft(1 ft=0.3048 m)的油轮，吃水深度非常大(>60 ft)，受海流的影响比受风的影响更大，进坞延迟代价高昂。即使天气意外地阻止了船舶前往码头停靠，但码头工人仍然必须前往码头待岗而获得报酬(通常是数万美元)；托运人可能会因船舶必须在海上停留每一天而损失10万美元。

3.3.2 中尺度观测的现有条件和业务化要求

就公路运输而言，由于美国交通运输部门(DOJs)和私营部门服务提供商之间存在合作，我们可以获得大多数关于道路的特定信息。大多数路边气象观测站可测量温度、风、降水和湿度。许多州还使用嵌入路面的传感器(可测量温度并检测道路上的冰、化学品或水)，以及可确定热通量的地下传感器。路边摄像头可显示天气如何影响交通，其既可以替代自动观测，也可以通过视觉确认路面测量是否有效。新技术带来了针对路况和路面温度的路边遥感能力。一些站点也设有能见度传感器。[③]

美国交通运输部门及其气象服务提供商都利用这些来源的数据来监测当前路况，并为基于网络的产品提供基础支持。道路预报对观测的要求比监测功能高得多，其不仅依赖于道路传感器，还依赖于所有其他类型的观测——包括地面和高空观测，随着预报期限加长，需要的观测点会越来越多。

美国交通运输部门运营着道路天气信息系统(RWIS)。[④] RWIS依赖于2500个国有环境传感器站(ESS)中的绝大多数，它们可收集一种或多种类型的道路沿线数据，包括大气(通常

---

① 资料来源：美国运输部研究与特殊项目管理局，美国运输统计局，2006年8月。详细信息可访问 http://ops.fhwa.dot.gov/freight/freight_analysis/nat_freight_stats/docs/06factsfigures/fig2_6.htm。

② 采访加利福尼亚州长滩市 Jacobsen Pilot Services, Inc. 的 Vic Schisler。

③ 有关所有这些传感器的更多信息，请访问 http://ops.fhwa.dot.gov/Weather/best_practices/EnvironmentalSensors.pdf。

④ 参见 http://ops.fhwa.dot.gov/Weather/faq.htm。

有温度、气压、风、湿度和降水)、路面(路面温度、是否存在水或冰、路面干湿情况,有时还包括路面上化学品的浓度)和水深(测量自公路下穿过的溪流或涵洞)。用于收集道路数据的通信功能以及中央处理和传播中心是 RWIS 的重要组成部分。

与许多中尺度网一样,美国运输部的数据的可靠性数据存档(元数据)、遵守选址标准的情况以及传感器的定期维护和维修等方面密切相关。建议的选址和通信标准见联邦公路管理局的出版物(Manfredi et al.,2005)。[①] 出于责任考虑,一些机构并不与出行的公众共享道路传感器信息;尤其是路面温度和路况数据。

哥伦比亚河峡谷的冰暴

俄勒冈州西北部和华盛顿州西南部近年来最严重的冰雪事件发生在 2004 年 1 月初。波特兰国际机场关闭了近 3 天,进出波特兰市的所有主要公路也不能例外。其中包括华盛顿州西南部和俄勒冈州西北部的南北向 5 号州际公路、波特兰以东沿哥伦比亚河峡谷的 84 号州际公路和波特兰国际机场以东的南北向 205 号州际公路。天气预报数值模式不断地试图清除掉滞留在低洼的威拉梅特谷内以及华盛顿西南部沿海山脉和喀斯喀特之间的冷空气。这里的冷空气从来就很难消失掉,因此,落入地表附近所滞留冷空气中的液态降水要么冻成冰丸,要么在与地面接触后冻结。冰暴在波特兰地区并不少见,预报员预计的冷空气停留时间通常会比模式预报的要长,但有时连他们也低估了冷空气的持久力。

由于太平洋西北部地形复杂,而哥伦比亚河峡谷流出的低空冷气流对冬季天气有巨大影响,建设更密集的观测网将大有裨益,尤其是当预报员可以在垂直方向获得更多信息时。频繁在峡谷口附近绘制的垂直温度分布图将展示冷空气穹顶在寒冷的东风带表流中是如何侵袭的。有了对冰暴的准确预报,工作人员可以及时清理道路,普通司机也可以提前按计划待在家里。

俄勒冈州波特兰地区受冬季天气影响的交通,2004 年 1 月 6 日。

资料来源:美国国家气象局,俄勒冈州波特兰市

① 详细信息可访问 http://ops.fhwa.dot.gov/publications/ess05/ess05.pdf。

为了在全国范围内协调道路气象信息的收集工作，并全面收集关于道路传感器的元数据，美国运输部建立了Clarus系统。[①] Clarus不是首字母缩略词，而是拉丁语中“畅通”的意思，这是人们普遍希望的一种路况。运输部打算在接下来的几年里开发和演示Clarus系统，使之成为一个综合观测和数据管理系统，用以改善地面运输。Clarus系统是否成功将取决于运输部门和私营部门的参与及合作。Clarus系统应使我们能够更准确地评估天气和路面状况，并可以改善道路天气的短期预报，从而提醒司机注意短期天气危险——无论是冬季风暴还是夏季洪水。道路清理行动不会毫无根据地展开，运输部将受益于此。

铁路有特定的观测需求。这些措施包括：

• 铁路或架空电力线路上的降水（冰冻和液态）。轨道上有任何积冰都会严重影响制动，使列车无法开始行驶。

• 雷暴雨和闪电。

• 高温或低温（85℉或以上，32℉或以下）。高温会导致铁轨弯曲、火车脱轨；低温会导致道岔冻结和卡住。

• 能见度小于3 mile。任何原因（大雨、大雪、浓雾或尘暴）导致的低能见度都是影响交通的问题。工程师依赖能见度才能够看清前方的轨道和信号。

• 强风（吹起的碎片和横风速度超过60 mile/h）。

铁路或其服务提供商已经在轨道沿线安装了传感器，用以监测天气状况并向人们发出上述危险的警告。

联邦铁路管理局（FRA）认为，新的监测技术将：可以防止涉及超速的碰撞和事故；提供更好的安全性；提高铁路运能和资产利用率；改善铁路客户获得的服务；改善铁路能效和排放；使铁路能够测量和管理成本；并提高铁路的经济生存能力和利润。[②]

许多代价高昂的飞机延误都是由于终点机场恶劣的天气所致。标准仪器（典型的是国家气象局自动地面观测系统和联邦航空管理局自动气象观测系统）可提供局部观测数据用于决策和终点机场的预报。大多数经历过冬季强降雪的机场都会使用类似于道路传感器的仪器来监测跑道状况。

专用观测系统——如雷达（WSR-88D和终点机场多普勒天气雷达）——可提供详细的大气观测数据，特别是在可能影响机场或其附近航空运输的恶劣天气下。

大部分机场受益于低空风切变分析系统，当下击暴流（对流阵雨突然掀起的阵阵强风）对起飞和到达的飞机造成危险时，该系统可提供关键的风切变信息。下击暴流使得空速突然下降，这会导致飞机在最后着陆时偏离跑道，以及在起飞加速时滚离跑道末端而不能升空。

机场正在部署飞机结冰除冰决策的天气支持（WSDDM）系统，以提供飞机除冰决策支持服务。WSDDM系统由国家大气研究中心的科学家开发，基于一个由温度和天气预报传感器以及雷达组成的复杂系统，这些传感器和雷达由最先进的软件控制和监测。该系统的传感器通常安装在距离机场30 km的范围内，各个方向都有。WSDDM系统的传感器可测量温度、大气压力、露点以及风速和风向。热板量雪器可测量降雪的液体当量，在决定使用

---

① 参见 http://www.clarusinitiative.org/background.htm。

② Steven R. Ditmeyer，天气信息和智能铁路系统，NCAR-FRA-ARA关于加强气象信息预报工作以提高铁路安全性和生产率的研讨会，2001年10月，科罗拉多州博尔德。

哪种除冰液以及从离开除冰站到起飞之间留给飞行员多长时间时,这是最重要的参数。

海上运输通常需要关于风速和风向、海流/波高和波向以及热带天气的信息。除了船舶报告,很少有地面观测数据可用于业务决策。来自海洋浮标的自动报告可为预报提供参考,海面状态和海面风的卫星观测数据(从散射计数据推断出)已广泛用于近岸环境。然而,由于最近有卫星监测任务取消,在新的任务开始之前,人们会不断质疑这种离岸卫星测量的连续性。

港口作业需要大量关于水深(船舶吃水逐年增加)、潮流、盐度、风速、海面状况、波浪高度和方向以及水上建筑物和水本身之间空气间隙的信息,以避免船舶与构筑物之间发生碰撞。

美国国家海洋大气局的物理海洋学实时系统(PORTS)为美国 15 个主要港口的航运业务提供关键信息。PORTS 有三个主要目标:第一,确保船舶在港口附近的航行安全,即防止船舶之间以及船舶与固定物体之间发生碰撞。第二,考虑到航道宽度、水深、桥梁高度和天气的限制,尽可能高效地进行机动和停靠。第三,主要通过预防事故来保护沿海环境。

沿海水域为各种生物资源提供了栖息地,包括美国 70%的商业和休闲渔业的发祥地。涉及溢油的海上事故多年来扼杀了各种生命形式的生物。显然,天气和水传感器是 PORTS 的重要组成部分。①

3.3.3 未来需求

在多山的美国西部,冬季的雪崩对公路使用者以及偏远乡村的娱乐活动是一个重大威胁。高山地区的降雪、温度和风数据如果更为详实,预警会更加有效,并可增强雪崩防控能力,减少意外封闭公路的次数。

公路沿线的降雪量测量还有很多地方需要改进。雨量计在测量雪的含水量方面存在明显的缺陷,这是因为在低降雪量下蒸发会造成水损失,并且风会使雨量计孔内捕获到的雪量减少。降雪的特征通常不为人尽知。厚而湿的雪不太容易吹积,但风很容易就可以清除道路上蓬松、低密度的雪,或者使其大量堆积,从而在很短的距离内造成路况的巨大变化。很难用液体当量(与除冰作业相关)来测量雪的特征及其堆积速率,这往往是预测未来路面状况(甚至只是提前一两个小时)失败的最大原因。除了风之外,由于大规模暴风雪、带状湖泊效应降雪范围内在雨雪边界附近发生对流,降雪量出现了中尺度变化,因此需要沿道路进行更密集的测量,并采用更具创新的测量技术来测量雪。

某些要素的观测数据获得的很少,如土壤湿度和土壤温度;然而,这些数据在预测路面温度、道路冰冻隆胀和负载限制潜力方面至关重要。

太阳辐射数据虽然很少会在运行环境中测量,但对于路面和轨道温度预测尤为重要。天空现象信息也有助于预测路面温度。路面温度对天空景象的变化有明显的反应,无论是由于路边切割、建筑物、山脉还是植被。一些机构已经清除了道路两侧或州际公路中间地带的植被,以增加路面对太阳辐射的吸收。

在公路、铁路和航空运输中,需要额外的数据来改进雾的预报,包括:

- 潜在雾层中湿度的垂直分布(地面至 200 m);

① 其他更多信息,参见 http://tidesandcurrents.noaa.gov/ports.html。

- 稳定边界层中的风；
- 潜在雾层下的地面温度；
- 云量、降水、地表湿度和温度。

强风会直接影响地面运输。高边车和带有双层集装箱的轨道车辆容易被吹翻，也有卡车被吹下桥。这需要更准确地预报当地强风天气，并采用更有效的方法来提醒卡车司机。单是基于局部观测数据的自动标识就足以充分预警。

成果：现已建成多处地面观测平台，以提高道路和铁路运输的安全性。其中一些观测站安装在容易发生危险的地方，例如容易提前结冰的桥梁，容易出现晨雾的低洼处，容易产生吹尘的裸露地面，以及颗粒细小且松散的土壤。其他观测站位于大体上更具代表性的位置。在这两种情况下，这些数据对于中尺度预报和预警都很有价值。

所有运输行业都需要对流层下部和边界层的数据，如风和温度的垂直廓线分布。从解析中尺度特征的角度来看，目前可获得的数据相对较少。温度廓线在探测低层大气中的融化水平方面显示出极大的价值。这些信息在确定道路上可能堆积的冰雪量时特别有用。

在继续满足运输行业基本需求的同时，一些现有的公路和铁路观测站很容易便可以整合到观测网中来，从而以最低的成本更广泛地补充气象和土壤测量方式。在现有站点增加一两个测量点可避免花费大量资金建立一个新站点，无线通信可灵活地对单个仪器进行最佳定位。同样，公路和铁路轨道附近的气象站可以增加传感器(例如用于测量涵洞附近的水深)，这将有利于交通运输。

建议：应酌情扩大与公路和铁路运输相关的现有地面观测和观测平台，纳入世界气象组织(WMO)的标准气象参数。同样，应酌情扩大公路和铁路附近现有的世界气象组织标准气象观测站，以满足运输行业的特殊需要。

海岸边界层中不断发生着能量和动量交换，我们需要对其进行测量，以便理解、监测和预报中尺度大气和相关环境过程。

为了改进预报，必须更有效地测量海面温度。由于潮汐扰动、上升流、波浪作用、径流和昼夜加热等多重过程，近岸水面温度经常表现出强烈的时空变化。潜热和感热交换对于中尺度水文过程的测量至关重要，如沿海对流和层状云降水、雾的形成、海风的出现和强度、热带风暴强度以及沿海冬季风暴的雨/雪线。卫星反演使得测量能力不断提高，但由于这些过程快速波动、海岸边界情况复杂，并且某些近岸环境中的云量近乎恒定，仍需要进行更多的原位观测。

除了海面温度之外，还应测量沿岸带水体的其他参数，例如水质、浊度、沉积物输送、盐度和营养物产生量。

波浪作用的测量非常复杂，在很大程度上受海岸带中尺度特征的影响。许多终端用户要求测量波高，波高根据波周期通常分为主波值和次主波值。周期更长的波浪——通常称为涌浪——由离岸风暴产生，而风在局部驱动的波浪通常称为斩波浪(chop)，其周期要短得多。波向是非常重要的参数，但更难测量。沿着美国海岸线的浮标会收集这些信息。

海岸带的许多利益相关者要求用验潮仪、水位计和海流计进行测量。美国验潮网络由500 多个验潮站组成，其中许多验潮站还收集一些气象信息。

浮标一直是并将依然是沿岸和大洋观测的基础平台，卫星由于能够感知广阔的空间而变得越来越有用。云量和时空分辨率仍然是高效地收集海洋信息方法的主要限制因素。其他观测系统(其中有一些相对较新)使得浮标和卫星能够提供的数据不断增加,具体包括:滑翔机、漂流标、CODARS地波雷达(用于测量海流的主动遥感器)、水上固定平台(例如,用于部署各种原位传感器的助航设备和石油钻探平台),以及安装在各种船舶(如油轮、旅游船、拖船和轮渡船)的原位传感器。

沿海地带物理测量的利益相关者众多,包括娱乐(旅游业、渔业、航海、冲浪等)、商业捕捞、海上中转、港口安全、国防、能源需求、陆地运输(沿海雨/雪线、雾等)、应急管理(飓风疏散等),以及溢油追踪。

中尺度观测的未来航空需求将主要由下一代航空运输系统(NGATS)决定。随着轻型喷气式飞机数量的激增,预计到2025年,航空客运和货运将增长1倍甚至2倍,NGATS对此做出了回应。相关规划由美国联合规划和发展办公室(JPDO)负责总协调,运输部、国防部、国土安全部、商务部、联邦航空管理局、国家航空航天局和白宫科技政策办公室都派出了代表参加。私营部门的众多航空专家为联合规划和发展办公室提供了建议。

NGATS的支柱是一种基于卫星的技术,该技术以每秒钟更新一次的方式广播飞机的识别号、位置和速度信息。通过在管制员、飞行员和飞机导航系统之间相互共享飞行信息,飞行路线将从今天的"空中高速公路"模式转变为更直接、更高效的飞行路线。

由于效率以及飞行业务的安全性有所提高,要详细说明天气观测有哪些新的要求,现在还为时过早,但小型商业运输公司和通用航空公司提供原位观测数据的潜力巨大。成千上万的通用航空飞机大部分时间都在空中,它们一般会比客运航班飞得更低,通常在最需要观测的边界层中或边界层上方不远处。

大多数新车从装配线下来时都带有温度传感器和内部读数装置。联邦公路管理局正在与汽车制造商合作,实施车辆基础设施集成计划(VII;Pisano,2007),以研究如何收集和更广泛地共享这数百万个温度测量数据。通过监测挡风玻璃刮水器的速度,也可以粗略测量降雨量。我们正在研究将这些信息从单个车辆传送到处理中心的方法。纳米传感器技术的进一步发展将实现"芯片测量",从而将取代20世纪一直使用的传感器模式。

建议:运输部应通过车路协调计划评估并最终促成高密度观测的部署。通用航空和航海运输工具也应考虑类似的概念。

3.4 水资源

3.4.1 对国民经济的重要性

在广泛考虑的环境(即大气、地表和地下以及沿海水域)中监测水资源及其流动至关重要。家庭、市政、工业、农业和娱乐活动都需要获得足够数量和质量的水。但是,水资源在全国各地的分布并不均衡,有的地方可能会在很长的时间内都没有水用。这种可变性是许多自然过程和人类活动之间复杂的相互作用的结果。常见的观测数据证明,我们经常存在水过多或不足的情况。每个人都知道东南部多年干旱,而西部各州之间的水权之争僵持不下。1993年夏季,密苏里河和密西西比河干流及其支流暴发的洪水造成了210亿美元的损失,2005年"卡特里娜”飓风给新奥尔良造成的灾难性洪水是美国历史上最严重的自然灾害，损失达1250亿美元。[①]

全国水资源的分配需结合自然控制的供应和人为控制的储存和消耗。供应方面有降雨和降雪形式的降水，降水量从美国西部大部分地区的200 mm到佛罗里达州、墨西哥湾沿岸和西北部的1500 mm不等。一部分降水得以在河流和湖泊中短期储存，然后通过地下水回灌长期储存。短期储存的时间范围不等，河流中为几小时到几周，湖泊中为几个月到几个季节。长期储存则以非常慢的速度补充，但停留时间将以年计。在消耗方面，人口密度、工业和农业活动的分布，以及防洪、能源生产和娱乐需求之间的权衡，控制了水的可用量或短缺情况。虽然某些活动（如市政、工业）导致的水损失很少，但其他活动（如农业）中有大量的水蒸发到大气中损失掉。

水质的“总体情况”就更复杂了。工业和市政活动会导致水污染，因此需要进行水处理。这种处理永远没法彻底，需要辅以自然过程。工业过程中使用的化学品过多，这有碍彻底解决它们对环境的影响。因此，地表水和地下水会含有重金属、毒素、药物和致命细菌。由于水是一种主要的运输媒介，这些影响在空间尺度上会延伸数千英里，上述物质如果不能生物降解，将在环境中持续多年。降雨和农业过程会导致土壤侵蚀，被水冲走的颗粒会携带着肥料和污染物。随着时间的推移，它们会进入溪流和河流，进而影响数千千米外的环境。典型的例子就是墨西哥湾的缺氧问题，这一问题可以追溯到中西部用于作物生产的营养物质。

关于国家水资源的这一简要概述应该足以说明这个问题极其复杂的性质。水的供应、储存和消耗过程在时间（从几秒钟到几十天）和空间（从几毫米到几千千米）上的跨度都很大。关于这些过程的数据和其他信息非常分散，掌握在不同组织手中，尽管我们做出了努力，如引入了国家综合干旱信息系统（Western Governors′ Association，2004），但很难全面获取这些信息。我们对于自然水系统功能的了解还存在很大空白。

3.4.2　中尺度观测的现有条件和业务化要求

解决“水过多或不足”的问题需要仔细监测、熟练预报并加以合理控制。联邦政府的责任是按照这些思路组织的，但有一定程度的重叠。例如，美国地质调查局和开垦局利用来自大约150万个测点的信息监测地表和地下水的数量和质量状况，美国环保署（EPA）强制要求遵守环境标准和条例，而美国国家海洋大气局则侧重于沿海水域和大气。美国国家气象局的任务是定期预报全国大约20000个位置点的河流流量。为此，美国国家气象局建立了水文气象自动数据系统（HADS）[②]，利用GOES卫星上搭载的数据收集平台从各种机构运营的站点收集原始水文和气象数据。美国陆军工程兵团负责开发、监测和运营工程构筑物，如水库以及主要河流上的水坝和船闸；在美国的许多地区，这些责任由州和其他地方机构分担。例如，佛罗里达州的水资源由四个水管理区管理，它们负责为城市和农村供应生活用水以及农业用途供水，并确保生命和财产得到保护。田纳西流域管理局在东南部经营着许多储水水库，用于供水、防洪和发电。全面讨论所有联邦、州和地方机构及其与国家水资源相关的活动极其复杂，这超出

---

① 美国国家气候数据中心，国家海洋大气局，造成十亿美元损失的天气灾害，NOAA，http://www.ncdc.noaa.gov/oa/reports/billionz.html#chron。数字未根据通货膨胀进行调整。

② 参见 http://www.nws.noaa.gov/oh/hads/。

了本书的范围。美国气象学会关于水资源的政策声明也强调了这些复杂性(AMS,2008)。由于没有专门机构负责水资源管理,也没有制定国家水政策(Galloway,2006),我们的讨论内容将集中在观测能力的主要机制,我们认为这些机制对于满足多重国家需求至关重要。

要满足多重国家需求,需要就水的分配和限制做出决策。这些决策往往针对不同用户间相互矛盾的目标,并且要用到关于相关水资源当前和未来状态的不完整信息作出的。为了支持这一决策,责任各方使用预报模式,将可用数据内插和外推至通常无法直接观测到的相关变量。例如,这种模式包括降雨-径流转换、山洪暴发预报、主要河流沿线的洪水演算、地下水补给和流动、陆地-大气相互作用(伴随蒸散量的估计)、泥沙输运和产沙量、融雪水,以及储水量,等等。

这些模式具有高度不确定性,因为它们描述了难以观测到的复杂非线性过程,该过程是其他过程发生多尺度相互作用的结果。这些模式虽然预报技巧各不相同,但都存在固有的不确定性。这种难以量化的不确定性可归因于以下方面:(1)对所涉及的过程了解不全面;(2)构成模式的数学表达式参数次优;(3)初始条件有误;(4)主要输入数据有误(例如山洪暴发预报模式中的降雨量)。上述不确定性的大部分原因在于我们观测系统的局限性,无论是在业务方面还是研究方面,也就是说,这是需要人们有个认识过程。这些观测系统可提供经验信息,用于正式表达我们对自然过程的理解,校准我们的模式(即调整模式参数),并提供初始条件和驱动输入数据。因此,我们的观测系统范围有限(时空采样分辨率和精度)必然带来不确定性,而这些不确定性会一直影响到关于我们国家水资源使用的决策。例如,据 Welles 等(2007)报道,在过去 20 年里,河流流量预报模式的技术缺乏重大进展。用新一代的水文过程空间分布表达式代替当前使用的模式,可以提高预报质量,但需要足够的观测输入数据。

在水库运行的背景下"预报价值"研究,其结果清楚地表明,如果更准确地了解水库的流入量,这将产生显著的经济效益(例如,Georgakakos et al.,2000)。入水量与当前的储水量共同决定了水的可用量。而水的可用量受到环境限制(例如需达到维持下游生态所需的最小排水量标准),但结合对水需求,或对能源(可通过涡轮系统放水产生)需求的预报,可以就如何运营水库做出决定。

3.4.3 未来需求

这样不免让人产生疑问"要使预报在我们所讨论的问题方面得到改进,需要有哪些水文模式要求?"答案并不明确,具体取决于所涉及的时空尺度。首先设想有一条大河,为了预报下游任意一点的排水量,我们需要知道上游的排水量并估计两个点之间主河道的流入量。为此,我们需要基于开放河道中流体流动原理的河道路径模式。坡度、宽度、底部和河岸粗糙度以及水位等水力学特性决定了答案。当流域足够大时,发生一场对流风暴(即使降雨强度很高)也几乎无关紧要,因为下游相关点发生的情况主要受到河道中已有水流的影响。当流域范围较小时,是在小盆地中的山洪暴发。在这里,河道中发生的情况与流域出口排水量的预报基本无关,因为如果降雨充足,情况会迅速变化(10～30 min 内,具体取决于位置和流域大小)。降雨量和流域的物理地形特征最为重要。在这些特征中,土壤上部区域的蓄水位决定了降雨向径流的分配。如果已知土壤湿度分布的测量结果,就可以估计储水量。

土壤湿度在多个水文过程中起着重要作用,这些过程在多个时空尺度上影响着水资源。它控制着雨水地表径流和入渗水的分配。地表径流在流域中能够快速响应,水将通过河道网络流向流域出口。渗入的水要么被植物消耗掉，要么渗透到更深处，用于补充地下蓄水层。土壤水分也控制着地表能量的分配。可供植物消耗的水导致蒸散作用，蒸散作用是地表能量平衡的主要组成部分。根系区域长期缺水会影响植物的生命周期，并最终导致地表反照率的变化。通过蒸散作用输送到大气中的水会影响热力过程，在适当的环境下，通常会在远离源头的地方凝结降落。通过这些过程，土壤表层的水分在较短的时间尺度上发挥作用，从而影响日常天气，而较深层次的土壤水分含量在区域尺度上的受影响过程较慢，并且在长时间没有降水的情况下，它将作为深根植物的水来源被带到大气中。

很显然，从气象站网中了解到的实际土壤水分有助于预报河流流量、蒸散量、地下水流量和降水量。但是需要测量深约2 m的土壤水分分布。近表层的水分控制着渗透能力，变化很快。下层包括大部分土壤，可为某些种类的植物（如草）提供水分。水分通过重力、根部吸力和毛细吸力在这两层之间输送。深层的含水量波动比表层的慢。更深的一层延伸到土壤下面，为更大型的植物（如树木）提供水分。这一深层的水分波动缓慢，它的枯竭是一场严重干旱的标志。

土壤水分的空间变异性很高，而且不太为人所知。它受降雨量、海拔、坡向、土地利用、土地覆盖和土壤水力特征的变化所控制。所有这些特征各不相同，最后一个因素可能是最显著的，因为它取决于孔隙大小分布和土壤颗粒的结构及组成。在没有全面的全国土壤水分观测网的情况下，我们对这一变量的理解是基于试验性原位数据（Illston et al.，2008）、集中的遥感观测活动和建模研究。

目前可用的遥感技术无法进行整个土壤柱的水分观测。通过部署在飞机或航天器上的辐射计测量土壤表层约5 cm的信号，但该信号经常受植物内部和上面的含水量所干扰。土壤水分微波观测的空间分辨率是频率、天线尺寸和天线量程的函数。虽然机载辐射计可以提供约1 km或更高分辨率的数据，但要实现全国覆盖需要基于卫星的传感器。这意味着大约5 km的分辨率（Entekhabi et al.，2004）。

土壤水分的原位测量方法利用了各种物理现象（Raats，2001）。也许，最实用的方法是时域反射计，它能够测量电磁脉冲的传播速度，该速度取决于含水量。虽然这些探头需要仔细校准，但它们便宜、安全且易于安装。任何土壤水分测量网络均应包括土壤水分传感器。这些易于测量的方法将有助于预报冻土降雨时的地表径流，有助于减轻国家部分地区频繁的春季洪水的影响。

建议：应在全国约3000个站点部署全国实时土壤水分和土壤温度观测网。

对于一个空间分布在美国大陆的网络来说，这个数字相当于大约50 km的特征间距。尽管这一间距不足以捕获地表土壤湿度短期空间变异性的全部范围，但由于它很小，因此足以代表季节变化和区域梯度，从而支持许多重要的应用，如支持数值天气预报、水资源管理、洪水控制和预报以及林业、牧场、农田和生态系统管理的土地数据同化系统。这种特征间距还能提供某一分辨率的数据，用于补充历史数据集和相关数据集。如果仪器露置是可接受的，并且实时通信是可能的，则选址应偏向现有观测网络。

虽然我们主张部署一个全国土壤水分测量网络，以改善地表和地下水分运动的预报，但是，降水仍然是决定径流的最重要变量。目前有两种主要的传感器可用于监测降水：雨量计站网和天气雷达。原则上，这两个系统的组合使用可以详细和准确地描述全国的降雨量。可惜的是，事实并非如此，尤其是在与暴洪预报相关的短时间尺度上。部分原因在于降水的高度时空变异性，特别是降雨，降雨量图的精度不是很高。Ciach 等(2007)曾报告，WSR-88D 天气雷达国家网络(也称为 NEXRAD)制作的每小时降雨量图的随机误差接近 50%。随着降雨累积的时间尺度增加，随机误差减小，由此，季节性降雨量图可描绘出该过程的正确图像。

主要问题是取样。雨量计的分布过于稀疏，无法捕捉降雨模式的变化，尤其是对流型的降雨模式。雷达波束略微向上"看"，往往会越过一定距离的云层。位于美国西部山顶的雷达总是错过来自低海拔云层的降水。一种解决方案是放置小型、低廉的雷达，用于探测相对较小的区域(约 1000 km^2)，如城市地区或山区。我们将在第 4 章中进一步讨论此类系统。

另一个未观测到的变量是流量。美国地质勘探局在大约 1700 个观测站点实时监测全国的河流。其他机构在其自己的站点进行补充监测。考虑到水流在不同地形上的复杂性以及水分传输在其他生物地球化学过程中发挥的主要作用，这些监测还不够。连续观测河流流量为解决水资源预报和控制的一般问题带来双重好处。一方面，它们与洪水预报和水库流入预报直接相关；另一方面，它们为用于预报水循环其他要素的模式提供了约束条件，而水循环的其他要素对于许多应用来说至关重要。这些因素包括地下水流量、地表水和地下水中的污染输送以及蒸发量。

准确监测水循环的主要通量和储存量是改进许多环境问题(足以影响到国家)预报的先决条件。源于土壤侵蚀的泥沙输运是农业实践和植被、雨水和风力的侵蚀力、集中的地表径流以及沿河道网迁移的结果。泥沙既携带营养物质，也携带污染物，它们通过凝聚作用附着在一起，并在移动过程中发生转化。泥沙通过改变浊度和酸度来影响地表水及其生物环境的许多其他质量方面。

当前用于河流流量估计的技术属于昂贵的和劳动密集型。主要开支在于建造用于容纳测量水位(深度)的传感器的结构。水位和流量之间的关系是基于经验通过定期和更直接地测量流量来建立的，流量是水流速度和水道横截面积的乘积。经验数据必须基于不同时间重复收集，这样才能代表所有的可变性。对于高流量的河流，这给全体工作人员带来了实际困难和风险。

近期发展包括先进的非接触式技术，一些技术正在测试和研究中。这些技术从光学传感器到使用低功率雷达的主动遥感均有涉及。其他方法包括使用计算流体力学模式来开发水位流量关系曲线，以及使用低廉的水位传感器来将曲线上的数值转换为流量。其中一些技术价格低廉，可用于补充美国地质勘探局和其他机构运营的核心网络。

研究界已经认识到美国水资源各个方面的观测极限。水文学家和环境工程师主张建立一个装备良好的自然观测站网络，以加深我们对环境中水分运动的认识。这需要我们对水量和水质进行全面观测，以提高我们的预报能力，造福社会。有关该主张的详细信息，请参见 CUAHSI(2007)和 WATERS(2008)。

3.5 粮食生产

3.5.1 对国民经济的重要性

美国所有地区均有种植粮食，每个地区均利用了当地的气候和土壤，以开发其在特定粮食相关产品上的竞争优势。20 世纪相对便宜的交通降低了种植各种粮食作物的积极性，包括一些在各个地区只能略微适应当地土壤和气候的作物。随着运输成本不可避免地上升，以及人们对当地种植的粮食兴趣的增加，未来粮食生产对天气和气候信息的需求可能会比过去更加广泛。生长在最佳地带边缘的水果和蔬菜更容易受到干旱、洪水、积水土壤、热应激、冷应激、多云、湿度过高或过低、疾病、昆虫、食草动物、生长季节长度或与气候直接或间接相关的其他因素的影响。

玉米、大豆、小麦、燕麦、大麦、黑麦等经济作物作为单一作物在广阔的土地上生长。相比之下，人类食用的新鲜水果、坚果和蔬菜被认为是相对高价值的作物，可种植在较小的地块上，其单位面积收入更高，劳动力使用更密集，灌溉更频繁，单位面积生产成本更高。由于各种原因，在种植特产作物的地区，在较小的空间和时间尺度上监测气象条件可能比种植商品作物的地区更重要。随着特产作物在气候边缘地区或经济作物常种地区得到更广泛的种植，这种情况将变得越来越明显。

美国各个地区均会饲养动物来生产肉、奶和蛋。但是，与商品谷物一样，商品肉类生产(牛肉、猪肉、家禽、鱼类)往往集中在某些地区，这些地区有饲料谷物、丰富的水源、最佳的温度或降水特征以及便利的交通或市场。

用于生产肉、奶和蛋的动物可以在有限的空间(室内或室外)或“自由放养”的环境中饲养。封闭式饲养会带来额外的环境问题，例如大量的气味、灰尘和废物，由此需要额外的环境监测。自由放养(即放牧)式饲养通常覆盖大片地区，在这些地区，放牧原料的生长和生产率是必须监测的因素。

热浪、冻雨、极寒、强风暴、过量雨雪或高湿等极端天气事件会对动物的生产率(甚至死亡率)产生严重影响。肉类动物的体重增加、产蛋、产奶以及动物繁殖的成功率均受到极端高温环境的负面影响。如果没有养殖棚，寒雨和零下温度会导致饲养的肉牛等动物生病。对当前状况的监测以及获得可靠的短期预报使我们能够采取先发制人的行动，以尽量减少对在受限条件下饲养的动物的不利天气影响。

美国的粮食生产养活了 3 亿多人口。2007 年，美国出口了大约 820 亿美元的商品作物、牲畜和园艺产品。2008 年，出口总额预计为 1140 亿美元。[①]

3.5.2 中尺度观测的现有条件和业务化要求

对农作物的环境条件监测通常包括标准的地面气象变量，还包括光合有效辐射(PAR)、蒸散量、土壤温度和土壤水分。对于一些作物来说，叶片水分(作为测量变量)是与害虫和病原体相关的管理决策关键因素。在这些变量中，最不易观测、但对许多地区而言至关重要的变量是土壤水分。土壤和地形的异质性使土壤水分的代表性观测成为一项重大挑战。

农业生产者受教育程度的提高和技术水平的提高，加上互联网上天气和气候信息的增加，使得生产者和农业综合企业服务提供者能更多地利用这些信息进行近期管理决策、长期营销计划、水土保持投资和用水管理(灌溉、暗管排水、草地排水沟)。现代农业机械配备有测量和记录种植率、化学应用和谷物收获产量的设备，所有这些均根据田间(高分辨率)位置而定。这种高空间细节，再加上天气和土壤条件的高空间细节，有助于实现产量最大化和减少不利环境影响。农业综合企业服务提供者还必须了解当前和未来的天气状况，以维持材料库存、管理存储设施，并且广泛地预测生产者对其商品和服务的天气驱动需求。农作物保险行业对可靠和

① 美国农业部，详见 http://www.fas.usda.gov/cmp/outlook/2008/Aug-08/AES-08-28-2008.pdf。

准确的天气和气候信息非常关注，尤其是在潜在变化的气候下，以及在极端气候下，如大风、龙卷、干旱、冰雹和冰冻。

3.5.3 未来需求

(1)用于驱动决策支持工具的天气数据

基于当前或预计未来环境状况的决策支持工具在农业中的使用越来越广泛，这就要求其测量范围更广、传感器密度更高、观测频率更高。高密度地面风观测可获得用来估算蒸散量的公式，并确定何时的条件有利于在田间施用农药或开始控制燃烧。商品作物的生长模型使用过去、现在和未来预报的天气，并允许生产者计划管理和营销活动。决策支持工具可设计用于提醒生产者未来可能发生的疾病或病虫害。用于提高盈利能力或环境可持续农业的方法示例包括决策支持工具和模型，这些工具和模型可用于预测土壤侵蚀、硝态氮淋溶、土壤水分、土壤温度、灌溉时间安排、饲料质量、地下排水暗管流量、河流流量、水质、昆虫迁飞或侵扰、真菌生长、产奶量和肉类动物的体重增加。粮食的储存以及粮食和动物的运输均容易因天气而遭受不良影响或使产品质量下降。

(2)生物经济和日益增加的天气信息需求

国家要求更多地使用生物材料替代化石燃料来进行移动运输，这就更加需要提高农业用地的生物量生产。未来需要在同一块土地上种植更多的粮食作物和燃料作物，这将提高天气和天气预报——尤其是季节性预报——在生物经济决策中的作用。在目前普遍以单一种植商品作物为主的地区，更多种类的作物将经历地表-大气相互作用的变化，如蒸散量的变化，从而会改变降水再循环率。因此，种植选择的年际变化会对区域气候的年际变化产生人为影响。由于饲料谷物和生物燃料商品价格上涨的利润诱因，将边际土地投入生产可能需要特别监测；这些土地因具有高度侵蚀性而位于边缘地带或者由于其土壤或气候条件而位于种植区的边缘。土壤碳储存正在成为一种从大气中分离碳的方法。土壤中调节活性炭转化为二氧化碳的微生物过程高度依赖于温度和湿度，这表明需要监测这些条件，作为监测碳储存的手段。所有这些因素都增加了生物经济对高密度气象和土壤测量的紧迫性。

(3)与粮食生产相关的水质观测

新出现的地表水质量问题(农业用地富含化学物质的径流带来了负面影响)、农业实践的长期可持续性以及土壤固碳以实现降低大气二氧化碳浓度的目标可能会增加对额外环境测量的需求。基于地表水的温度、水流、溶解氧、颗粒负荷、硝酸盐和磷酸盐浓度以及农药浓度的测量需求极为迫切。

根据 Schlatter 等(2005)提供的分析，我们可以估计天气对粮食生产影响的空间和时间尺度(表 3.3)。我们还可以估计满足各种食品生产领域需求所需的测量分辨率(仪器精度、空间分辨率和时间分辨率)(有些是推测性的，有待验证)。

表 3.3 对农业具有重要意义的几种气象现象的空间和时间尺度，以及充分观测这些现象所需的测量分辨率(仪器精度、空间分辨率和时间分辨率)

天气事件	空间尺度	时间尺度	测量分辨率
热浪(温度)	500～1500 km	2 d～1 周	1 ℃,10 km,1 h
干旱(土壤湿度)	500～1500 km	2 周至次年	2 mm

续表

天气事件	空间尺度	时间尺度	测量分辨率
风	1～2000 km	1 min～4 d	1 m/s,1 km,1 min
降水	10 km～区域	数小时到数天 季节到年际	1 mm,1 km,1 h
云	地区到区域	日间每小时到气候	1.1 天空,10 km,20 min
温度	500～1500 km	季节	1°F,10 km,1 h
洪水	0.1～100 km	2 d～2 周	子流域
冰雹	0.1～20 km	5 min～5 h	100 m

资料来源:来自 Schlatter 等(2005)提供的分析。

第4章

观测系统和技术：成功与挑战

本章将重点介绍现有和新兴观测系统及技术，以满足第2章和第3章中讨论的观测需求。观测系统和技术分为两大类：地基系统和空基系统。本着“从地面开始”考虑这一问题的精神，那些地基技术得到了更多的重视，并对根据该技术提供的是现场观测还是遥感观测进行了进一步分类。根据遥感技术是主动式还是被动式，对地基遥感系统进行了讨论。我们讨论的系统可能是地基系统，但却在远高于近地表的高度提供垂直维度的现场和遥感观测。其中一些系统为移动式(例如，飞机)。其他系统旨在提供有针对性的观测。

在讨论了技术和系统之后，我们总结了几个特殊的观测挑战，包括地表和大气边界层以及山脉、城市和海岸所带来的挑战。在这一章的最后，我们讨论了美国中尺度观测的全球背景。全球背景很重要，因为对于许多应用来说，有限区域中尺度观测的效用高度依赖于更大的观测领域，例如，为中尺度数值天气预报模式提供初始值和边界条件。

4.1 地面观测系统

中尺度气象学与地面观测系统密切相关，这可能是因为破坏性天气本质上就在中尺度上，且影响最常发生在地表或地表附近。美国的地面观测资产存量具有巨大的多样性和复杂性，这些资产由联邦、州和地方机构、许多私营部门、大学、学校、业余爱好者和其他热心者运营。地面观测系统既采用现场观测技术，也采用主动和被动遥感技术。许多工作已经总结了美国的观测能力。过去十年里，在全球能源与水循环实验(GEWEX)美国预测项目(GAPP)的资助下，美国大气研究大学联合会/国家大气研究中心(UCAR/NCAR)开发了一个描述并绘制可用内容的数据库(http://www.eol.ucar.edu/projects/hydrometnet)。美国国家科学基金会(NSF)最近资助开发了另一个数据库，旨在为用户提供关于可用资源的信息，并确定未来大气研究的观测需求(见 http://www.eol.ucar.edu/fadb/)。美国国家海洋大气局目前正在开发一个观测系统架构网站，该网站载有国家海洋大气局网络的综合清单，网址为 http://www.nosa.noaa.gov(请查看页面左侧的“观测系统清单”)。基于这些网站的汇总表见附录B。此类信息的其他有用网站包括 http://madis.noaa.gov 和 http://www.met.utah.edu/cgi-bin/databbase/mnet_no.cgi。

4.1.1 地面观测网络：陆基

通常“地面”测量包括温度和相对湿度、风、降水和气压。世界气象组织(WMO)标准规定，在开阔地区10 m高度处进行风测量，在大约人眼高度(1.5 m)处进行气压、温度和湿度测量，但许多地面测量通常都因为特殊的原因而与该标准不一致。例如，交通、农业、电力工业、空气质量和公共安全等领域进行常规观测时,几乎都采用不同于世界气象组织标准的特定标准。

有成千上万的地面站点收集天气和相关信息。根据美国大气研究大学联合会/国家大气研究中心和国家科学基金委的调查,在美国及其沿海水域运行的地面网络大约有500个。联邦和州机构以及大学和私营部门对地势较低的48个州、阿拉斯加及夏威夷的海岸进行了观测。仅联邦政府就运营着大约25000个观测站点,用于各种应用,包括气候监测、天气预报和监测火灾附近的情况;然而,许多站点并不能实时报告数据。许多州的运输部门与私营部门的交通气象服务提供商合作,沿着高速公路运营网络,至少有一条铁路沿着其轨道收集观测数据。各州、城市和大学也都维护着空气质量监测的中尺度监测网,作为山洪暴发预警程序的一部分,用于农业、研究和一般天气信息。一个相对较新的发展是在故意或意外释放有毒物质的情况下使用城市观测网络。收集数据的其他团体还有电力公司、化学加工厂和电视台。即使是普通市民家里也有自动气象站,其中一些可以产生实时数据。

虽然地面站点众多,但丰富程度并不代表一定能转化为效用。这些站点分布不均匀:农村地区、交通不便的地区和复杂的地带都存在观测站缺口。保持多个网络上的信息更新是一项重要工作,因此附录表B.1中包含的一些网络可能因为缺乏资金而停滞不前:观测站点数字一直处在变化中。另一方面,一些较小的网络可能并未记录在案。

图4.1绘制了华盛顿州气象数据的地面观测覆盖图。数据来自NorthwestNet,该网站收集并整合了多个团体进行的测量。

在图上,可以看到数据覆盖密集和稀疏的区域。后者通常人口密度低,或者由于地形或其他因素而难以前往。覆盖密集的地区有来自多个来源的数据,包括天气爱好者、空气污染网络和道路网络,以及更传统的来源。并非所有的观测都适合所有应用。例如,路边气象站安装在危险天气(如大风或结冰)频发的路段,因此它们通常并不能"代表"天气状况。然而,天气尺度上这种不具代表性是中尺度价值的有力证据,也是全国地面站如此广泛的私营和公共投资的主要驱动力。

同样,来自个别家庭和学校的数据可能不符合数值天气预报或研究所需的准确性标准或露置准则。但是,几乎所有的观测都适用于某些目的,如识别定具有明确风和温度变化的强锋面的通过。一些专业网络可能拥有比预期数据质量更高的站点,但是缺少支持的元数据。

虽然许多"天气"变量的观测技术已经成熟,但测量降雨量,特别是地面降雪量和降水类型仍然是一项挑战。雨量器的降雨量测量相当准确,但降雨量的变化尺度小于典型的测量距离;通过结合雨量器和气象雷达测量,这个问题在一定程度上得到了缓解。自然资源保护中心运营着由"雪枕"组成的积雪遥测(Snotel)网络,该网络使用压力传感器对积雪进行称重,以估计供水量。每天都可以正常获得数据,但根据特殊需要要以较快的速度获取。固态降水的类型和数量对于保持道路畅通至关重要(NRC,2004a)。降水类型和降雪率对机场而言是重要信息。

虽然收集天气数据的网络可能很密集,如图4.1(彩)所示,但相比之下,收集土壤水分的网络可能显得很稀疏,如图4.2(彩)所示。一个明显的例外是俄克拉何马州中尺度监测网(见知识框4.1)。土壤湿度估计与数值预报和农业应用等相关。例如,自动化技术利用了土壤介电常数的变化(时域反射法)、土壤中水的中子散射(中子探头)以及测量嵌入土壤中的陶瓷块对热脉冲的反应。土壤水分数据的缺乏目前正通过运行整合一段时间降水、太阳辐射等的地面模式来解决。下一节讨论的卫星有可能提供近地表土壤湿度数据，但估计值受到云层和茂密植被的限制。Larson 等(2008)提出了一种跟踪土壤湿度波动的新技术，该技术与云量无关，而是利用土壤湿度对全球定位系统(GPS)无线电波反射的影响。

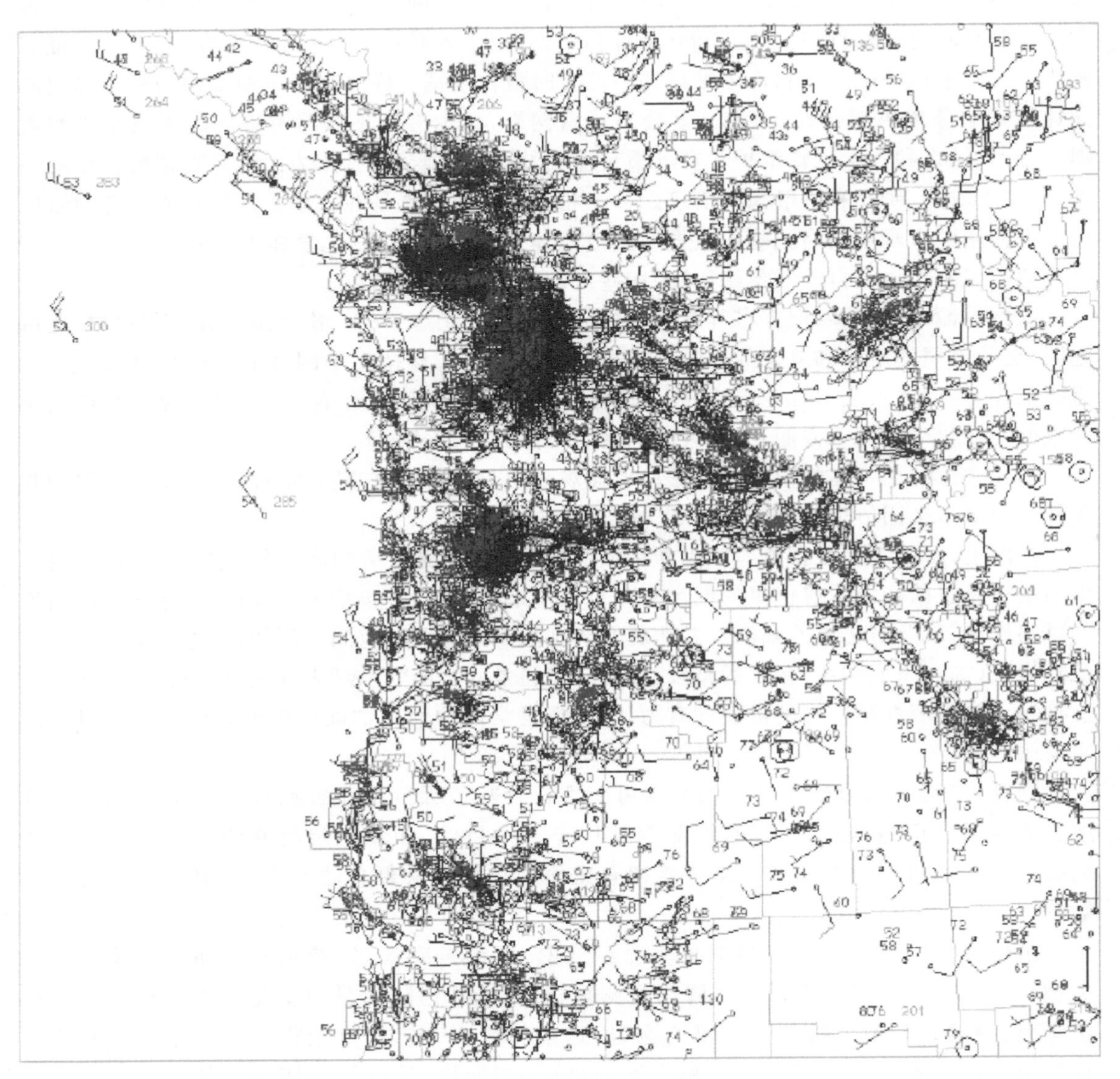

2007年10月25日　0000Z

图 4.1(彩)　NorthwestNet 地面观测结果样本图

资料来源：图片由华盛顿大学 Cliff Mass 提供

图 4.2(彩)　美国土壤水分网络记录在 http://www.eol.ucar.edu/fadb/
注：黑点代表俄克拉何马州中尺度监测网；绿色代表伊利诺伊州水文调查网络；
黄色代表大气辐射测量/云与辐射测试平台；白色代表美国通量站点；
红色代表美国农业部/自然资源保护局(USDA/NRCS)土壤气候分析网络(SCAN)。
资料来源：Scot Loehrer 提供

知识框 4.1

俄克拉何马州中尺度监测网

中尺度监测网最突出的州是俄克拉何马州中尺度监测网[图 4.1.1(彩)]，用于应急响应、农业、强风暴预报、研究和其他应用(McPherson et al.,2007)。俄克拉何马州中尺度监测网由120个自动站点组成，俄克拉何马州的77个县中每个县至少有一个观测站。在每个观测站点，由一套位于10 m高的塔楼上或附近的仪器对环境变量进行测量。俄克拉何马大学的俄克拉何马气候调查组(OCS)接收观测数据，验证数据质量，并将数据提供给中尺度监测网客户。向公众提供测量数据只需5 min就可以。

标准测量包括温度和湿度(1.5 m高度)、风(10 m高度)、气压、降水、入射太阳辐射以及自然覆盖层或裸露地面以下10 cm处的土壤温度。大多数站点还会采集地面以上9 m处的气温，地面以上2 m和9 m处的风速，地面以下5 cm、25 cm和60 cm处的土壤湿度，天然草皮覆盖的地面以下5 cm和30 cm处的土壤温度以及裸露地面以下5 cm处的土壤温度。在10个观测站点处，除了土壤和天气变量外，热量通量、水汽通量和动量通量以半小时为间隔进行采样。

图 4.1.1(彩) 俄克拉何马州中尺度监测网地图

注:多个机构涉及个别站点

目前,可用的遥感技术无法提供约 5 cm 以下的土壤湿度。除了数字数据之外,越来越多的网络摄像头监控着美国的街道和高速公路。虽然摄像头对于数值天气预报不是特别有用,但对于道路运输非常有用,它能提供驾驶员和道路管理人员对道路状况(天气、交通流量、降水导致的道路状态)的检查,并在其他应用中用于监测风和天气变化,例如扑灭森林火灾或关于有害物质传播的警告。

4.1.2 沿海海洋网络

综合海洋观测系统(IOOS)为海洋和五大湖提供实时质量控制数据,“从海洋盆地的全球规模到沿海生态系统的局部尺度。”[①]综合海洋观测系统是一个端到端系统,通过其三个交互作用的子系统,即观测和数据遥测子系统、数据通信和管理子系统 以及数据分析和建模子系统,用于观测、数据通信和管理以及数据分析和建模。这些具有挑战性的任务需要联邦和州机构、私营部门和大学之间进行合作。综合海洋观测系统有一个沿海部分,包括美国专属经济区(EEZ,离岸 200 nmile[②] 或 370 km)和五大湖,还有一个全球的部分。

美国的沿海和内陆水域由公共和私营部门运营的不同浮标网络进行监测。这些不同的测量结果正被纳入 11 个区域沿海海洋观测系统(RCOOS),其中一部分还参与了国家海岸观测骨干网络。大多数 RCOOS 浮标用于测量气象变量。美国国家海洋大气局国家资料浮标中心进行收集和质量检查,然后通过 GTS 实时分发数据。国家骨干站点测量的核心变量包括海洋化学要素(盐分、溶解营养盐、溶解氧、化学污染物)、生物要素(鱼的种类和数量、浮游动物和浮游植物及数量、水媒病原体)和其他物理特性(温度、海平面、海面波浪和海流、热通量、水深和

① 参见 http://www.ocean.us/what_is_ios。

② 1 nmile=1.852 km。

海底特征、海冰、光学特性)的海洋数据。

RCOOS[图 4.3(彩)]正由区域的协会进行协调,反过来将促进综合海洋观测系统的发展。

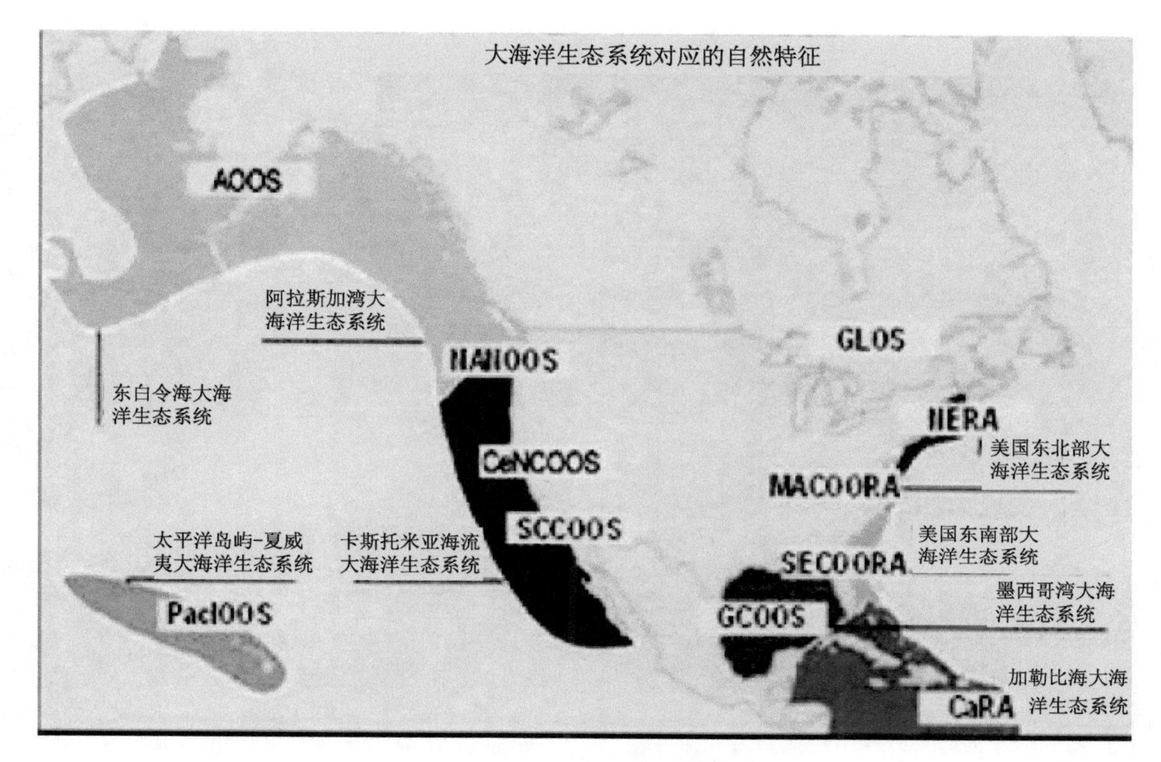

图 4.3(彩) 区域沿海观测系统

注:LME=大海洋生态系统。资料来源:国家资料浮标中心,http://www.ndbc.noaa.gov/

在大约 50 个网络中,约有 700 个沿海观测站。由于这些站点必须覆盖五大湖和美国沿海线以及专属经济区(EEZ),因此与陆地表面相比,海上观测站点覆盖范围较小。举例来说,美国大陆的表面积为 770 万 km^2,而保守估计 EEZ 的面积略低于该值的三分之一。如附录表 B.1 所示,陆地上实时报告的气象站点数量超过 10000 个。尽管对于海洋区域来说,其在更大的区域内趋向于更大的均匀性,但是这在沿岸水域存在显著的不足。包括阿拉斯加和夏威夷在内的 700 个沿海海洋点,显然不能解决大气或海洋中尺度的问题[图 4.4(彩)和图 4.5(彩)]。

为了抵消陆地和海洋之间表面观测密度的巨大差异,卫星散射计的风和海面温度估算结果提供了海洋上高分辨率的高质量信息。然而,由于梯度太大和受陆地污染的卫星覆盖区,在非常靠近海岸的地方,其中一些测量结果变得难以确定。考虑到 50% 的美国人口居住在距离沿海 50 mile 以内,而且大城市附近沿海气流的复杂性和重要性不断增加,近海测量密度低是一个相当值得关注的问题。

太平洋沿岸地区沿海网络

太平洋海岸设有沿海自动台站(C-MAN)和国家资料浮标中心(NDBC)系泊浮标，但也有水位观测网(NWLON)、特理海洋学实时系统(PORTS)、海啸项目深海评估与报告(DART)和本地网络，如 MBARI、SCCOOS 和 OrCOOS。

14 个总网络和约 200 个观测站点

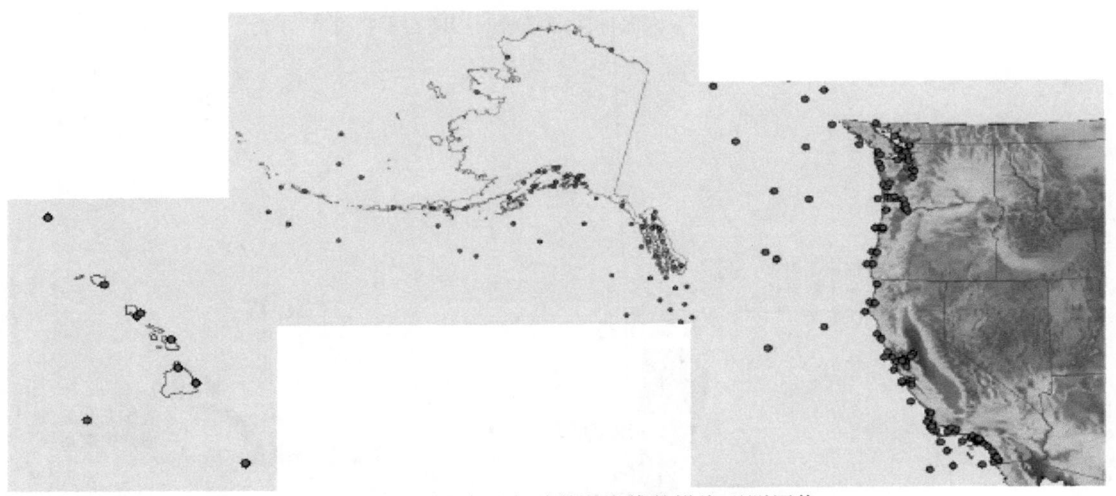

图 4.4(彩)　沿美国太平洋海岸线的沿海观测网络

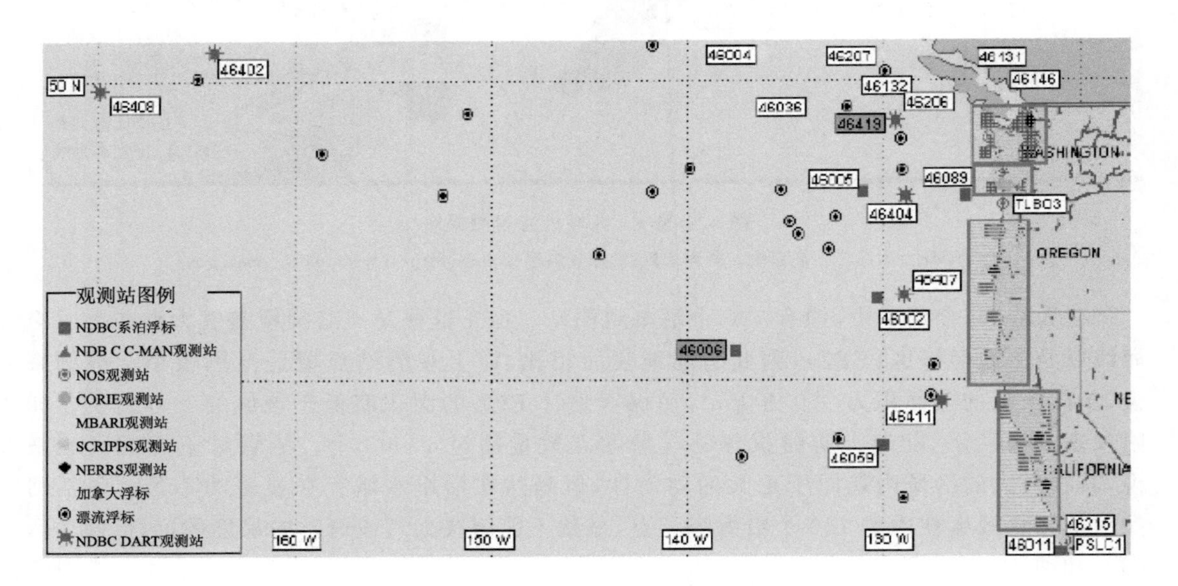

图 4.5(彩)　位于太平洋东北部的观测站点

资料来源：GAPP/NCAR 地球观测实验室，http://www.eol.ucar.edu/projects/hydrometnet。

图片来自国家资料浮标中心，http://www.ndbc.noaa.gov/

4.1.3　垂直维度：地基现场探测技术

相对于地面测量，大气测量的成本高，这也是政府承担许多在地面进行的观测成本的原因。下文介绍了地基观测的重要系统，即无线电探空仪网，可在固定时间从地面释放探空仪，收集不同高度的观测数据。

无线电探空仪是由探空气球携带测量仪器,可以测量从地表附近到平流层高度(通常为10 hPa或更高)温度、相对湿度和风随气压的变化。自第二次世界大战以来,无线电探空仪一直是对流层和平流层下部大气测量的标准仪器,其测量的垂直分辨率很好,优于10 hPa。美国大约有80个无线电探空站点,比较分散,相距几百千米。探空气球通常每天释放两次,分别在00:00和12:00 UTC。

这样来看,无线电探空仪网的采样密度与低对流层变化的大振幅和小尺度很不匹配。2000年,美国国家科学研究委员会地球科学、环境和资源小组讨论了通过该网络提高温度监测能力的问题(NRC,2000)。小组发现无线电探空仪网规模正在不断减少,甚至不足以进行全球监测。而且这一趋势持续存在,不太可能逆转。

除了关于标准温度、相对湿度和风的无线电探空仪数据外,美国的观测网络的一个子集也为世界气象组织全球大气监视网臭氧监测网络做出了贡献。随着臭氧无线电探测仪与改进的无线电探空仪同时发射,全球大约有100个站点可以获得遥测臭氧廓线。这些数据对平流层臭氧的监测特别重要,但传感器响应慢限制了这种廓线在低对流层中的应用,除非使用上升速度较慢的气球或开发廉价的快速响应传感器。

现今一次性探测器相关技术的发展仍在继续;每次探测的成本已经下降,数据质量也在持续提高。小型一次性纳米传感器目前正在测试中,这可能会使得能够通过廓线监测探测器测量更多的参数(例如微量气体)。鼓励进一步开发关于二氧化碳、臭氧和其他主要污染物的传感器技术,因为当前通过遥感分析这些变量的技术还不成熟,或不具有足够的成本效益。我们需要获得“十年调查”(NRC,2007a)中描述的“化学气象”变量廓线,因此应当保持当前网络作为其他变量廓线监测信息源。

4.1.4 垂直维度:地基遥感探测技术

被动和主动遥感技术已用于地基遥感探测中。作为示例,下面介绍几种分别利用了电磁波谱的微波、红外和可见光类型的传感器。

(1)被动传感器

微波辐射计。从几赫兹到180 GHz频率的微波频谱包含丰富的大气水汽和大气水凝物信息。除了在60 MHz处的氧气吸收特性之外,频谱主要由水蒸气、液态水和冰的压力和温度相关光谱组成。仰视微波光谱辐射测量法已被成功用于观测温度、水蒸气和云液态水廓线(Solheim et al.,1998)。廓线的时间分辨率很好,可达5 min,但垂直分辨率随高度迅速下降,相比无线电探空仪来说更粗糙。

一些大气辐射测量/云和辐射测试平台(ARM/CART)站点运行微波辐射计廓线仪(MWRP),在两个频率范围内测量向下微波辐射:22~30 GHz和51~59 GHz(Liljegren,2007)。前一范围包含水蒸气弱吸收共振带,使用五个通道的测量值推断水汽廓线。后一频率范围位于上述氧气吸收带的一侧,使用七个通道的测量值推断温度廓线。这些廓线以及云液态水路径均以大约5 min的间隔计算一次。[①]

GPS积分可降雨量。通过分析由无线电折射指数廓线引起的GPS信号延迟,可以估算(柱状)综合降水量(IPW)(Bevis et al.,1992)。IPW表示垂直柱中的所有水蒸气冷凝将产生

① 更多信息参见http://www.arm.gov/instruments/instrument.php?id=mwrp。

的液态水的深度。除GPS卫星机动期间外，IPW估计值稳定、准确(强降雨期间除外)，无需校准。因此，GPS/IPW测量值可被作为校准无线电探空测风仪的参考标准。美国有300～400个地面接收器，每小时报告一次[图4.6(彩)]。在人们认识到水蒸气(大地测量应用中的一个干扰)正在为大气应用产生有用的信号之前，美国的大多数GPS接收站都已就位。已经发现，IPW和倾斜路径水汽测量(Braun et al.,2003)都有助于分析大气水汽含量。SuomiNet(Ware et al.,2000)是一个地面GPS接收器阵列，包括俄克拉何马州的中尺度(间距50～60 km)阵列，其可纳入用于预测严重风暴的实验性数值天气预报(NWP)模式中。

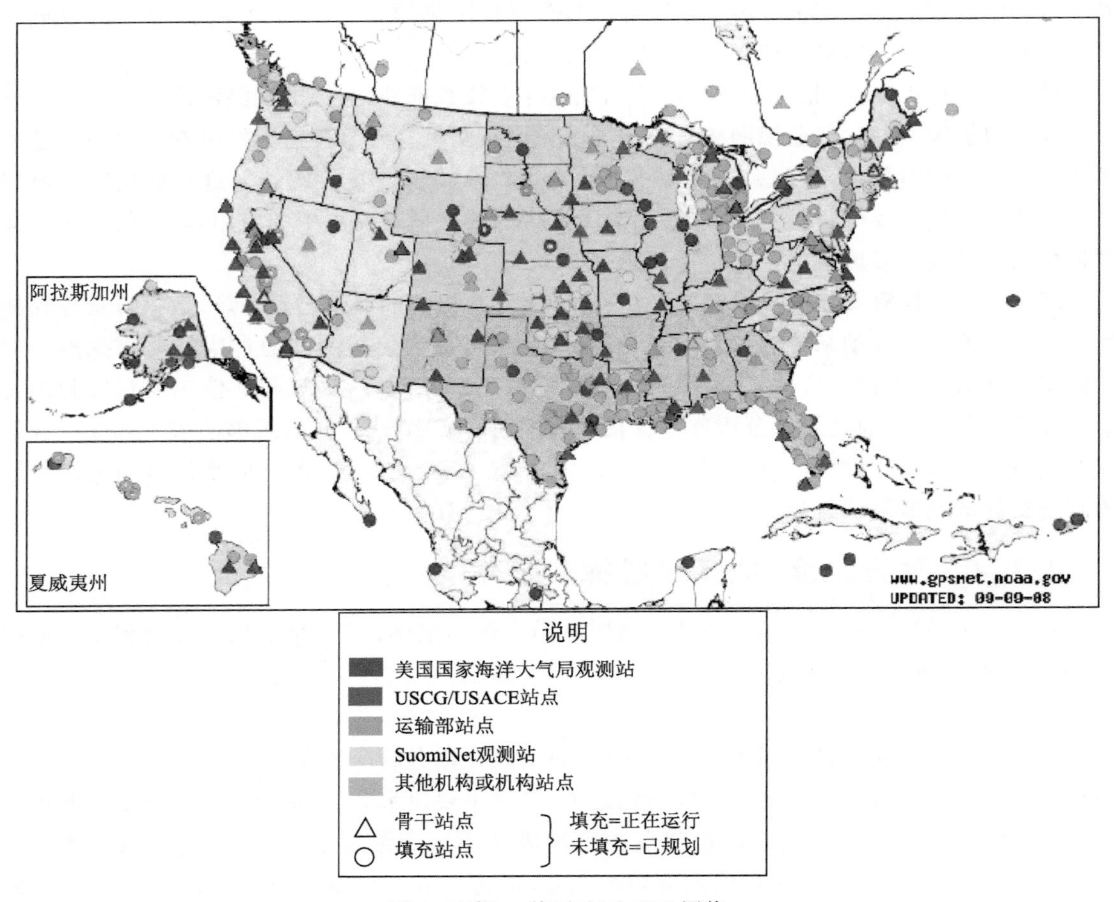

图4.6(彩)　美国地面GPS网络

先进辐射干涉仪。在红外波段，更多的气体(二氧化碳、一氧化碳、臭氧、甲烷、一氧化氮、水等)具有光谱特征，均可用于地面大气廓线监测。大气辐射干涉仪(AERI)是由威斯康星大学开发的，现在已经通过商用傅里叶变换干涉仪广泛地分布于各种变型中。AERI在大部分红外光谱中具有大约1 cm^{-1}的光谱分辨率。该仪器的主要产品是温度和水汽廓线，使用15 μm、4.3 μm和6.6 μm附近的红外多波长反演。

此外，还测量了一氧化碳柱，并将其用作生物质燃烧指标(He et al.,2001)。Evans等(2002)报告了采用大气辐射干涉仪(AERI)辐射监测臭氧、二氧化氮、甲烷和碳氟化合物的结果。

太阳光度计。全球有许多利用阳光直射衰减确定气溶胶光学厚度的网络。目前至少有三种技术能够进行这些测量:(1)在全球大气观测(GAW)气溶胶网的一系列远程观测站点中使用的达沃斯物理气象观测站（PMOD）仪器（Fröhlich et al.，1995）；（2）一些联盟网（美国农业部UV-B网、迈克尔斯基网、国家海洋大气局基线地面辐射观测网和地面辐射网）中的遮光辐射仪；（3）作为美国国家航空航天局气溶胶自动观测网（AERONET）一部分的Cimel太阳光度计（CSPHOT）（Holben et al.，2001）和PHOTONS[①]网。世界气象组织全球大气观测（WMO GAW）（2004）最近对气溶胶光学厚度网络进行了回顾。与卫星光学厚度测量结合使用的太阳光度计网络已被成功用于地面颗粒物特征测量的空间和时间消光（Engel-Cox et al.，2006）。

（2）主动传感器

扫描雷达。当雷达等主动遥感器能够在与中尺度大气演变相称的时间尺度上执行扫描序列时，就可以获得大气结构的体积快照影像。体积结构通常是识别严重风暴、雨变雪、冰雹与雨、熏蒸时的污染烟缕上升等的关键。

天气雷达对降水、昆虫、鸟类以及晴空中的折射率梯度都很敏感。美国WSR-88D网络由150多台10 cm扫描多普勒雷达组成（图4.7），对于探测和跟踪各种风暴（包括严重风暴）以及相关的公共警报发布至关重要。美国联邦航空管理局（FAA）在美国主要机场附近运行了47个多普勒天气雷达终端，以探测和报告机场周围的危险天气。如出现降水，径向速度数据可用于估计中尺度风场，尤其是嵌入式旋转或辐合。晴空回波可以通过速度方位显示（VAD）技术或回波跟踪来估计边界层风场。因为在晴空中尤其需要注意昆虫的反向散射，当温度高于10 ℃时，通常可以通过边界层获得这种信息。在不久的将来，WSR-88D雷达将配备测定偏振能力，这将改善对降水量和降水类型的估计。如今许多电视台都使用多普勒雷达预测天气，进行天气广播，以提高收视率；数据有时会与当地气象服务办公室共享，以便进行强风暴临近预报。研究中也包括其他天气雷达（例如科罗拉多州立大学运营的CHILL雷达）和国家大气研究中心运营的S-Pol雷达。

尽管WSR-88D网络是中尺度气象信息的核心来源，但正如美国国家科学研究委员会的一份报告所述，它提供高时空信息的能力存在一定的局限性（NRC，2002）。其中一个限制与波束的扩展随着离雷达距离的增加和地球表面曲率的增加有关。在0°仰角时，由于地球的曲率，远距离探测的体积可以达几千米高度，平均深度为几千米（图4.7）。在冬季，0°仰角波束会越过产生降雪的浅层降水云，当雷达位于美国西海岸附近的山顶时，云会产生大量的“暖雨”降水。对于设计用于探测边界层现象的系统，这将雷达的适用范围限制在100 km或更小的范围内。鉴于这些简单的几何事实，WSR-88D的覆盖范围不连续也就不足为奇了，经过改进设计后，其可以满足3 km（10000 ft）固定的高度规格。

解决这一缺陷的一个可能方案是部署更多的雷达。如果这种雷达是WSR-88D（波长10 cm）型，成本将相当高，将其用于其他应用中时，雷达覆盖范围将过度重复。在美国国家科学基金会的倡议下，大气协同自适应遥感研究中心（CASA）开展了一个项目。大气协同自适应遥感研究中心目前正在评估小型（波长3 cm）原型雷达在测试平台模式下的有效性，试验预设这些雷达将在美国密集地分布（McLaughlin et al.，2005）。可能会在建筑物和手机信号发射塔上安装数千部这样的雷达。大气协同自适应遥感研究中心具有自适应扫描技术，旨在智能地寻找有价值的天气目标（例如中涡旋），并增加对接近地面的这些目标的采样。

2007年在俄克拉何马州进行了这类系统的实验，为这项技术的需求提供了一个显著例

① 新型微谐振器结构的物理学、光电子学和技术。

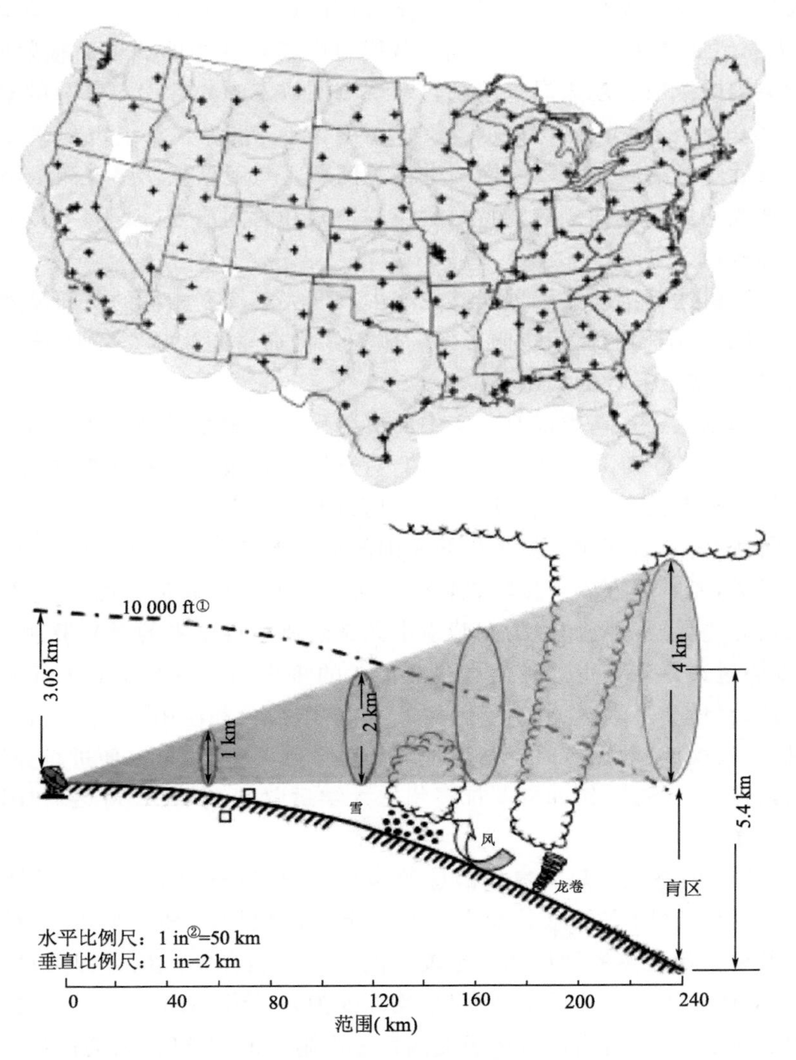

图 4.7　目前美国 WSR-88D 的覆盖范围和地球曲率产生的覆盖盲区

资料来源：McLaughlin(2005)，图来自 2007 年大气协同自适应遥感研究中心向 NRC 提交的简报

证。2007 年 5 月 9 日，一股弱中涡旋在俄克拉何马州劳顿附近发展成 F1 级龙卷。

图 4.8(彩)显示了在形成龙卷之前的钩形回波，可以利用大气协同自适应遥感研究中心网络在极低高度和高分辨率下进行观测。同一场风暴产生了一场 F1 级龙卷，于世界时 03:50 在俄克拉何马州明科附近登陆，WSR-88D 系统没有探测到，但美国国家气象局的预报员利用大气协同自适应遥感研究中心的目标性观测发现了这场龙卷。损失调查随后证实了龙卷事件。在考虑这种解决方案时必须谨慎，因为高频雷达信号在降水中衰减很快，后向散射很容易变成非瑞利散射，这就带来了其他的复杂情况。但从原则上来讲，多视角和偏振方法可以减少这些复杂性。

① 1 ft=30.48 cm。

② 1 in=2.54 cm。

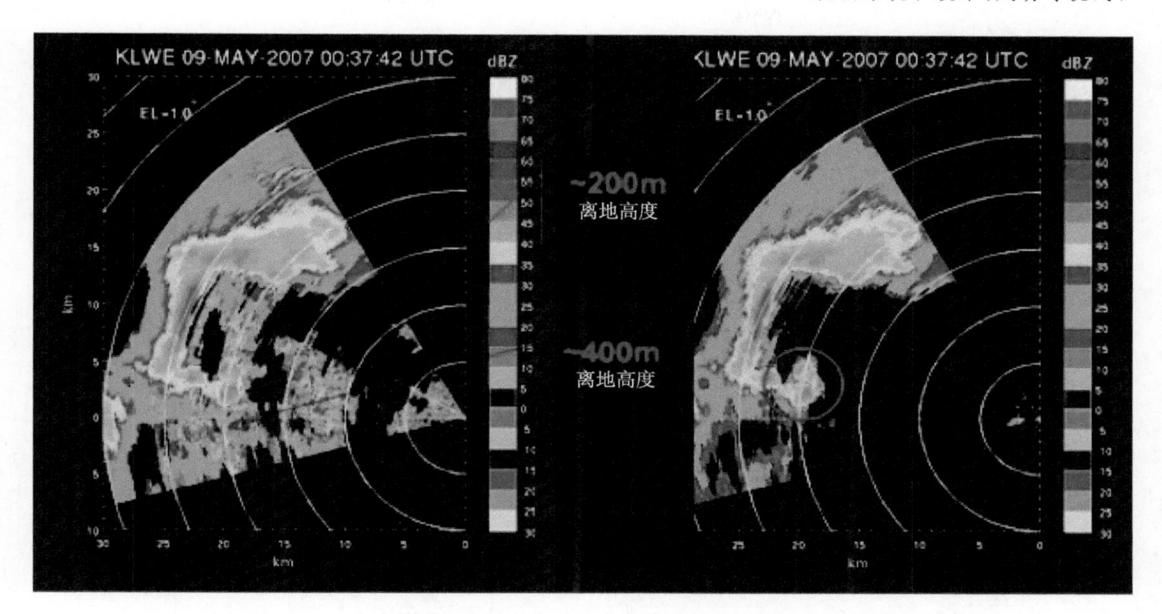

图 4.8(彩) Lawton 龙卷在离地面 400 m 的高度显示钩状回波(红色圆圈,右图)

注:右图已进行了过滤,以消除地面杂波。资料来源:V. Chandrasakar,CSU/CASA

其他雷达发展着眼于主要由相对湿度驱动的大气无线电折射率的变化(Fabry,2004)。从美国国家大气研究中心和其他研究机构的试验结果来看,这项技术前景广阔[Weckwerth et al,2005(JAM 44(3))]。这些雷达系统通过高度密集分布的雷达网络,可能有助于绘制湿度场。再结合上述测试平台使用的其他被动技术,将能够在全国范围内广泛收集到温度和湿度的垂直剖面信息。

测云雷达。云雷达的工作波长较短,从数毫米到 1~2 cm 不等。这些雷达可描绘多云层的三维图像,但降水的衰减限制了它们的使用范围。云雷达用于研究云、龙卷和晴空边界层。

风廓线雷达。采用在 50 MHz、404 MHz、449 MHz 和 915 MHz 频率下工作的风廓线雷达是美国国家海洋大气局地球系统研究实验室的一项重要工作进展。当在不同波束指向角度下测量时,水平和垂直风是根据与无线电折射率梯度相关的反向散射估算的。利用对流边界层顶部信号的急剧下降来估计其深度;但由于夜间边界层较浅,对其深度进行估计比较困难。边界层深度是当前数值化学预报模式预报能力不确定性的主要来源。

国家廓线网(NPN)在美国中部布置有 32 个观测站点,在阿拉斯加布置有 3 个观测站点,可提供高度达 17 km 的风廓线[①]。图 4.9(彩)示出了 NPN 在密苏里州康威市设置的一个观测站点的样本数据。风速和风向可以在对流层中以良好的时间和垂直分辨率进行反演。

目前,地球系统研究实验室(ESRL)全球系统部正在获取来自世界各地 35 个不同机构的大约 100 个合作机构廓线仪(CAP)站点的数据。CAP 站点位于边界层廓线仪(BLP)的本部所在地,边界层廓线仪是一种小型、成本相对较低的超高频(UHF)多普勒雷达,主要用于测量水平风的垂直廓线。边界层廓线仪的最小测量距离约为高出地平面(AGL)100 m,距离分辨率可在 60~400 m 之间选择。根据雷达的配置和大气条件,边界层廓线仪能够测量地平面以上约 1~5 km 高度的风。

① 参见 http://www.profiler.noaa.gov/npn/profiler.jsp。

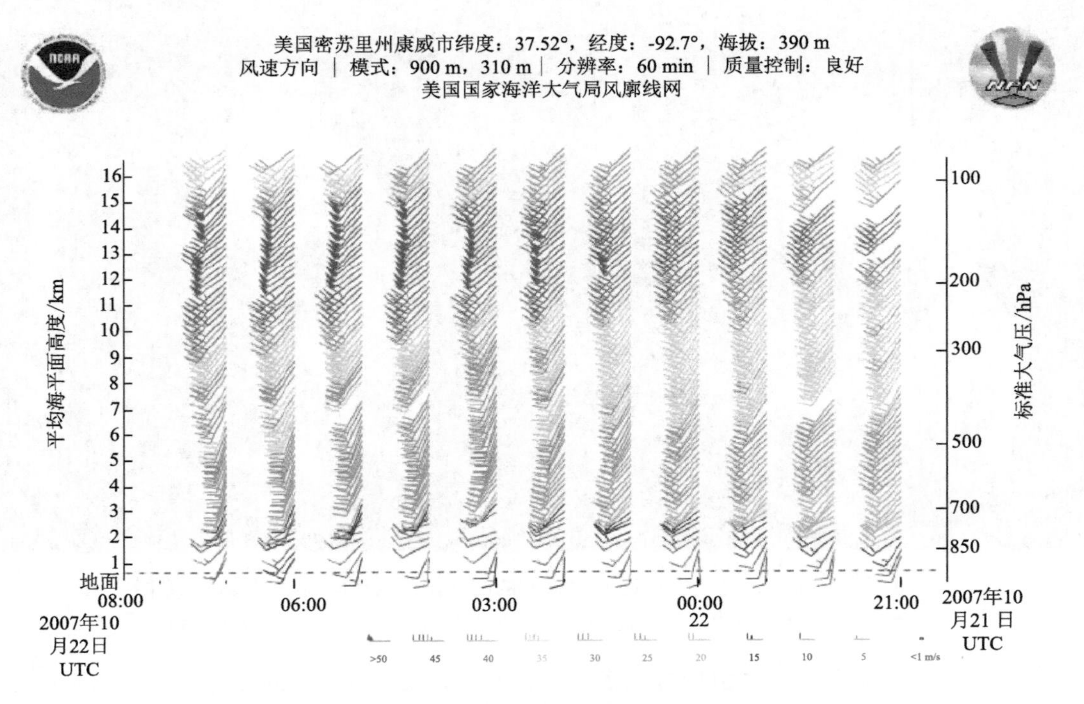

图 4.9(彩) NPN 设置在密苏里州康威市的风廓仪提供了 11 个小时的风数据

注：短倒钩、长倒钩和旗子分别代表 5 m/s、10 m/s 和 50 m/s 的风速

国家廓线网(NPN)是一家国家出资的企业。为合作机构廓线仪(CAP)提供资金的不同机构即使有关联，也是松散的；但他们愿意成为将数据收集到一个单一处理中心集合体的一部分。美国无疑有一些风廓线雷达不属于任何一个网络。

声雷达。除了风廓线雷达以外，声学遥感或声雷达技术也是确定边界层高度的一种方法。对于声雷达来说，声音脉冲以接近 1600 Hz 的频率沿着单个轴(有时是与垂直方向成一定角度的附加轴)垂直发射。声波在大气中以已知的速度(虚拟温度的函数)传播，并从大气密度结构的不均匀性中反射回来，这种不均匀性在逆温时很普遍。从发射的脉冲和返回的反射脉冲的飞行时间，可以确定到大气边界层(PBL)高度的距离。自 20 世纪 70 年代以来，商用声雷达就已问世。声雷达发射机和接收机的功率孔径乘积决定了可以探测到大气边界层(PBL)顶部的高度。一些声雷达系统可以探测到数千米的高度，但它们发出的声音很大，对附近的居民造成干扰，因而限制了它们在人口密集的地方使用。

无线电声学探测系统(RASS)。许多国家廓线网(NPN)风廓线仪与声学应答机并置，因此有了术语——无线电声学探测系统(Neiman et al.，1992)。应答机发出声波，多普勒雷达在不同范围内检测声波的传播速度，从而能够估计虚拟的温度分布。NPN 阵列中心附近的 11 个观测站点具有无线电声学探测功能，可以帮助进行天气分析和预报。其测量范围通常延伸到 2～3 km，在微风条件下更高。许多边界层廓线仪也配备了无线电声学探测系统。这项技术有潜力在某些情况下用来估计大气边界层(PBL)的深度，但与声雷达一样，也会产生刺耳的噪声。

云高仪。另一项古老的技术是利用云层底部的光散射来确定云底高度。早在 20 世纪 40 年代，就开始使用旋转镜灯组合来测定云底高度。自 20 世纪 80 年代起，小型脉冲激光器开始应用于云底高度的测定。在光探测和测距(激光雷达)配置中，光脉冲被发射到大气中。通过计算从发射到探测到来自云的反射光之间的时间间隔，可测定云的高度。激光雷达是一种类似于雷达的可见光雷达，不仅用于探测云底，而且用于探测无云空气中的大气成分。

如果要测定云层高度，激光雷达系统的功率不需要很大，因为来自云的信号很强。用于测量云底高度的商用激光云高仪使用近红外砷化镓(Ga-As)二极管激光器，通过孔径几厘米的望远镜将光脉冲发射到大气中。如果要对机场进行观测，则云底高度小于 10000 ft 是最重要的，因此早期的云高仪侧重于测量低云层。但如今人们对探测更高云层的兴趣越来越大，维萨拉云高仪的探测高度可达 25000～35000 ft。高灵敏度的云高仪也可以用于探测低海拔地区的气溶胶。最新研究表明，云高仪还有一种附属功能，即提供关于大气边界层(PBL)结构(和 PBL 高度)的信息。

由于自动气象观测系统(AWOS)中有近 180 个云高仪，因此云高仪也可以用来推导气溶胶廓线。但到目前为止，通过对这些系统的不同输出进行比较，还不能保证气溶胶或 PBL 变量的质量。美国国家海洋大气局指出，需要在这方面开展进一步的后续工作。

激光雷达。激光雷达类似于可见光或红外波长雷达，被用于探测气溶胶和利用气溶胶的后向散射来估计 PBL 的深度。激光雷达也用于探测微量气体。一些红外激光雷达对人眼是安全的，适合在华盛顿特区等人口密集的地区使用，能够探测某些类型的污染和其他颗粒物。第一批激光雷达建造于 40 年前，如今，这项技术已日趋成熟，其用途也更广泛。最近发表了一篇激光雷达技术的综述(Weitkamp，2005)。世界气象组织正试图建立全球气溶胶激光雷达观测网(GALION)(Bösenberg et al.，2008)。

激光雷达技术可分为弹性系统(即以发射光的频率进行测量的系统)和非弹性系统。在弹性系统中，一个根本的困难是返回到激光雷达的能量是散射体(气溶胶或气体)散射系数乘以大气向外和向后的双向透射率积分的函数。在雷达中，这种衰减很小，可以忽略不计，信号强度与目标的散射截面成正比。在激光雷达中，双向透射率不可忽略，即使对于晴空也是如此，因为可见波长的瑞利散射非常明显。这就形成了一个测量变量(返回能量)和两个未知数(后向散射系数和双向透射率)的问题。为了纠正这个问题，假设瑞利散射可以反演反向散射或消光截面。消光截面能否精确测量依赖于弹性激光雷达中假定的微物理模型。

弹性激光雷达操作简单，世界各地都建立有很多提供气溶胶分布的激光雷达网。在激光雷达的最低功率配置中，使用了重复频率非常高(＞2000 Hz)的 Nd-YLF 晶体激光雷达振荡器，再结合 10～20 cm 孔径接收器，形成了“微脉冲”激光雷达。这些激光雷达的网络配置被称为微脉冲激光雷达网(MPL-NET)，目前美国有五个这样的系统。此外，还有 10～20 个功率更高的弹性激光雷达配置在大学和政府研究实验室。这些系统已经形成了一个非正式的网络，称为东部地区大气激光雷达中尺度网(REALM)，见图 4.10(彩)。

激光雷达系列的下一个复杂技术是非弹性拉曼激光雷达技术。在这项技术中，基波波长的输出脉冲会受到大气中气体的拉曼散射(氮气、水是监测的最常见拉曼频移对象)。通过计算水蒸气拉曼信号与氮拉曼信号之比，可直接得出水蒸气混合比。在已知温度分布的前提下，通过上述计算值可测定相对湿度分布。类似地，通过计算弹性气溶胶通道信号与拉曼氮信号的比值可得出气溶胶混合比，通过求该比值与范围的导数，可以在不假设气溶胶的情况下精确测量气溶胶的消光(与上面讨论的弹性系统相反)。拉曼激光雷达技术已经通过一个名为欧洲气溶胶研究激光雷达网络(EARLINET)(Matthias et al.，2004)的网络在欧洲得到了广泛

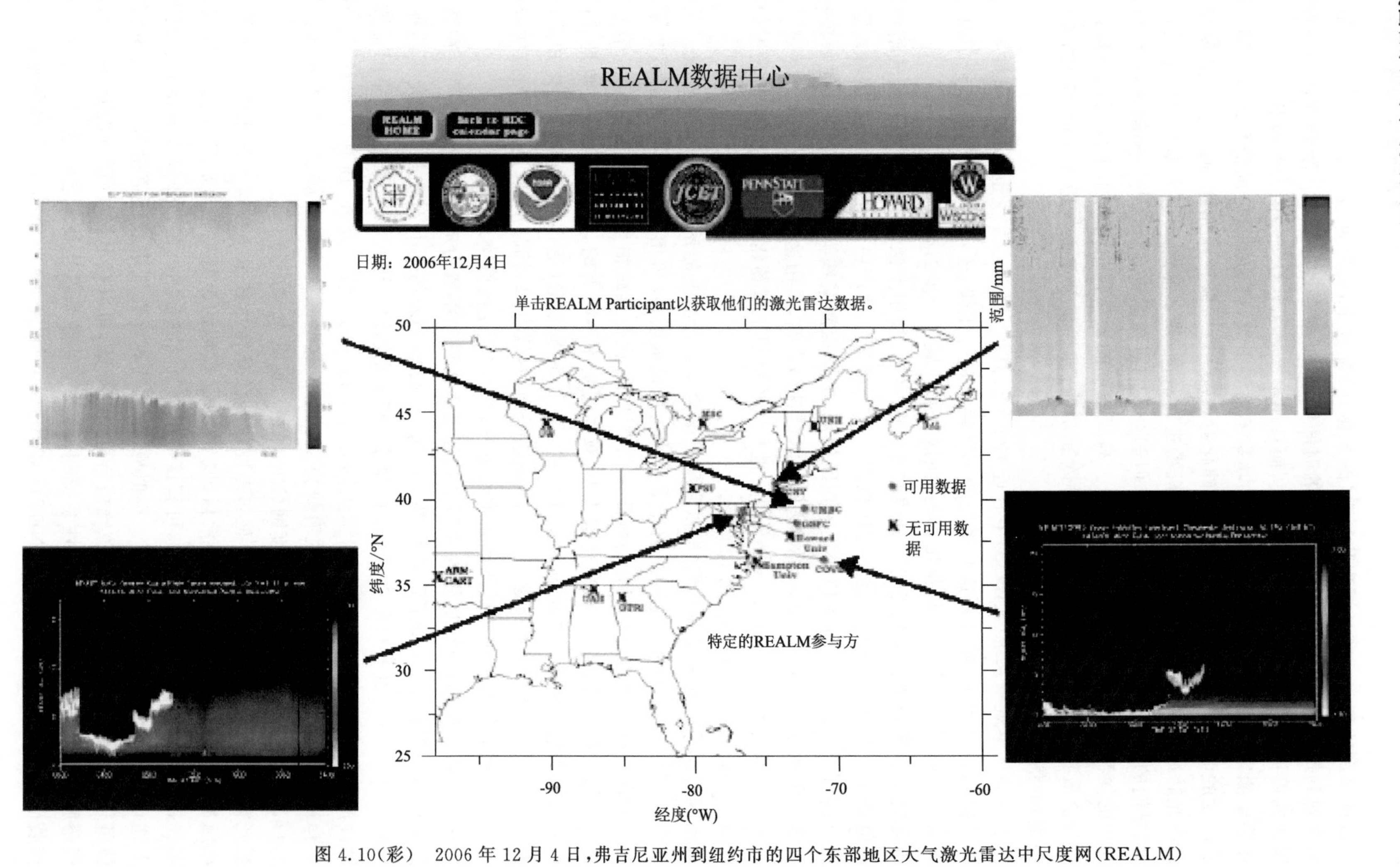

图 4.10(彩) 2006 年 12 月 4 日，弗吉尼亚州到纽约市的四个东部地区大气激光雷达中尺度网(REALM)激光雷达站同时观测激光雷达大气边界层高度

应用,涉及这项研究工作的期刊文章就将近100篇。在美国,这样的系统不到5个。但美国能源部的大气辐射测量/云与辐射测试平台拉曼激光雷达可以说创造了这种系统持续运行时间的最长纪录(Turner et al. ,2002)。

激光雷达的其他技术包括用于测风的多普勒激光雷达(Grund et al. ,2001),用于测量臭氧、水蒸气和二氧化氮分布的差分吸收激光雷达(Ancellet et al. ,2005);高光谱分辨率激光雷达(Piironen et al. ,1994);用于测量瑞利温度分布的激光雷达(McGee et al. ,1995);以及用于测量气溶胶微物理特征的多波长激光雷达(Veselovskii et al. ,2004)。目前已有几家公司(如Halo、Leosphere、Coherence)正在生产低功率、高重复率的1.55 μm光纤激光发射多普勒激光雷达,可以获得数百米高度的风信息。但是,由于成本高且考虑到眼睛安全问题,目前广泛应用于实践的激光雷达类型相对较少。

4.1.5 地面运输式和移动式观测系统

并非所有的观测网络都在固定的位置。商用飞机的仪表化程度越来越高。此外,美国的一些专用观测和研究设施要么是便携式的(通常会被运到某个地点用于执行实地观测计划),要么是移动式的(即在预期即将发生的事件,如飓风登陆或重大龙卷爆发时,很容易转移到一个新的地点)。这些系统通过有目标的观测,以便在有需要时提供额外信息,为我们的固定观测条件增加新的维度。

(1)自动飞机报告

飞机通信寻址和报告系统(ACARS)计划是由美国国家海洋大气局与美国联邦航空局在20世纪70年代发起的,目的是在商用飞机的外壳上安装温度和风传感器。目前参与这一计划的航空公司包括联合航空、美国航空、达美航空、西北航空、西南航空、联邦快递和美国联合包裹服务公司(UPS)。大多数装备ACARS的飞机能够提供纬度、经度、高度、时间、温度、风向和风速等信息。有些飞机还以垂直加速度或涡流耗散率的形式提供湍流数据。一小部分飞机,主要是联合包裹服务公司的飞机,也提供湿度数据。Schwartz和Benjamin(1995)对探空数据的精确度进行了回顾。

如今,美国每天有超过10万份来自国内商业航班的自动飞机报告,其中一半以上来自20000 ft以下的升降期间。报告的主要信息来源是飞机气象数据中继(AMDAR)系统,该系统从主要长途航空公司运营的近1500架美国飞机上收集风和温度报告。安装在几架飞机上的湿度测量系统(水蒸气传感系统,版本2-WVSS2)正在测试中。

2003年开始启动了一个名为对流层飞机气象数据中继(TAMDAR),用于对流层AMDAR的项目,从通常在对流层中部飞行的短程客机那里收集信息,这些飞机的飞行高度低于远程客机。TAMDAR传感器是一种重量轻(1.5磅[①])、低阻力(200节时的阻力为0.4磅)、低功率的设备,可用于任何机型的安装和改装。TAMDAR系统在飞机上升和下降过程中使用GPS测量温度、相对湿度、风、结冰、湍流和飞机所在位置(Moninger et al. ,2008)。当在典型的高分辨率环境下工作时,上升和下降观测是在地面以上10 hPa(100 m或300 ft)的气压间隔下进行的,最高可达200 hPa(6000 ft)。地面以上200 hPa的观测是以25 hPa的间隔进行的。如果在20000 ft(465 hPa)以下3 min内没有进行观测,则由时间默认触发观测;如果没有

① 1磅=0.454 kg。

在 20000 ft 以上的高度进行观测,则由时间默认触发观测。

目前,一个名为《在役空客飞机臭氧、水蒸气、一氧化碳和氮氧化物测量方案》(MOZAIC;Marenco et al. ,1998;Zbinden et al. ,2006)已被用于欧洲、亚洲和北美商用飞机起飞和着陆时对臭氧廓线、一氧化碳、水蒸气和氮氧化物的分布进行分析。通过这些测量,可以确定臭氧柱的季节性差异,平流层大气与对流层源的探测,以及臭氧测量的一些长期趋势。研究人员以纽约市飞机的起飞和降落为重点,确定了纽约对对流层臭氧的贡献比研究的欧洲或亚洲城市高 10%。在美国空域(包括对流层低层)的商用飞机侧面上增加其他设备似乎是一项有前景的新技术。

(2)无人驾驶飞机系统的作用

美国国家航空航天局(NASA)和国家海洋大气局最近承诺大力发展无人驾驶飞机系统(UAS;早先称为无人机或 UAV)。随着这些无人驾驶飞行器的出现,如今,已研发出一种新的机载平台来用于目标天气观测。作为沿海气象雷达的一个发挥辅助作用的设备,这些飞行器悬停在飓风上方,有助于更精确地预报飓风登陆时的地面路径。如果做出不精确的预报,10 km 数量级的路径误差会造成数百万美元的损失,甚至还会危及人的生命。无人机有能力在 60000～65000 ft 的高度飞行长达 12 h,无论任务时间有多长,都不会出现飞行员疲劳问题。目前无人机的发展包括引进向下指向雷达、向下指向激光雷达、可见光和红外成像相机以及下投式探空仪技术。这些技术的发展将使预报员能够更好地监测飓风眼壁的变换,而飓风眼壁可能是飓风加强或减弱的一个主要因素。

这些仪器还被应用于森林和灌木丛火灾的扑救,用于计算烟缕高度、火灾蔓延、燃料水分特性和烟雾扩散。在 2007 年 10 月加利福尼亚州大火期间的一次无人机系统演示中,美国国家航空航天局向美国联邦航空局和美国林务局提供了关于火灾前线表现的建议,使得森林消防队能够有针对性地控制火势,并改变危险烟雾区域周围的空中交通路线。

但在城市地区出现国家紧急情况下,无人机系统在事件发生前后几个小时内监测烟缕扩散的能力很难与其他观测系统相媲美。

4.1.6 目标天气观测

目标天气的观测根据需要进行,正如问题导向。无人机系统既可用于业务,也可用于研究。对于使用无人机系统来进行目标天气观测而言,最常见的例子是美国国家海洋大气局将无人机系统与军用飞机一同联合执行飓风观测任务,在飓风“淡季”,对影响美国西部和东部海岸的冬季风暴进行测量。无人机应用的其他例子还有:使用无人机在飓风周围释放下投式探空仪以提高预报精度的任务,训练为地球静止环境观测卫星(GOES;将在本章后面讨论)快速扫描图像,以及在严重风暴威胁美国本土时释放额外的无线电探空仪。美国正在考虑使用大型和小型无人机进行有目标的常规观测,特别是在偏远的海洋和极地地区;此外,无人机还有可能“嗅出”有毒物质的释放(NRC,2003a)。另外,还可以使用无人机运送多个移动式风廓线雷达仪部署到受飓风威胁的地区。

自 20 世纪 40 年代美国实施雷暴计划期间飞机穿透雷暴以来,一直在开展使用无人机进行目标观测研究。主要的研究系统包括移动多普勒雷达和中尺度网(例如 Weckwerth et al. ,2004;Bluestein et al. ,2001)。移动式雷达包括 C 波段 SMART 雷达(Biggerstaff et al. ,2000)、X 极化和 X 波段多普勒雷达(Wurman,2001)、马萨诸塞大学研发的毫米波雷达

(Bluestein et al. ,2000)和移动式风廓线雷达[例如,美国国家大气研究中心地球观测实验室(EOL)运行的移动式GPS/罗兰大气探测系统(MGLASS)、国家强风暴实验室(NSSL)运行的移动式跨链罗兰大气探测系统(MCLASS)]。无线电探空仪同样也可以从移动式平台上释放。在国际水实验期间部署了美国沙漠研究所提供的移动辐射计(Weckwerth et al. ,2004)。

移动式中尺度监测网通常是装有观测仪器的汽车(例如 Straka et al. ,1996),或可快速部署的仪表塔,例如由得克萨斯州理工大学开发的 Stick-Net[①],它能在到达目标现象出现地点前完成部署(安装时间少于 3 min)。可快速部署的地面站也可用作野火期间的辅助观测手段(移动远程自动气象站,RAWS)以及用于许多其他应急管理和公共安全应用,例如 2001 年 9 月 11 日后在纽约市部署,以及在超级碗等重大体育赛事期间部署。

航空遥感在业务和研究中变得非常重要。用于穿透飓风的 P3 飞机配备了水平扫描 C 波段雷达和垂直扫描 X 波段多普勒雷达。与美国国家大气研究中心合作运行的海军 P3 巡逻机也有机载多普勒雷达。这两种方法都广泛用于研究对流降水的野外项目,包括山地降水、风暴发生和飓风登陆。机载多普勒激光雷达和差分吸收激光雷达已被应用于飞行。

4.1.7 地面网络协作

近年来,由于人们希望使用来自多个网络的数据,因此催生出了“数据集合体”,这种集合体将来自多个网络的数据汇集在一起,使得共享数据访问和相关群体的质量检查变得更容易。最成功的集合体有两个,一个是位于美国国家海洋大气局地球系统研究实验室的气象同化数据获取系统(MADIS; Miller et al. ,2005),实际上,国家海洋大气局试图利用此系统创建观测网,另一个是位于犹他大学的美国西部协作中尺度网 MesoWest(Horel et al. ,2002),其是全国许多终端用户地面中尺度监测网络数据的主要来源。

美国国家海洋大气局的水文自动数据系统(HADS)[②]提供了来自 13000 多个河流和天气站点的实时数据。另一个重要的集合体是位于华盛顿大学的西北中尺度网(NorthwestNet)。最近,联邦公路管理局开始开发 Clarus(拉丁文为“clear”)系统,以整合美国各地的地面交通气象观测数据,来自多个州运输部门的数据已在气象同化数据获取系统(MADIS)上保留多年了。水文科学联合大学联盟一直努力开发水文数据访问系统[③],该系统不仅提供来自网络[例如美国通量网(Ameriflux)和长期生态研究网络(LTER)站点]的访问数据,还提供来自北美区域再分析访问数据。远程自动天气站网(RAWS)[④]由多个机构运营,用于空气质量和火灾天气应用。现在天气公司(AIRNOW)将多个地点的空气质量数据联系到一起,用于空气污染应用。一些州(例如,南卡罗来纳州和艾奥瓦州)的气候学家已开始努力在较小的尺度上将他们州内的网络组合成一个集合体。

调查结果:地面网络协作代表了重要的进步,有助于实现更好的质量检查、更完整的元数据、更多的观测数据访问以及更广泛的数据使用,以满足多种本地驱动的需求。

---

① 参见 http://www.atmo.ttu.edu/TTUHRT/WEMITE/sticknet.htm。

② 参见 http://www.nws.noaa.gov/oh/hads/。

③ 参见 http://www.cuahsi.org/his。

④ 参见 http://www.fl.fed.us/rm/pubs/rmrs_grt119.pdf。

4.2 天基观测

卫星本质上是全球观测工具，但它的部分用途是成为中尺度地面观测的基础。卫星提供了关于严重风暴变化情况的重要信息，遥感探测和水汽图像有助于解释严重风暴环境。卫星还提供植被和土壤湿度等地面特征的信息，经研究证明，这两者对风暴发生和对流天气预报极为重要。

卫星轨道可分为两种，即地球静止轨道和近地轨道。在地球静止轨道，卫星以与地球相同的旋转速度运行，有助于在赤道上方 40000 km 的有利位置处进行持续观测。该距离对分辨率和信噪比带来了限制，但以 30 min 或更短的间隔提供不断变化的风暴系统的常规演变视图。近地轨卫星不能进行连续观测，但由于它们位于较低的高度(距地球表面 100 km 以上)，因此能获得高分辨率图像和更强的信号，从而有机会以每天两次的间隔产生许多遥感数据。其中一种常见的近地球轨道卫星是太阳同步极轨卫星，每隔 12 h 对地球上的一个点进行采样。另一种近地轨道是不常使用的前级轨道(比地球的角旋转快)，这种轨道能够通过随时间变化的日周期进行采样[例如，在热带降雨测量任务(TRMM)中对热带降雨进行采样]，以及利用 GPS 等其他天基系统对特定星座进行无线电掩星测量。

卫星仪器利用电磁波谱中的微波、红外、可见光和紫外部分探测大气和地球表面。对于那些不熟悉卫星气象学的人来说，太阳光的地面视觉反射率测量很容易理解。要观测的参数通常涉及阳光到达地面(云、气溶胶、吸附性气体)前其减少的量或地表的反射量(反照率、土地使用、植被特征)。最近，通过研究确定了用于观测海洋上空气溶胶光学厚度的技术(在深色地面上的反射率变化极小)的精度可能达到 20%左右(Remer et al.，2005)。许多气体吸收光谱的紫外线和可见光部分，这使得化学成分特异性采样成为可能。已在星载测量的紫外和可见光谱通道中观测到臭氧、二氧化硫、二氧化氮、CHCO、水和气溶胶大小信息。

GOES 可对大部分的单个半球进行观测。对于可见光，GOES 空间分辨率约为 1 km×1 km，而对于红外，该值约为 4 km×4 km。测量间隔大约为十到几十分钟，能对云的变化进行跟踪。在“快速扫描”模式下，GOES 为中尺度分析和即时预报提供了有价值的数据(Browning，1982)。此外，可以追踪云或水汽特征来估计风，提供无线电探空仪或飞机报告之间的数据。通过红外云顶算法对降水进行估算。美国国家海洋大气局的下一代地球同步卫星 GOES-R 可提供陆地和水面上的表面温度，但空间分辨率有限，只能在晴空中进行观测，还可以用来识别云顶高度。计划在 GOES-R 上安装一台多通道高级基线成像仪，其至少每 5 min 对美国进行一次观测，空间分辨率比当前一代 GOES 高 4 倍。

Terra 和 Aqua 极地轨道卫星上的中分辨率成像光谱辐射仪(MODIS)使用了红外辐射来获取植被特征，这些特征可用作嵌入实验性数值天气预报模式中的地面模式输入。GOES、先进甚高分辨率辐射计(AVHRR)和 MODIS 等卫星图像可在有限的空间辐射下提供表皮温度，但只能在晴空中使用。未来，国家极地轨道运行环境卫星系统(NPOESS)和 GOES-R 可提供空间分辨率更高的图像，视野有可能更清晰。这些卫星也有“分割窗口”通道，允许进行初级水平的湿度校正。目前 GOES 系列卫星取消了早期系列的分割窗口功能，用 13.2 μm 的通道取代了 12.5 μm 的通道，以协助完成云层高度分配；因此，在某些地区，目前的 GOES 遥感测量地面温度会受到大气中水汽的影响。除了在开阔的海洋上，地面风对太空遥感测量也会造成影响。

高级微波扫描辐射计（AMSR）（Njoku et al.，2003）和特殊传感器微波成像仪（SSM/I）（Jackson et al，2001）等微波成像仪可提供地面水含量（静水和地表以下约1 cm的极浅层水），但不能提供地下水信息。高级微波扫描辐射计的足迹约为25 km，因此在地形变化很大且径流和流水量可能最为重要的地区，会有分辨率方面的问题。诸如RADARSAT（LeConte et al.，2004）等探地雷达已用于土壤湿度探测，但该仪器并不定期提供这方面的数据产品。“十年调查”（NRC，2007a）将L波段（1～2 GHz，约20 cm波长）土壤水分主动-被动雷达-辐射计方法确定为用于土壤水分探测的一项有前途的技术，并将其视为美国国家航空航天局的前三大开发任务之一，但也指出专门用于此目的的水文任务已取消。

星载雷达和激光雷达已用于降水、云和气溶胶探测。雷达卫星（如RADARSAT、TRMM[①]和CloudSat）均位于轨道上运行，并从这些脉冲测量中返回具有高垂直分辨率的信息。在可见光区，利用云-气溶胶激光雷达和红外探测者卫星观测（CALIPSO）任务提供垂直分辨率非常高的云和气溶胶图像。这些主动传感器有望能以高分辨率在较低的对流层中探测数据，这对本研究的中尺度观测很有价值。

热带降水测量任务（TRMM）利用天基雷达测量来估计海洋降雨量，同时还利用高速电荷耦合设备探测阵列来提供降水廓线和闪电观测数据。TRMM的13.8-GHz降水雷达以电子扫描方式（空间分辨率为4 km）扫描280 km宽的区域。美国国家航空航天局戈达德太空飞行中心的科学家使用TRMM数据作为基线，校准极轨被动微波传感器和地球同步红外传感器，以生成3 h全球降水地图。

云-气溶胶激光雷达与红外探路者卫星（CALIPSO）上的激光雷达是一个双波长（532 nm和1064 nm）偏振敏感激光雷达，在其100 m的视野内提供30～60 m垂直分辨率的气溶胶和云图像。CALIPSO与云卫星（CloudSat）一同发射，CloudSat搭载了94 GHz的天底观测雷达[即云剖面雷达（CPR）]，其测量云反向散射的功率，该功率可作为与雷达距离的函数。CPR以2 km的水平分辨率测绘卫星地面轨道上的云，同时提供了垂直分辨率为500 m的云水和冰浓度、云厚度以及云底和云顶高度信息。CloudSat和CALIPSO与Aqua、PARASOL[②]和Aura以一种被称为“A-Train”的编队飞行。虽然卫星在空间域具有中尺度分辨率，但不频繁的时间域采样适合它们进行气候统计，但严重限制了它们在监测或预报中尺度天气事件方面的效用。

天基探测

卫星利用红外和微波遥感进行大气探测。美国国家海洋大气局高分辨率红外辐射探测仪（HIRS）和地球静止观测环境卫星（GOES）探测仪提供了温度和湿度以及其他变量的垂直廓线图。搭载先进微波探测装置（AMSU-A和AMSU-B）的国家海洋大气局极地轨道卫星提供了类似的热力学信息。在这两种情况下，在吸收带中心的光谱区取样会产生来自高层大气的辐射（即来自低层大气的辐射已被吸收）。在离吸收带中心越来越远的波长处的辐射信号来自低层大气。它们会干扰温度和湿度的测量，特别是在低层大气中，会限制但不会完全削减它们

---

① 参见 http://trmm.gsfc.nasa.gov。

② 大气科学反射率的偏振和各向异性与激光雷达观测值相结合。

在中尺度的作用。此外，红外探测需在天晴时进行。

使用更多光谱部分可获得更高的垂直分辨率。高光谱红外探测器如美国宇航局 Aqua 卫星使用的大气红外探测仪(AIRS)使用了红外光谱中的数千个光谱波段，具有比之前更高精度和更好的垂直分辨率，尽管其精度和垂直分辨率仍不及无线电探空仪(在下层大气中使用时尤其如此)。欧洲气象服务网络(EUMETSAT)的[①]红外大气探测干涉仪在 8000 多个通道中测量大气微量气体。人们正研究将这些数据用于中尺度应用。

前文中我们就 GPS 卫星信号的分析进行了讨论，以推断垂直空气柱中的水蒸气量。无线电掩星(RO)技术使全球定位系统的用途变得更广；使用该技术可对电离层中的电子密度、平流层中的温度以及对流层中的温度和湿度进行测量。通过中国台湾-美国 COSMIC/FORMOSAT-3 任务[②]的无线电掩星测量(Anthes et al.，2008)，可以 500 m 左右的垂直分辨率对各种天气下的温度进行实时探测，因为无线电波不受云或降水的影响。但对于中尺度应用来说，150 km 至 200 km 的水平分辨率(Ware et al.，1996)是明显缺点。

由于 GPS 卫星能在 20000 km 的高度处观测近地轨道卫星在地球表面上升或下降的情况，因此才有“掩星”这一术语，两颗卫星之间无线电波的速度是大气无线电折射率的函数。可从多个卫星到卫星的路径计算出虚拟温度廓线，并且从对流层中部向上的准确度极佳，因为那里几乎没有水汽。复杂的同化技术结合了无线电掩星(RO)数据和来自预报模式的信息，能从下对流层的 RO 数据中提取湿度信息，这对全球数值天气预报(NWP)非常有用。

基于卫星获得的探测信息(如二氧化碳、一氧化碳、臭氧和甲烷)质量越来越高，但它们并不完全满足这项研究的要求，因为许多仪器只获得全柱数量(例如臭氧柱)，但如果要根据这些廓线来厘清大气边界层信息，即使有可能成功也会极其困难。许多传感器被设计能提供多种级别的垂直分辨率，但都没能达到预期效果，并且只能提供一两个独立的信息，分辨率往往在对流层最高，但对大气边界层应用没有多大帮助。紫外和红外仪器会从大气层的高处吸收很大一部分轨道水平的辐射，导致他们观测不到地面。最后，云是阻碍常规地面观测的主要限制，因为其污染了平均约 70%的像素。

4.3 观测挑战

4.3.1 地面观测挑战

虽然地面气象测量涉及的许多技术已相当成熟，但仍存在重要挑战。地面性质，特别是土壤湿度只在零散的区域测量，但这一参数是数值天气预报和许多农业应用中的一个重要变量。同样，降水类型和降水量测量结果(特别是实时固态降水测量结果)对航空(飞机除冰、保持机场正常开放)和道路运输(提供有关修路和道路处理化学应用方面的信息，以便道路管理人员作出决定)非常重要。

4.3.2 地形和城市化挑战

尽管地图上显示的气象观测站数量非常多，但放大后难免会与已知的中尺度变化相差甚

---

① 欧洲气象服务网络。

② 台湾人造卫星气象、电离层和气候星座观测系统。

远。正如刚才所说,这种情况在土壤温度、土壤湿度和空气污染测量中经常出现。此外,用于实时报告标准气象数据的区域规模的地面站也存在明显不足。

虽然中尺度和对流尺度现象会出现在美国任何地方,但没有必要为了进行准确和有用的分析和预报而在所有地点以亚千米尺度测量所有大气变量。但有三个区域(城市地区、山区和沿海地区)需要特殊的测量和布网策略,因为这些区域的自然和/或人类活动在极小的空间尺度上造成了重要的大气结构。这些结构可在短距离内产生非常强的大气(和化学)变量梯度,对生命和财产有极其重要的影响。同质地形上的测量结果本质上代表了更广的区域,而小规模三维环境中的数据通常只代表很小的体积。

此外,城市地区、山区和沿海地区均有特殊需求。这三个地区的天气非常不同,这在天气的数值预报(NWP)模式中常常难以分辨。考虑到积雪场、水库和水力发电中蓄水的重要性,以及冬季旅行或夏季扑救森林火灾的危险性,山区的观测结果不仅仅用于天气预报。海岸线和城市都是人口高度集中的地方,所以它们也特别重要,当需要应对有毒物质的释放、处理冰暴或暴风雪道路或在飓风登陆前疏散人员时,尤其要对这两个地区进行观测。

(1)城市地区

由于城市地区人口密度较大,加上大型建筑(可能还有地形和海岸特征)使得环境更为复杂,因此天气信息的分辨率必须非常高。典型天气现象会给城市带来更大的影响,例如,暴雨会导致严重洪灾,大雪和冻雨会扰乱交通,严重的风暴和伴随而来的闪电和大风会导致电力故障。城市居民也更容易受到公共卫生和安全问题的影响,如中暑、严重空气污染和恐怖主义。大城市地区也以各种方式影响天气和大气结构。城市热岛是地面热特性和辐射特性的变化、感热的人为排放、水交换的变化以及对辐射收支的相应影响等综合作用的结果。城市地区地面粗糙度的变化也会影响地面和大气之间的热量、质量和动量交换,以及城市混合层的深度。由于建筑物和路面影响径流和水流,水文过程也会出现很大变化。大城市地区可能影响对流风暴和锋面边界的生成、强度和运动。第3章讨论了与空气质量和恐怖主义有关的独特问题。

我们迫切需要提高描述和预报城市天气的能力。提高数值天气预报(NWP)模式空间分辨率后,有可能进一步解决城市气象及其影响。但正如美国天气研究计划第10版编制团队(Dabbert et al.,2000)所指出的,如需短期内改善城市预报区的天气和空气质量预报,则要提高我们的测量和建模能力。而提高我们的能力需要特别考虑城市环境以及气象测量和建模要素部件的"城市化"。最近的研究表明,要改进数值天气预报和空气质量扩散模式则需更好地分析城市地面通量和城市边界层的垂直结构(Baklanov et al.,2006)。这些改进措施对城市观测系统提出了新的挑战,城市观测系统需要对流动进行描述,并对在几百米尺度上运行的模式进行约束。测量挑战包括以下几个方面(Baklanov et al.,2008):①是否有适合放置仪器且具代表性的场地,同时要考虑安全性、电力、数据传输、社区便利性、公共安全、使用方便性和规划许可等方面;②传感器的高度和位置,参考高度要足够,从而使适当的地面气象特征处于传感器的逆风获取和观测覆盖区内;③要在城市区域内以及多个农村对照站点部署足够数量的传感器,以便在各种主要气象情况下将城市影响与每日及日间变化区分开来。

这些测量问题正通过试验进行研究,如前面讨论的赫尔辛基研究、五角大楼盾牌计划(Warner et al.,2007)和城市实地实验。[①] 在这里和其他地方吸取的经验教训需考虑进国家中

① 例如,2007年12月《应用气象学和气候学杂志》有关2003年联合城市的特刊。

尺度观测网的城市部分中。城市天气观测网带来了独特的挑战，例如需要密集规模的三维测量和通信。此外，部署传感器不容易，如何应对建筑规范、控制房地产成本和被社会接受变得非常重要。这些挑战已经在其他领域中得以解决，如通信领域中手机天线部署和气象领域正在计划中的大气协同自适应遥感（CASA）项目。图 4.11 显示了低成本微波雷达传感器在城市环境中的概念部署场景，其中雷达天线面板附着在较高建筑物的边缘。电子扫描传感器与背景无缝融合，且没有运动部件（McLaughlin et al.，2007）。图中还显示了通信天线。

图 4.11　安装在建筑物角落的微波雷达天线面板的概念设计

（D. McLaughlin，马萨诸塞大学阿姆赫斯特分校大气协同自适应遥感项目）

（2）山脉

山脉通过引发对流和大降雪影响天气，将水或风聚集到狭窄的山谷中，并在其背风面产生高空乱流和严重的（≥100 mph①）风暴。它们引发了多种危险，例如道路湿滑、大风、能见度低、雪崩、落石和泥石流。它们还对下游的天气和水流带来严重影响，甚至会导致长达 1000 km 的水资源管理挑战。因此水资源管理者及其客户必须了解山脉积雪中的水含量。与此同时，山脉为观测带来了特殊的挑战。山脉周围的天气条件（温度、风和降水）变化如此之大，以至于需要大量观测站点才能发现其复杂变化。山脉阻挡了雷达和数据传输，在复杂地形用传统通量测量获得的结果难以正确解释；测量站点很难安装和维护；森林火灾也是一项特殊的挑战，因为偏远地区的风和湿度测量结果非常重要。

目前在山区进行的观测采取了稀疏但灵活的采样方法。根据几十年的经验确定了积雪遥测测量的位置，并正在开发能结合卫星信息的方法。同样，州运输部对主要道路中易受天气影响的部分和站点的位置了如指掌，主要道路的危险路段通常装有网络摄像头，可为旅行者提供帮助。同时已在大都市区上游流域安装了用于预警山洪的仪器。

在中尺度和更小的尺度上，挑战依然存在——特别在对流降水和野火方面。因为山脉阻挡了雷达波束，很多地区没有被覆盖。当前已有解决这个问题的工具，例如盲区填补雷达和激

① 1 mph=1 mile/h=1.609344 km/h。

光雷达,它们能以自适应协作模式与雨量计、流量计和卫星一同工作。随着手机信号塔的激增,它们不仅为雷达和激光雷达提供了平台,也为远程站点的数据通信提供了平台。

高分辨率数值模式需要成为观测组合的一部分。山脉起到了很大的作用,使降水和风模式更容易预报。良好的上游条件加上模式可利用的一些边界层、地面和雷达数据,有可能为火灾气象学家、积雪和径流分析师以及山洪或下坡风暴预报员提供他们需要的三维图像。因此,我们建议的体系结构中包含了“山区观测网”所需的设备部分,主要挑战是解决采样严重不足的问题。

(3)沿海地区

沿海地区既有自然特征,也有人为特征,这些特征导致天气和海况出现复杂的时空变化,其中大部分变化可能未被发现。例如,沿一段海岸线吹来的海风可能替代了主要的滨外流,而相邻海岸线仍停留在近海,从而影响对流产生和能量需求的预报。不同的风也会影响危险化学品泄漏的目的地以及港口船只和驳船的拖航。海岸锋面可在冬季风暴来临前向岸上移动,影响当地不同类型降水(固体、部分冻结和未冻结)。未经测量的海气相互作用发生在近海,产生潮湿和稳定条件,为回流区的恶劣天气爆发创造了条件。

随着越来越多的沿海地区成为大的人口中心,沿海地区脆弱性逐年增加。沿海县的人口增长速度是美国其他县的3倍,沿海和海滨水域成为每年9000万美国人的旅游目的地。此外,许多沿海地区具有显著的地形,这表明它们有与上述城市网和山区网一样的特殊观测和网络需求。但对近海天气和海况数据还有其他要求,例如风剖面、海面以上的温度和湿度以及海面和海面以下温度、海流和盐度。因此,美国的中尺度监测网应有一系列额外的浮标和陆地站,以及离岸100～200 km范围的遥感能力。

4.3.3 大气边界层挑战

白天和夜间的大气边界层(PBL)高度是最难测量也是最重要的参数之一。日间的大气边界层高度取决于地面热量和对流,而夜间大气边界层高度则取决于风和地面红外辐射冷却,大气边界层高度是在数值模式中预报组分浓度的关键所在(因为它是组分混合和反应的观测盒高度)。现在认为,大气边界层高度不精确是当前数值化学预报模式预报能力不确定性的主要原因。气象学遥感观测的使用已有近60年,但如此重要的气象变量在其整个昼夜循环中的规律依然没有得到发现,这确实令人震惊。

相对有优势的唯一领域是根据超高频(UHF)和甚高频(VHF)风廓线观测风,并与飞机气象数据中继(AMDAR)和对流层飞机气象数据中继(TAMDAR)观测数据相结合。这种组合能提供整个天气尺度以及一些较大的中尺度环流的观测数据。但雷达风廓仪的特征间距太大,经常错过会引发破坏性和恶劣天气的中等规模的中尺度环流。商业航空公司按大跨度的昼夜循环进行观测,而复合观测系统无法得到每天约8 h的必要数据,当大量航班因大风暴(或恐怖袭击)取消时,复合观测系统很容易受到影响。

热力学廓线、痕量气体廓线和气溶胶廓线的国家条件是解决中尺度预报需求的重大不足之一。需要对热力学廓线研究进行重大改进。无线电探空仪站点相距几百千米,并且只涉及天气尺度。垂直分辨的水汽场,特别是在最低1 km处的水汽场是最关键的,对改善所有高影响天气的预报至关重要。对化学气象预报的需求也相似,需要在全国范围内预报包括气溶胶在内的主要污染化学种类,从而实现城市和区域污染物预报。一些研究站已建成,站内有进行此类型观测的核心地面遥感系统(见知识框 4.2)。但美国的研究站数量不足以应对大气边界层的挑战。

知识框 4.2

应对大气边界层挑战的示范性核心观测站实例

霍华德大学(华盛顿特区)在过去 20 年一直管理着位于马里兰州贝尔茨维尔分校的研究站。自 2001 年,作为美国国家海洋大气局合作协议的一部分,国家海洋大气局大气科学中心在霍华德成立以来,贝尔茨维尔分校的研究站已发展成为一个高水平核心中尺度观测站。弗吉尼亚大学安装了一个测量二氧化碳通量的高塔,并与美国国家航空航天局合作建造了一个拉曼激光雷达。为了验证国家航空航天局的对流层发射光谱仪和臭氧监测仪器,已进行了无线电探空仪观测和臭氧探空仪释放。国家海洋大气局作为其现代化计划的一部分提供了许多无线电探空仪,而宾夕法尼亚州立大学为国家航空航天局洲际化学运输实验(INTEX)臭氧探空仪网研究(IONS)提供了臭氧探测数据。Baron Meteorological Services 为该研究站提供了天气雷达。美国环保署和马里兰州为该研究站提供了雷达风廓线仪和地面化学监测装置(PM、臭氧、NO_x)。美国农业部(USDA)向该研究站提供了阴影波段辐射计来测量气溶胶光学厚度,国家航空航天局也提供了一个气溶胶自动观测网(AERONET)站点,在现场对地面能量通量及地下温度和湿度进行测量,使用声波风速计测量现场的湍流。在该研究站点定期测量地面太阳辐射通量(根据基线地面辐射网络的要求,国家海洋大气局)。

毫无疑问,贝尔茨维尔研究站是符合本报告建议的研究站,具有不同需求的多个机构可为单个研究站做出贡献并提供资源。有趣的是,这个研究站是由少数民族服务机构创建和运营的,如果没有联邦和私营部门的贡献,该机构显然不可能完成这种规模的项目。

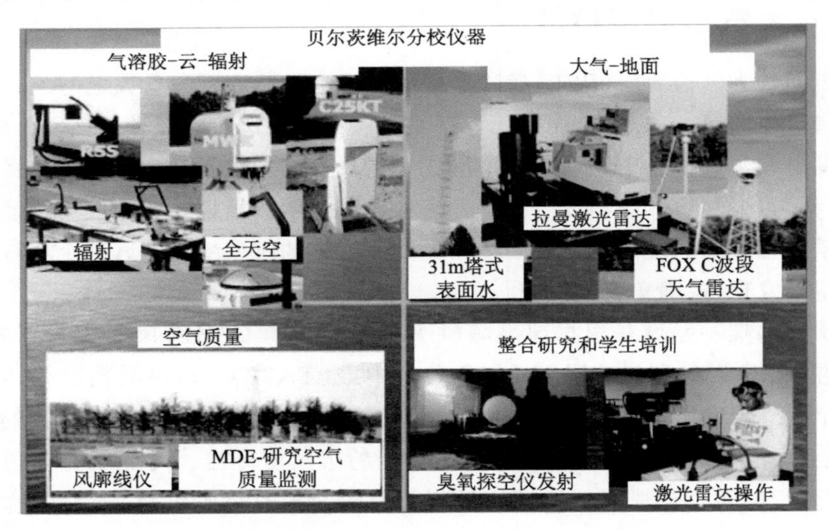

图 4.2.1(彩) 霍华德大学贝尔茨维尔研究站位的仪器设备和培训

资料来源:Whiteman 等(2006)

建议:作为基础设施的重要优先事项,联邦机构及其合作伙伴应在全国约 400 个地点部署激光雷达和无线电频谱廓线仪,以持续监测对流层的状况。

风、日边界层结构和水汽廓线是大气边界层观测网的最高优先事项,站点的特征间距应约为150 km，但考虑到不同区域特点（例如刚刚讨论的城市地区、山区和沿海地区），该间距可介于50～200 km之间。此类观测结果虽未能达到中尺度分辨率，但对于提高中尺度高分辨率数值天气预报模式和化学气象预报性能的改善至关重要。如果通过先进的数据同化技术将400个观测站点的数据与地球同步卫星测量数据、GPS星座“湿延迟”测量数据和商业航空探测数据结合使用，则可有效填补国家观测系统中的许多关键空白。

任何测量地面上的空气化学或气溶胶特性的传感器均应与气象剖面仪放在同一位置或靠近气象剖面仪。大多数化学模式在最低的3 km处使用100～200 m的垂直网格间距（在地面附近更细），但是在最低的3 km内，即使是两三个水平的化学和气溶胶测量也能大大提升现有能力。超过3 km时，在更高高度处获得的卫星测量数据会更加有效。一些测量数据可能来自观测塔，另一些来自激光雷达遥感或差分光学吸收光谱。①

4.3.4　天基观测挑战

“十年调查”（NRC，2007a）确定了美国下一代地球观测卫星系统的前进方向。与中尺度应用相关的测量数据包括使用L波段获得的土壤湿度、高光谱光谱仪测出的土壤成分和植被特征、高水平分辨率的大气痕量气体柱、气溶胶和云廓线、地面地形、温度和湿度探测、不依赖于特征跟踪的对流层风（使用多普勒激光雷达探测）和地下水。

预计美国将在发展上述多项天基能力方面发挥主导作用，这也对地球、海洋和大气的中尺度观测有很大好处。但就如“十年调查”初步报告（NRC，2005）指出的那样：“国家环境卫星系统正面临崩溃的风险。”鉴于美国计划阻力重重，最终报告给出了更为消极的结论（NRC，2007a）：“在中期报告发布后的这段时间里，忧患逐日增多，因为国家航空航天局取消了附加的任务，国家海洋大气局极地卫星计划和地球同步卫星计划中规划的能力也大大削减。”

“十年调查”将固体地球、水、天气、气候、健康和生态系统科学领域的观测数据与应对水、粮食和能源安全方面的社会挑战、危险天气早期预警、生态系统服务以及公共健康和环境质量改善联系起来。而且向美国国家海洋大气局及国家航空航天局提出了具体建议，涉及地球同步轨道环境卫星（GOES-R）高光谱探测能力、停用国家极轨业务环境卫星系统（NPOESS）中的气候监测传感器、删除降雨率扫描微波成像仪/探测仪锥形图像、卸下清晨轨道卫星（当地标准时间05:30跨越赤道）的关键气象传感器，以及与本研究相关的一系列其他任务。

从中尺度角度来看，停止在对地同步高度进行温度和水汽高光谱红外探测是最令人担忧的一项调查结果。人们普遍支持“十年调查”的结论。主要代表业务预报员的美国国家气象协会极力主张“在下一代GOES-R系列宇宙飞船上安装高光谱分辨率的大气红外探测器。”美国气象学会卫星气象学和海洋学委员会发表了一份共识声明指出“关于立即部署地球同步轨道（GEO）高级探测器的重要性。”此外，美国国家科学研究委员会最近举办的关于“确保通过国家极轨业务环境卫星系统（NPOESS）和地球同步轨道环境卫星（GOES-R）进行气候测量”的研讨会以及世界气象组织同时举办的“重新设计和优化天基全球观测系统研讨会”均大力提倡开展地球同步高光谱探测。

总之，卫星将在中尺度观测中发挥越来越重要的作用，但由于频率、分辨率和地面附近精度方面存在限制，所以卫星廓线观测近期不会取代地面观测。

---

① 其描述参见 http://www.atmos.ucla.edu/～jochen/research/doas/DOAS.html。

调查发现：作为地面中尺度监测网的重要辅助手段，维持和改进地球同步卫星业务观测是国家的当务之急。

凭借高时域采样速率和出色的水平分辨率，地球同步轨道卫星获得了中尺度特有的独特观测数据。可见光和红外图像对于恶劣天气预报和预警非常重要。通过对辐射、云迹风和自由对流层水汽同化进行估算，可使全球和中尺度模式能够初始化。在陆地上，通过地球同步轨道卫星获得的水汽和温度数据必须要有足够的垂直分辨率。连绵不断的云层对云顶以下的红外探测造成了干扰，但微波成像阵列技术(Lambrigtsen et al.，2006)成为另一种能在云层下方进行低分辨率探测的有用方法。另一方面，建立一个能在整个大气边界层深度和对流层下部建立一个足够水平分辨率的独立地面网络是不现实的。通过地面剖面仪(有时还使用飞机)和地球同步卫星获得的探测结果以最佳方式互补，它们各自的优势弥补了对方的相对劣势。

建议：作为卫星仪器方面的首要优先事项，美国国家航空航天局、国家海洋大气局应与外国空间机构合作，努力提高地球同步卫星在大陆大气边界层内的水汽和温度探测数据的质量。

红外高光谱探测和微波合成薄孔径阵列探测均位于地球同步轨道上，为改进中尺度预报提供了独特的机会。虽然成本可能很高，但改进地球静止探测可带来非常多的好处，有可能更准确地预报到对流降雨和随之而来的恶劣天气和洪水。地球同步平台在卫星中是独特的，提供了这一应用所需的采样频率。

4.4 全球环境观测和基础设施

通过不断发展的全球观测系统(GOS)[①]在全球范围内对收集到的大部分数据进行管理，该系统由世界气象组织的世界天气观测网进行协调。GOS获得的数据可用于从临近预报到气候的各种时间尺度的应用，包括陆地、海洋、大气和生态应用。因为有GOS，人们才知道如何满足不同应用程序的各种用户需求和要求，以及如何处理数据交换等重要领域。

GOS由两个主要的子系统组成，分别是空间子系统和地面子系统。每一个系统均可视为系统中的系统。地面子系统提供来自地面观测站、高空观测站、海上船只、锚定和漂流浮标以及飞机的观测数据。虽然其中一些系统由世界气象组织成员拥有和运营，但飞机系统由各航空公司运营，并在世界气象组织内通过飞机气象数据中继(AMDAR)系统小组进行协调。[②] 一些观测系统与其他国际组织协调[主要是全球海洋观测系统(GOOS)、全球陆地观测系统(GTOS)和全球气候观测系统(GCOS)]。GOS[③] 天基子系统的数据由近地轨道和地球同步轨道上的业务卫星以及近地轨道上的特定研究卫星提供。这些卫星通过气象卫星协调小组(CGMS)和地球观测卫星委员会(CEOS)等机构，由开展世界气象组织活动的各国或国家联合体运营。

---

① 关于GOS观测系统组成部分的详细资料，请查阅以下网址 http://www.wmo.int/pages/prog/www/OSY/gos-components.html。

② “专家组的目标是通过成员之间的合作，利用自动报告系统获取和交换来自飞机的气象观测数据并对这些数据进行质量控制，从而加强世界天气监视网观测系统对高空部分的观测。”有关AMDR专家小组的目标，请查阅以下网址：http://www.wmo.int/amdar/Goal_TOR.html。

③ 关于GOS天基部分的详细资料，请查阅WMO空间计划网站：http://www.wmo.int/pages/prog/sat/index_en.html。

4.4.1 GOS陆基子系统

由陆地上近11000个观测站点组成的相对稀疏的网络提供常规气象参数的观测数据。其中约有4000个观测站点组成了区域基本天气网，该网的数据按照世界气象组织第40条规定在全球进行实时交换。① 海洋上的船只、锚定浮标和漂流浮标也为全球观测系统(GOS)提供信息。每天约有2800艘船只和900个漂流浮标提供海面气象参数和海面温度。② 太阳辐射观测数据、地面闪电网观测数据和验潮仪测量数据也通过全球观测系统(GOS)提供，但数量有限。高空观测数据主要由陆基无线电探空仪和飞机数据提供，但地面风廓仪和海上船只无线电探空仪的观测数据有限。

近900个陆基高空站每天两次(世界协调时1200时和0000时)向全球观测系统(GOS)提供无线电探空仪探测数据。飞机气象数据中继AMDAR系统提供商业飞机飞行高度层的温度和风观测数据，以及上升和下降过程中的探测数据。世界气象组织的全球观测系统(GOS)③专家小组于2007年曾指出，全球飞机气象数据中继AMDAR计划每天通过世界气象组织全球电信系统交换22万至25万次观测数据。大多数飞机气象数据中继AMDAR观测在北半球进行，欧洲气象网综合观测系统(EUCOS)等项目正努力优化飞机气象数据中继AMDAR上升和下降数据，以便供区域基本天气网成员国使用。例如，2006年，欧洲气象网-飞机气象数据(EUMETNET-AMDAR)每天进行大约750次探测。④ 区域基本天气网(RBSN)观测站和常规高空网并不都是进行例行报告，世界气象组织各区域的表现差异很大。⑤ 来自美国各地观测站点的报告非常可靠。

除全球观测系统(GOS)外，全球大气化学观测和世界水文循环观测系统等专门观测网还提供实时或非实时的数据。全球气候观测系统(GCOS)地面网由约四分之一的区域基本天气网RBSN站点组成，⑥而全球气候观测系统高空网由约20%的高空站点组成。和全球观测系统一样，全球观测系统的全球气候观测系统分支的表现也并非完美。

4.4.2 GOS天基子系统

全球观测系统(GOS)天基子系统采用了综合观测系统的概念，同时协同使用研究和业务卫星数据。⑦ 数据由业务卫星和近地轨道研究卫星提供。研究产品的例子有来自大气红外探测仪的高光谱探测数据、来自JASON卫星的测高数据、来自热带降雨测量任务(TRMM)的降水测量数据以及来自环境卫星(ENVISAT)的海面风场数据。进入全球观测系统(GOS)的大部分卫星数据用于美国国家气象水文局(NMHS)的全球常规分析、即时预报和预报应用。全

---

① 第40条规定解决了在全球电信系统上自由交换6 h RBSN和所有高空、海洋和卫星数据的问题(一些成员每小时提供地面观测数据)。

② 参见http://www.wmo.int/pages/prog/www/OSY/gos-components.html。

③ 参见http://www.wmo.int/pages/prog/www/OSY/Reports/ET-EGOS-3_Final-Report.pdf。

④ 参见http://www.wmo.ch/pages/prog/www/OSY/Meetings/ET-EGOS_Geneva2006/Doc4-5.doc。

⑤ 主要的NWP中心定期监测GOS的性能(参见http://www.ecmwf.int/products/forecasts/d/charts/monitoring/coverage/)，但WMO会在每年的特殊观测期内对GOS的性能进行正式评估，可在基本系统委员会的报告中查阅各区域的性能，这些报告位于以下网站：http://www.WMO.int/pages/Prog/www/CBS-Reports/cbssesession-index.html。

⑥ 参见http://www.wmo.int/pages/prog/gcos/documents/GSN_Stations_by_Region.pdf。

⑦ 参见http://www.wmo.int/pages/prog/www/OSY/gos-components.html。

球数值天气预报(NWP)中心将这些数据用于各种预报指导产品。

世界气象组织第1267号技术文件《GOS空间和地面子系统发展实施计划》[1]讨论了未来几十年全球观测系统的发展情况，该文件就全球观测系统空间和地面子系统的发展提出了具体建议。这些建议均基于滚动需求审查程序[2]的指导，以及观测系统实验和由各个数值天气预报(NWP)中心进行的观测系统模拟实验。

世界气象组织主办的研讨会介绍了这些实验的结果，例如世界气象组织关于各种观测系统对数值天气预报的影响的第四次研讨会。由于卫星系统的准备时间很长，全球观测系统(GOS)天基部分的发展计划主要基于业务和研究卫星运营商的长期规划。未来的研究任务将继续促成全球观测系统(GOS)的天基部分，同时影响其发展。这些计划中的研究任务旨在研究大气化学和痕量气体、地球重力场、土壤湿度和海洋盐度、激光雷达观测的大气风场、灾害和环境监测、综合大气柱、水蒸气、云冰含量、云滴特性和分布、气溶胶以及极地冰和雪水当量。为完成这些测量正开发的仪器有星载激光雷达、高分辨率高光谱成像仪和探测仪器、主动和被动微波传感器、云分辨雷达和L波段雷达。

---

① 如需了解WMO用于重新设计GOS的活动，请查阅以下网址：http://www.wmo.int/pages/prog/www/OSY/GOS-redesign.html，以及WMO第1267号技术文件，网址如下：http://www.wmo.int/pages/prog/www/OSY/Documentation/Impl-Plan-GOS_Sept2004.pdf。

② 滚动需求审查(RRR)程序用于确定GOS在各种应用领域满足世界气象组织用户需求的情况。RRR程序有四个步骤：评审用户对观测的需求；评估现有和计划中观测系统的能力；批判性评审(差距分析)，针对现有和计划的网络，将需求与系统能力进行比较；对指导进行说明，该指导列出了结论并确定了优先行动。这一信息向所有用户提供(WMO，2007)。

第5章

观测网的架构

到目前为止，这份报告详述了国家级中尺度观测网的多个方面，例如愿景、范围、需求和技术。本章将这些方面汇集在一个能支持所有功能元素的架构中。该架构表明，国家级中尺度观测网将是一个网际网(NoN)，其中的观测网由许多已存在的特定类型测量或不同的地理区域组成。

5.1 观测网络

应一开始就确定一个具备中尺度观测能力的新型观测网(包括地面、地面以上和地下系统观测网)，以满足多重国家需求，因为在国家范围内规划和开发的这种系统很少。我们已有的"国家观测网"，如自动地面观测系统、新一代气象雷达(WSR-88D)和高空无线电探空测风仪，但它们并不是真正的观测网，因为它们(和大多数其他观测网)不与其他观测网(即自适应和协作)进行智能交互，甚至它们内部之间也不交互。

目前的美国地面观测网就是一组不协调的本地或区域的观测设备部署。尚未系统化地为所有中尺度观测需求建立全国性地面观测网系统。但区域观测网可相互联系和整合，形成全国性观测网。其他领域已有此类网络。典型例子就是美国手机通信网络，其覆盖全国，而且系统不存在地区差异。通信系统划分的依据可能是业务单元而非区域。

如第2章所述，美国目前有相当多的地面观测系统。这些网络中的许多网络由某种形式的国有企业运营，但私营部门也运营着不少网络。著名的高质量地面气象测量系统是俄克拉何马州中尺度监测网(图4.1)。可使用这个网络来解释此类网络的系统技术(不一定是测量技术)。关键通信部分由俄克拉何马州执法电信系统通信基础设施负责。因此，该系统在数据带宽、观测的空间和时间尺度以及观测的范围(即俄克拉何马州)方面有其特别之处。俄克拉何马州气候调查(OCS)接收观测数据、验证数据质量并将数据提供给中尺度监测网客户。从获得测量数据到向公众公开只需5～10 min。应该注意的是，这个观测系统由一整套的传感器组成，这些传感器采用能升级到未来技术的特定技术。

质量保证和校准对该系统来说相当重要，必须为此目的提供多种质量控制软件和建立校准实验室。因此，该系统具有潜在的技术和架构特点(McPherson et al.，2007)。

在俄克拉何马州中尺度监测网，气象网络和通信基础设施都是国有企业。另一个范例用于开发赫尔辛基测试平台，其是芬兰南部的一个中尺度观测网络。该网络从一开始就由各种类型的网络组成，测量基础设施根据锚固系统(如维萨拉超高频双极化雷达)构建。这一公私伙伴关系由芬兰气象研究所、维萨拉气象测量公司和赫尔辛基大学组成。测试平台提供与观测系统和策略、中尺度天气现象以及在沿海高纬度环境(60°—61°N，24°—26°E)中应用相关的信息。赫尔辛基测试平台重点关注气象观测和预报，这些观测和预报的目标是通常持续几分钟到几个小时的 γ 中尺度现象。这些天气事件通常太小，传统网络无法探测得到。在芬兰沿海，这样的天气事件包括逆温、海风、雾和低层云、雪带、城市热岛和对流风暴。这些和相关的现象（如闪电）通常会带来危险并造成重大损害。例如，雾对陆地、海洋和空中交通造成相当大的干扰。海风及其发展阶段在大气成分的扩散中起着重要作用。

赫尔辛基首都地区是用于城市空气质量研究和边界层模拟的代表性研究地区，其稳定的夜间条件（该地区的主要特点）尤其适合研究。赫尔辛基测试平台的一个关键特征是测量数据具有异质性和主要针对城市天气。因此，大多数美国网络和赫尔辛基测试平台的主要区别之一是强调多用户和城市系统。

5.2 国家中尺度观测系统的概念架构

地面和地下观测网络的概念一直在发展，预测表明，在通信技术、客户需求和中尺度模式对数据的渴求的推动下，发展速度将加快。预计将成为系统开发用于中尺度的垂直大气边界层（PBL）组成部分。该类企业能从标准和协议中获得无数好处，正如通信行业也从中受益一样。

如第 4 章所述，测量技术正稳步发展；但我们发现，这种进步远不如天气观测网的发展那么快。个别区域观测网已根据各种范例得到进一步发展，这些范例的驱动因素有本地需求（如复杂地形或城市环境的测量）以及应用（如交通、农业或国土安全）。因此，必须在国家规模的中尺度观测网中发展的最重要结构是能创建“网际网”的基础架构。这一概念与国家生态观测网络（NEON）项目（http://www.neoninc.org）提出的概念有些相似，该项目将美国大陆分为 20 个区域。正如 NEON 所强调的那样，标准和架构将构成满足多重国家需求的中尺度观测网的最重要方面。

从架构的角度来说，满足多重国家需求的候选国家观测系统将视为网际网。如果遵循当前的技术趋势，则许多新的仪器网将由智能传感器组成，这些传感器可以以协作的方式进行测量。因此，可以预见，这些网络传感器将根据用户和当前环境的输入对一些反馈做出响应。例如，大气协同自适应遥感（CASA）系统的传感器网络协同工作，共同测量降水，并适应当前的天气条件（Zink et al.，2005）。在系统智能地对用户需求、当前天气和相邻传感器的故障状态做出响应后，运行模式会发生变化。

该架构详述了中尺度观测网的基本要素以及组织和界面结构。其还涉及系统设备之间的内部接口，以及系统与其环境（尤其是用户）之间的接口。第 3 章和第 4 章详述了架构的各种属性，如环境的时空域、待测类型、多种类式的用户以及观测需求。例如，待观测现象的基本时空结构决定了观测的频率、规模和密度，而测量的类型决定了传感器的类型。该架构内的另一个重要特点是与数据同化和数值模式的链接，这些模式可能产生比观测密度小得多的大气结构。该体系架构能支持多个行业，如能源安全、卫生、交通和国土安全等，从而适应不同的用户领域。此外，沿海地区和复杂地形的部署挑战以及城市环境中的微型需求也很重要。传感器任务解决了传感器的适应性和协作性，而架构解决了元数据、存储和策略注入的需求。

图 5.1 展示了国家级中尺度观测系统候选架构的概念示意图。

该架构有许多重要属性。首先,这是一个带有传感器任务的用户驱动系统,而非被动的数据推送系统。其次,基于策略的元数据结构和资源管理是架构的核心特征。此外,该网络还具有与分析算法(如实时产品和数据同化系统)以及存储、查询和决策支持系统进行链接的功能。最重要的是,这是一个闭环架构,用户在该架构内能根据观测结果作出响应。

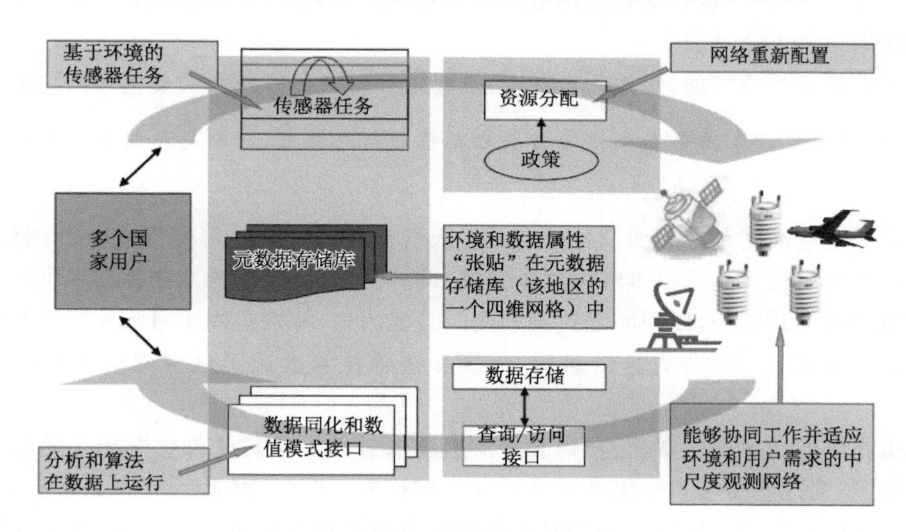

图 5.1　国家级中尺度观测系统的候选架构

资料来源:附图由 V. Chandrasekar 提供

该架构应具有无缝功能,以执行滚动需求审查(参见第 4 章)、响应评审的结果,并启用差距分析来发现系统中缺失的设备。此外,其应具有支持基于策略的业务能力,并链接到最终用户,以便制定决策。系统属性还包括将自身重新配置为不同业务模式的能力,例如常规基本业务、目标模式和事件驱动模式。例如,如果支持气候观测,则可在非常规则的空间和时间间隔内进行系统观测。相比之下,测量目标可以是监测水库的集水区或监测工业排放。在事件驱动的业务模式下,观测网和相关的模式需重新配置,例如,为热带风暴登陆做准备或评估工业事故或野火的后果。

5.3　不同网络、标准和协议的集成

设想一个满足多重国家需求的网络时,主要面对的挑战之一就是需整合网络的概念和制定必要标准和协议,以便于让私营部门能制造具有成本效益的传感器和网络解决方案。可参考现有的系统划分,例如美国国家气象局和国际电信联盟(ITU)中的划分或规划用于国家生态系统观测网(NEON)的分区。网络架构还提出了仪器的底层属性,包括通信和校准协议、选址标准、仪器元数据标准以及添加新仪器的程序。同样,数据带宽和存储的要求取决于观测和客户需求,而冗余级别则取决于架构。存储系统有分布式归档系统,而访问系统能按空间、时间和应用分区数据。信息提取子系统能进行质量控制、数据挖掘、可视化和产品生成,同时为数据同化系统和中尺度预报模式提供接口。

由于国家级网络被预期为一个网际网,该架构应支持互操作性(不同网络协同工作的能力)、跨组成网络的元数据,以及无缝添加新网络和移除既有网络的能力,以此确保可扩展性。

建议：国家设计团队应开发一个清晰的架构，将现有和新的中尺度观测网整合成一个国家“网际网”。

这种架构应通过改善元数据、标准和互操作性，以及支持访问中尺度数据、分析工具和模式，为数据提供方和用户建立优越的环境。该架构还必须包括一个持续识别关键差距和不断变化的最终用户需求的过程。

候选架构系统支持智能(协作和自适应)传感器并可对最终用户的反馈作出响应。

建议：观测网络应采用分布式协同自适应遥感的新兴技术，特别是扫描雷达和激光雷达等遥感器。

某些有限时空尺度和近地面位置的高强度天气现象(如龙卷)可能无法被探测到，或者目前的低密度天气雷达观测网很难解决这个问题。协同和自适应遥感及相关技术可有效加强不利天气方面的探测和监测，以便减轻灾害和用于其他用途，特别是用于对流尺度和复杂地形以及沿海和城市环境。当前最先进的通信、计算和遥感技术推进了这种网络化仪器运行的新模式。

如果短程的低功率天气雷达、扫描激光雷达和辐射计以及其他传感器相互通信并适应不断变化的环境，则这些传感器可提供危险天气早期探测，并扩大危险天气现象采样。例如，城市环境中改进的定量降水估计。多个覆盖范围重叠的短程雷达可协同工作，跟踪穿越城区的对流涡胞(其可能导致山洪暴发)。将扫描范围限制在20～30 km将避免当前WSR-88D雷达组网所存在的一个主要缺点，即波束与0 ℃融化层相交和/或越过低层云，这可导致降雨量估计出现重大误差。此外，仅需扫描小立体角时，可避免到处扫描，时间分辨率将有所增加。所涉扫描雷达之间的短距离、雷达间存在大量重叠、随机误差减少及仪器或防止通信故障冗余等因素帮助提高了空间分辨率。上述特征将通过更好地定位强降雨区与城市排水布局和基础设施的相对位置，提高城市流域快速响应准确性。请注意，新系统将受益于当前系统所固有的远程监控能力。鉴于与其他传感器的双向通信能力，城市环境下的雷达和激光雷达信息将影响其他观测的频率、时间和/或位置，反之亦然。

5.4 全球环境观测：全球综合地球观测系统

另一个组织观测系统的架构挑战示例为全球综合地球观测系统(GEOSS)。全球综合地球观测系统是一项国际性项目，旨在将所有国家的观测系统整合成一个目标为“在正确时间，以正确格式向正确人士提供正确信息，以做出正确决策”的全面且可持续系统。[①]

然而，顾名思义，全球综合地球观测系统是一个基于当前全球各地既有观测和处理系统协同工作并同时纳入新的观测设备的分布式系统。

GEOSS计划始于2003年，目前正由包含全球70多个国家的地球观测组织(GEO)进行开发。美国国家海洋大气局局长作为美国代表，与来自南非、中国和欧洲委员会的代表一同担任GEO联合主席。美国地球观测组织(USGEO)属于总统科学技术顾问委员会的一个下属

① 摘自GEOSS网站(http://www.noaa.gov/eos.html)；也可参见http://earthobservations.org。

委员会,负责协调政府参与。USGEO包括15个联邦机构和3个白宫办公室[①]。美国针对全球综合地球观测系统(GEOSS)开发了综合地球观测系统(IEOS),为此制定了一项战略计划(参见网站脚注)。GEOSS和IEOS系统旨在促进卫星、海洋浮标、气象站及其他地面和空中对地观测仪器提供的全球、区域和地方数据实现共享和实际使用。

这两项计划存在许多共同的主题。例如,USGEO架构和数据管理工作组正在开发“服务导向架构”(SOA),这是一个支持独立程序之间松散耦合连接通信的底层结构,用以创建一个可升级、可扩展、可互操、可靠且安全的框架[②]。除其中提出了一个方便用户对观测系统提出反馈的综合闭环架构之外,这些属性与上述用于网际网的中尺度天气观测网架构相似。

国家中尺度观测网是美国全球综合地球观测系统的重要组成部分,可视为其整体下的系统之一(超大型)。这种协同作用将增加这两项努力的价值,并可提高成本效益。

---

① 参见 http://usgeo.gov。

② 转载自 http://usgeo.gov/documents5dc2.html? s=docs。

第6章

如何实现工作的衔接：确保取得进展的步骤

从当前的不同环境网络发展为一个综合、协同式观测网际网(NoN)需要经过几个步骤。首先，必须在提供者与用户之间建立起明确共识，即网际网将产生与其建设投入相称的效益。这一建立共识的步骤基本上是政治性的，需要在公有和私有参与的各个层面上达成原则性的协议，从而合作制定一个实施计划。网际网具有两项新元素：(1)提供服务和设施，使私有者拥有与运营的网络在一定程度上作为虚拟网络运行；(2)提供新观测系统或设施，以实现国家观测目标。由于改进现有观测系统功能有极大好处，因而前者在很大程度上可与后者分开。在本章中，我们确定了为实现网际网愿景而必须构建的一组最基本的核心服务和设施。此外，我们还讨论了是否有必要增加对于网际网系统演化至关重要的基础设施。第7章将讨论网际网如要成为一个可满足多重国家需求的完全综合式观测系统所涉及的更广泛组织问题。

6.1 未来规划：召集利益相关方

建议：包括各级政府、各种私营部门利益组织和学术界在内的利益相关方应共同制定和实施一项计划，以实现和维护一个中尺度观测系统，满足国家的多种需求。

该计划应认识并考虑到参与者的不同角色、责任、能力、目标和应用有关的复杂性，以及从过去的经验中获得的教训。启动计划流程是：

• 召开中尺度环境观测系统峰会，讨论并建议实施观测网，并规定制定计划的程序，来自私营行业、联邦行政部门、美国国会、州长和市长以及主要专业协会的代表应出席；

• 进一步讨论和建议实施中尺度观测系统的论坛应该由专业学会和协会组织，如美国气象学会、全国工业气象学家委员会、美国地球物理联盟、商业气象服务协会、美国国家气象协会、美国化学工程学会、美国土木工程学会、美国国家公路和交通官员协会。美国气象学会的天气和气候事业委员会应发挥主导作用，该委员会的组成结构也特别适合完成这项任务。

6.2 提高现有条件的使用和价值：基本核心服务

基本核心服务被定义为那些从一个网络中获得功能和利益的服务，这些服务明显超过了目前从相对独立的网络组合中实现的服务。基本核心服务包括但不限于：

• 定义所有主要应用中的观测标准；

• 定义所有观测的元数据需求；

• 对所有适当的应用进行数据认证；
• 定期对网络要求和用户期望进行"滚动审查"；
• 定义和实现数据通信路径和协议；
• 设计和实施一个数据存储库，用于安全地实时访问和有限时间后访问；
• 基于原始观测生成有限产品集合，最显著的是数据字段图形表示及其分析；
• 外部生成较复杂产品的指示器，如从短期模式预报和多个观测源生成的分析；
• 指向数据提供者的指示器，该指示器提供更多的产品和服务；
• 建立起美国国家海洋大气局国家气候数据中心链接，以便将国家气候数据中心认为适当的选定数据进行存档；
• 开发和提供用于数据搜索、信息挖掘和批量数据传输的软件工具和互联网连接；
• 开发和提供一套有限的最终用户应用软件，以便为主要的应用程序选择默认的网络数据配置，并提供创建自定义网络数据配置的工具；
• 提供数据质量控制服务，对所有主要类别数据进行客观、基于统计的错误校验（包括人工干预和向提供者提供的反馈）。

这些服务的前提如下：

• 在建立和维护所提供数据的标准方面有专家协助；
• 了解哪些附加数据可用并适合自己的应用程序；
• 与选定的观测和分析具有兼容性，并易于获取；
• 确保选定数据的归档与它们的使用寿命相称；
• 轻松获取其他提供商的产品和服务。

6.2.1 元数据的重要性

综合、多用途观测系统的每个组成部分都要求提供元数据（关于仪器本身及其位置和使用方式的信息），并应保持不断更新。只有配以全面的元数据，观测数据才可发挥最大价值。示例如下：

• 负责提供数据的个人或组织的联系信息；
• 所提供数据和所测量参数的类型；
• 仪器类型（例如玻璃液体温度计、带风向标的风杯测风仪、风廓线雷达、卫星辐射计；可能需要包含诸如波束宽度、工作波长或频率、脉冲重复频率、采样时间等规格）；
• 仪器制造商和零件号；
• 安装日期或最近更新日期；
• 制造商关于准确度和精密度的规范；
• 仪器位置（纬度、经度、海拔），测量每个参数时的离地高度；
• 场地描述（例如开阔草地、学校屋顶、树下）或观测平台（例如卫星、气球、飞机）；
• 妨碍视野的最近障碍物，其距离和高度（不适用于所有情况）；
• 维护频率；
• 测量时间和频率；
• 关于任何现场数据处理的信息（例如平均、平滑、间隔采样）；
• 数据传输频率；

• 数据格式(单位和数量级信息);
• 传输方式:陆上通信线、无线通信、微波、卫星上行链路;
• 数据延迟(原始测量与收集中心收到报告之间的时间长度);
• 记录自场地建立以来仪器任何变化及其位置或露置情况的文件。

凭借这些信息,网络中各站点的每个仪器都可持续监测并评估其在各种用户应用中的效用。随后可简化数据访问,以便向用户展示与特定应用最相关的网络设置。

正如前几章所述,目前支持中尺度观测的元数据充其量而言并不完整,对于绝大多数地面观测来说极为不足。收集和维护全面的元数据极为必要、繁琐、耗时且耗力,但远不如部署新观测系统昂贵。许多中尺度观测网数据提供者希望其仪器满足规范并服务于预期用途。当最终用户或自动质量检验软件检测到问题数据时,他们往往会做出响应。美国需要配备一个计划,告知中尺度观测提供者为何元数据对于多种应用中使用的质量检验如此重要。

对于网际网参与成员,应强制提供元数据。对于提供该类数据的网络运营商,应提供激励和协助。元数据文件的内容应仔细界定,一旦汇编,国家元数据数据库应定期更新并向所有人士开放。如果采取措施改善元数据,并提供关于未记录系统的全面信息以此来填补空白信息,则现有数据的价值和影响将提高到远超元数据收集成本的程度。

6.2.2 仪器站位和露置标准

地面观测与其他观测系统相比数量更多、种类更多样、质量更不稳定,因此已针对传统气象测量编制了许多有用指南。

• Shafer 等(1993)提供了俄克拉何马州中尺度观测网站选址标准。McPherson 等(2007)提供了这些站点仪器的元数据示例;
• 世界气象组织在“全球气候观测系统(GCOS)气候监测原则”中列出了 20 项原则;①
• WMO(2006)和 Oke(2007)提供了城区观测选址标准;
• Mandredi 等(2005)的报告描述了交通天气信息系统选址标准,有关报告内容,可查阅 http://ops.fhwa.dot.gov/publications/ess05/ess05.pdf。

特定应用中的数据准确性标准差异极大。例如,气候监测点所测得的温度通常比校园测量温度更加准确。在某种情况下,气候学家希望识别几十年间的轻微温度变化趋势。在其他情况下,老师可能会决定其所负责的孩子外出休闲是否安全。

6.2.3 观测数据质量控制

通常采用以下四种质量控制方法:(1)依据自然规律确定测量值是否合理(“工程”检验)。(2)在假设邻域条件几乎一致的情况下,直接或通过更复杂的分析方法,将观测值与邻域值进行比较(“相互”检验)。这通常在揭示较大随机误差时有效。通常情况下,只有类似观测才会进行比较,但也存在例外情况。(3)比较观测值与预报值(例如从 1 h 模式预报中提取的数值)。这种比较通常称为“背景”检验,可揭示观测系统中存在的偏差。(4)对传感器及其周围环境进行定期现场检验,必要时进行实验室校准。示例参见 Shafer 等(2000)。

---

① http://www.wmo.ch/pages/prog/gcos/Publications/GCOS_Climate_Monitoring_Principles.pdf。

6.2.4 滚动需求审查

世界气象组织(WMO)每隔几年开展一次滚动需求审查,第4章首次提及了这种针对全球观测系统及其在满足若干应用领域需求方面的有效性进行调查和审查:全球数值天气预报、区域数值天气预报、天气学、临近预报和超短期预报、季节到年际预报、航空气象学、大气化学、农业、海洋和沿海地区及水文学。每次审查最后都提出了关于改进全球观测系统空基测量设备、大气现场测量设备和地面测量设备的建议。世界气象组织关于上述应用领域观测系统的最新"指导说明"可访问 http://www.wmo.int/pages/prog/sat/documents/SOG.pdf 获取。

类似于滚动需求审查,美国国家科学院报告可视为首份为美国提供良好服务的报告。在此情况下,美国重点关注短时间内(2 d左右)的中尺度应用,尤其是对健康和安全有害和/或影响第3章所述经济领域的事件。

6.3 扩大既有基础设施

前一节讨论了如何在未新增或改进观测系统的情况下加强当前数据的使用和价值。本节探讨既有观测和计算基础设施的扩充,包括构建新观测系统、诊断工具和试验设施。

6.3.1 观测试验平台的作用

Dabberdt 等(2005b)通过以下方式对测试平台进行描述:

> 测试平台是测量专家、预报员、研究人员、私营部门和政府机构之间在准运行框架内的工作性关系,旨在解决与最终用户密切相关的业务化和实用化的区域问题。根据测试平台,可获得更有效的观测系统、更好地利用预报数据、改进服务、产品和经济/公共安全效益。测试平台加速了研发成果向更优业务、服务和决策的转化。一个成功的测试平台不仅需要物质资源,还需要大量承诺和合作。

观测性测试平台的目的旨在证明收集一组特定的新观测数据集,改进区域天气预报以及所有影响生命、财产和经济福祉的决策支持系统。测试平台能够获得关于如何对大气特性和现象最佳采样的信息,可提高对所观测现象及其统计特性的了解。

有效测试平台具有以下特征:

• 其需要相当多的预先规划、资源、人员和时间(通常超过1 a);因此很少使用,只有在用于多重用途时才会使用;

• 测试平台规划者争取获得利益相关者的支持,并让其参与到规划中来;

• 该方案规划应注明预期结果,并定义成功的衡量标准;

• 方案灵活,其能够适应不断变化的环境;

• 根据定义,测试平台的范围较为有限,但如何将结果推广到更大区域或用于解决其他问题这一点非常明确;

• 测试平台属于端到端平台,始于观测,并以利益相关者决策制定结束;

• 理想情况下,测试平台可在准业务环境下实时运行。

测试平台本质为图6.1所示的测试和改进循环。

如果试验性观察或衍生产品可经受住关于实用性、准确性、可靠性、计算效率、成本效益和用户反复审查的严格测试，则可过渡到业务阶段。否则，将根据用户反馈进行修改和另一轮测试或取消提议的观测系统。

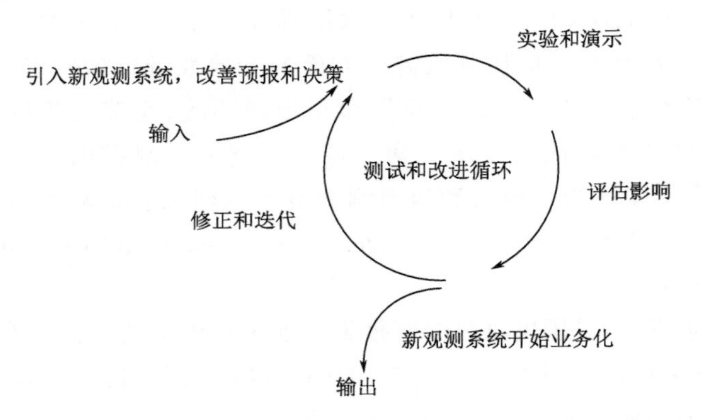

图 6.1 测试平台改进循环的概念示意图(Dabberdt et al.,2005)

资料来源：经美国气象学会许可转载。2005 年美国气象学会(AMS)版权所有

测试平台只是从研发到业务(常规、实时应用)的一个步骤。其步骤顺序如下：

• 提出新观测系统概念；

• 构建原型样机；

• 在实验室校准仪器，将其测量值与类似仪器的测量值进行比较；

• 现场试验观测系统的性能、耐用性和可靠性；

• 将系统纳入测试平台，将其与其他观测系统整合；

• 验证新观测系统与既有系统一起使用时，是否会对预期应用产生正面效益并对其他应用产生附带效益；

• 在业务网络中部署新观测系统。

一个初步的测试平台示例为水文气象测试平台(参见 http://www.esrl.noaa.gov/psd/programs/2008/hmt/)，该测试平台在准业务环境中部署特殊观测装置，以此改进对于导致美国西海岸洪灾的冬季风暴预报。

在“扩充既有基础设施”一节中纳入测试平台的原因在于该平台已经构建完成。然而测试平台将继续发展，以满足更广泛的需求。目前预想了一系列网络设计相关的额外测试平台应用，其中包括观测系统模拟实验(OSSE)应用、化学气象同化系统开发、关键传感器添加及其选址，以此促进现场观测与卫星观测融合，从而提供更精细分辨率的空间分布。

建议：联邦机构和合作伙伴应利用“测试平台”进行应用研究和开发，以评估并整合国家中尺度观测系统、网络和相应数据同化系统。除其他问题外，测试平台应满足城市化地区、山区和沿海地区的独特要求，因为这些地区的观测目前存在特别严重的不足和挑战。

6.3.2 诊断性研究

测试平台概念与各种形式的诊断研究(无论是观测型或数值型)非常类似。在数值天气预报(NWP)中，人们可通过两种方式来衡量特定观测系统的价值。

首先，对于现有系统，可在初始分析中包含并保留特定观测值(例如从初始分析中清除所有飞机观测值)，然后查看预报结果。此外，还可精简现有观测数据(例如将无线电探空测风仪观测的数量减半)并检查预报准确度下降情况。或者，可利用研究型系统临时增强业务网络，以检查预报准确度改进情况。这些措施称为观测系统实验(OSEs)。有些数值天气预报中心每年开展此类观测系统实验(OSEs)。这种实验有助于确定哪些观测系统对于预报准确度的影响最大。观测系统实验(OSEs)表明，减少某种类型的观测可能不会损害预报，但增加不同类型观测可改善预报。

其次，对于推荐的或试验性观测，可进行观测系统模拟实验(OSSE)。观测系统模拟实验用于评估添加一个新观测源(例如卫星搭载的多普勒测风激光雷达)对预报的影响。观测系统实验与观测系统模拟实验之间的主要区别在于，后者开展的所有观测结果必须进行模拟：正在评估的新系统和目前用于业务数据同化的所有系统(即与新系统存在竞争的系统)。一个可靠的观测系统模拟实验需要根据已知观测系统进行"校准"，具备类似于业务化数值天气预报中所使用的大量计算资源并谨慎执行。

6.3.3　通信

目前已构建许多观测系统，将产生大量信息。对于多数应用，必须确保接近实时通信。雷达和激光雷达等陆基遥感器具有固有的高数据速率，这就要求配备足够的通信带宽(这种带宽已越来越容易获得且越来越便宜)。快速灵活地访问存储数据这一点通常存在缺陷，需要高效的数据结构和应用软件，以便很好地满足各种用户需求。应设计一种通信架构，允许选择性访问全分辨率数据或一般性访问较低分辨率数据和分析。在未来十年中，更大市场通过强力调节数据通信和数据存储行业发展应很容易满足这些要求。

6.3.4　用户界面

为筛选用于特定应用的中尺度观测，需建立一个复杂的用户界面。该界面背后是一个关系数据库，其中包含来自各观测源的全面元数据、指向各观测源存储库的指针及链接到各存储库的高带宽通信。这些属性将帮助实现基于高选择性标准的信息检索。未来，如针对每个观测源提供足够详细的元数据并为预期应用提供明确标准，应可从地理分布式存储库中提取直接用于应用的信息，而且不会少于现在。具体示例比概括更能有效说明这一点：

• 按应用搜索："显示伊利诺伊州中北部地区的公路路面、温度和能见度情况。"

• 按应用搜索："显示 85°W 以东地区的区域化学气象。"

• 获取垂直方向的信息："提供关于芝加哥奥黑尔机场当前温度、湿度和风力垂直分布的最佳估计。"

• 搜索特定的传感器、时间和位置信息："显示 2007 年 8 月 6 日 18:00 至 8 月 7 日 06:00 (协调世界时)密苏里州翻斗式雨量计所记录的降水数据。"

• 搜索特定网络的信息："显示 2007 年 4 月 6 日 12:00(协调世界时)分亚马逊云服务(AWS)'天气虫'软件地面网络中的所有温度数据。"

• 搜索特定变量的观测结果，并施加仪器露置标准："显示在风速计 50 m 范围内无高度 20 m 以上障碍物的地面上方(8～20 m)，于最后一个小时测得的所有风数据。"

• 搜索历史资料："显示过去 30 d 无降水的地方。"

• 根据指定阈值搜索："显示当前风速超 30 kn① 的地方。"

显然，能够满足这些要求的用户界面必须具有多功能，并且数据库必须能够快速访问。目前尚未开发出这种复杂用户界面。

6.4 确定集中统一的权威机构

建议：为确保进展，应确定一个集中统一的权威机构，为观测网提供或启用基本核心服务。

起初，这些活动的重点在于显著提高现有观测系统数据的使用和价值。随着新的观测、计算和通信基础设施的增加，重点应转移到迅速和无缝地适应这些新要素及其相关目标。核心服务的提供对于充分获取中尺度观测资料并将其应用于国家的多种需求至关重要。

集中统一的权威机构是什么

关于适度集中化的建议紧紧围绕着基本的核心服务。其明确排除了为获取和运行观测系统（由机构、公司和其他组织拥有和运行，以服务于其特定任务）而进行的集中化。集中统一的权威对于更广泛的企事业单位是一个有利因素，只有在需要从观测网中获得额外的效用和功能时才会发挥作用。它并不涉及个别网络本身的所有权、运营、升级或维护。由此可见，可将集中统一的权威想象成是整个观测网事业中相对较小但极为重要的一部分。

---

① 1 kn=0.514 444 m/s。

第7章

满足国家多重需求的完全一体化观测网组织属性和选择

美国目前已形成用于现有中尺度观测网的组织模式，以满足与赞助实体（例如美国国家气象局、加利福尼亚州空气资源委员会、伊利诺伊州水资源调查局和杜克能源公司）任务和目标相关的相对特定需求。无论涉及哪些企业，中尺度观测网运营都面临着共同的技术、后勤和财务挑战。许多成功的公共和私营观测网都在相当大程度上克服了这些障碍（尤其是在地方和区域级，以及联邦机构内部）。

构建中尺度观测网旨在满足数据所有者和用户的需求，他们可能是也可能不是同一个需求或相同需求。由于所有者-提供者组合具有多样性，因此正在使用各种各样的组织模式。随着有成效的观测网不断扩展壮大，其组织结构也随这些变化而不断发展。在许多应用中，这种灵活性是成功组织的一个标志。

如第 6 章所述，一个整体性的观测网需要组织和领导，而这种组织和领导必须与其所有成员保持一致并进行沟通，以便服务于各种需求。也就是说，在一些应用层服务的中尺度观测网提供者或使用者几乎不会过小或过大、过于简单或技术上过于复杂。因此，由于观测网具有全国性和多部门参与性（意味着要适应一些额外的复杂性），这里提出的观测网类型可能需要一种不同于目前所采用的组织模式。

7.1 现有中尺度观测网的组织模式

虽然当前观测网组织模式可简单分为公共和私营两类，但实际情况更为复杂。目前在位运行的中尺度观测网调查显示，存在许多不同的组织模式。表 7.1 提供了考虑观测网所有权和相关数据分布时的粗略分类。这些分类可分为三大类（表 7.2）。

表 7.1 按所有权和数据分布区分的组织模式

网络类型	示例	描述
公有，公共数据	自动地面观测系统（ASOS）、新一代天气雷达（NEXRAD）、远程自动气象站（RAWS）	通常视为公共气象网的支柱
公有，私有数据	美国国防部（DoD）、国土安全部（HS）	因各种原因不共享信息的公共网络
学术所有，知识产权界定	激光雷达（LIDAR）、农业观测网（Ag networks）、国家生态系统观测网（NEON）	知识产权界定数据所有权的研究型观测网
私有，私有数据	自动气象站（AWS）、国家雷电探测网（NLDN）、电视雷达（TV Radar）	私有，专有数据
私有，公共数据	公民天气观测计划（CWOP）、气象数据采集和报告系统（MDCRS）、社区协作雨冰雹雪观测网（CoCoRaHS）	自愿共享数据的私有网络

表 7.2 按资金来源、目的和数据访问成本区分的模式

模式	政府出资	私人出资	混合出资
目的	为满足特定任务要求而安装的公有和在位运行网络	旨在创收和/或促进运营的私有和在位运行网络	旨在同化各观测结果(尽可能多来源)的网络
所有权/运营成本	公有且公共资助	私有,由私人资金和(通常)部分公共资金资助	多重所有权
数据访问成本	再分配的边际成本	认购费	依赖于提供者
示例	• 自动地面观测系统(ASOS) • 联邦航空局自动气象观测系统[AWOS(FAA)] • 美国国家海洋大气局风廓线仪(NOAA Profiles)	• AWS Weatherbug • Weatherflow • NLDN	• MADIS(ESRL) • MesoWest(犹他州) • Northwest Net • MDCRS(飞机观测) • Clarus(FHWA)

注:NLDN——美国雷电监测网。

当今中尺度观测网的组织优势

如将这些网络作为一个整体并从国家需求角度加以审视,就会发现以下几个优势。

• 能够满足所有者/运营商的需求。没有示例网络过时或不再起作用。

• 其具有区域或地方重点。在地方级工作的网络运营商经常意识到观测系统或网络不受更高级运营商的关注。网络取得成功(如西北网)的一个关键因素在于其能够利用更广泛群体先前所不了解的网络和系统。

• 其为具有灵活性的进化网络。许多网络在开始时只有一个目的,但后来在新应用中证明存在价值,并不断发展以满足这些需求。他们能够展示支持度并获得资金订阅收入。混合网络成功的关键在于能够随着增长不断发展并扩大应用范围。

• 其已实现独立自主。利用参与者精力与热情,这些网络无需预先存在的层级或组织来启动或发展。

• 其鼓励自愿参与。许多混合网络包含来自组织或个人的观测或网络,这些组织或个人自己资助系统并期望信息得到更广泛的使用。若非如此,许多此类观测将非常昂贵,因此这种杠杆性参与可产生重大的乘数效应。

值得注意的是,这些特征优势都具有一个“基础”主题,并且为取得成功,现有网络已融入许多这些特征。其中一个缺点(并且应视为一个缺点)是,许多网络主要由地面气象观测组成,缺乏垂直维度部分。

7.2 理想化观测网的关键特征

观测网要求具有上述成功网络质量和特征的组织模式,但要进一步包含全国性、多用途的范围。这些属性包括:

• 具有足够的稳定性来维持连续性;

• 鼓励既有网络和新网络共享数据;

• 建立元数据标准,并就收集和维护这些数据提供激励;

- 为成员提供便利,包括便于访问更多更好的数据；
- 建立和保护数据/知识产权；
- 建立一个对差距和需求进行滚动审查的持续流程；
- 保持灵活性并不断发展,以满足各行各业不断变化的需求；
- 维持本地业务,以便与提供者和用户定期联系。

7.3 地方问题与国家观测网机遇

多数现有观测网络都无意中造成或遇到与国家中尺度观测系统总体需求不一致的障碍。如主流思想能够从仅限于地方性回报转向更具全局性,那么许多问题都可以直接解决。

7.3.1 元数据的激励措施

关于元数据情况的讨论见第6章。本节仅指出,鉴于需要满足多重国家需求,将需要提供一些强有力的激励措施来生成和收集元数据。其中一种可行商业做法为,国家协调组织根据严格规范向提供者支付元数据相关费用,以实现统一的高合规标准。例如,联邦高速公路管理局 Clarus 项目制定了一个制度来补偿州运输部门在为 Clarus 提供观测元数据集时所涉的劳动。这是一个良好示例,说明在更广泛应用中可以实现哪些目标。元数据合规性激励成本为观测系统获取、运行和维护相关的持续成本的小部分,其中大部分将由“照常”履行其具体任务的机构、公司和其他组织承担。

7.3.2 填补空白和避免冗余

多个地点示例都在彼此相距数米范围内具有由不同组织拥有和经营的多个独立地面观测站。有时,这种冗余能够比较不同网络之间的测量值。然而,由于不同机构或实体无法访问其他网络的数据,或者不信任自身来源以外的其他来源数据,可能会安装有重复系统。

另一个示例为覆盖不同地点相交地理区域的独立中尺度监测网络。这些情况通常因不了解既有网络造成。这在某些实际观测丰富领域导致了一种“虚假稀疏”情况(但前提是多来源资产相互协调)。由于费用阻碍,这种类型的组织重复通常并不必要,而且往往不可取。

大部分地面网络的设置满足当地的一些特定需求,而忽略了考虑国家层面的需求。然而,气象预报系统的缺口造成的影响通常是在远方体现出来的。举个例子,预报误差可能会出现在山的下风处几百千米外,由于观测数值的不足,与其低密度的人口一致,影响了预报的初始条件,而这个误差影响会顺着下风向传播。可行的商业实践是鼓励对位于偏远地区的观测站的投资,以提高当地的预报水平。这通常需要仅提供外围或间接服务的提供者组织参与。

7.3.3 一致的数据获取和存档

每个网络都发展出满足自身需求的数据获取及存档能力,虽然中西部、气象数据同化摄取系统、西北网络等其他复合系统大大改善了气象应用的区域尺度基础条件,但这些系统无法为全国范围内所有的主要应用提供一个可访问的通用数据库。可行的商业实践将为所有主要应用设定标准并维护真正可访问和通用国家数据库。

7.3.4 核心与合作伙伴组织的背景

某些组织将中尺度气象网络视为其“核心”业务或能力的重要组成部分。而另外一些组织在做决策时则需要一些类似的“背景”信息，但是这些信息在他们的总体任务中重要性很低，这些优先级的差异通常是信息协调或信息共享的障碍，可行的商业实践是激励标准的“背景”信息的提供者，从而促使他们信息可以被更广泛地利用。

7.3.5 知识产权和数据所有权

中尺度监测网络收集的信息“所有权”往往是使用信息的障碍，潜在用户可能不愿意接受重新发行受到的限制，或者不理解此类限制的理由。另一方面，当数据在一些组织外部共享或使用时若发现信息缺失或不准确，其组织会认为提供者的“所有权”意味着法律责任。解决产生此类异议的方法是将观测站数据实时发布，但仅限于用在综合网络的同化分析。保留提供者对原始观测站数据的所有权，并以付费提供的方式提供给订阅特定信息的应用。这些方面的社会结构性非常复杂，而这种情况要求特别地关注。可行的商业模式应该包括协商数据访问、促进个案基础上的数据限制的法律授权。在责任问题上，法律授权应包括促进“免责”条款的立法，并成为此条款的受益方。

7.3.6 多种资金来源和创新解决方案

每个中尺度监测网络似乎都存在着一个共同障碍，那就是持续获得足够的资源去完成这个任务。同样的问题也存在于新网络或者观测系统，以及现有网络的维护和运营。在联邦范围内，成本分摊或成本从一个机构转移到另一个机构存在体制上的障碍(如国会拨款)，并存在与非联邦和非政府提供者和用户的资助机制相关的严格限制。可行的商业模式应该具有极大的灵活性，可以在不同类型的组织之间实现资金转移和实物资源的快速交换。

7.3.7 合作伙伴的建议角色

本委员会注意到提供者和用户的动态范围非常广泛，其范围从个人到联邦机构和财富500强集团。某种程度上独立于总体组织(业务)的模式，有助于定义综合网络参与方的四个层级。虽然每个层级的构成不同，但每个层级都定义了中型监测网的操作以及从它们收集的数据集的处理和通信中的典型技术专长和/或任务相似性。但是这种广泛性并不能解决所有案例的所有任务。举个例子，在低层级组别中共享有许多高层级专业技术实例。

表 7.3 综合网络参与方的层级特性

第1级	第2级	第3级	第4级
联邦政府机构	州和地方政府机构 公共和私营机构、地区机构	天气敏感型公司 提供天气信息服务	合作观测者 气象爱好者
公共利益	主要是为公益服务	主要赋能或服务于商业和工业界	主要是为了公益、教育和兴趣爱好

续表

第1级	第2级	第3级	第4级
服务于联邦任务	服务于区域和地方任务	地方、区域、国家	地面气象加上一些土壤观测，只有少数例外
含有最昂贵基础设施的国家骨干网	区域骨干网为提高国家中尺度分辨率做出相应贡献		记录当地气候的非稳定骨干网
三维大气观测	主要是地表、土壤、水和空气质量，以及一些高空观测	主要是地面气象和大气成分	密度非常高，主要集中在城市化区
合理维护和系统运行的网络		特殊观测的发布受到实时限制	数据通常有助于复合网络
高质量的可访问档案	操作、维护、数据访问和归档是高度可变的	操作、维护、数据访问和归档是高度可变的	高度可变的操作

第1级:联邦机构

联邦机构的任务是为特定任务提供服务，其范围决定并限制给定机构的基础设施和服务。总体上，联邦机构拥有高水平的专业技术，并为中尺度气象和其他大气观测做出了相当大的贡献。然而，联合联邦机构任务和隐含的观测基础设施的范围远远低于目前的国家中尺度范围。第4章和附录B中提供了联邦机构基础设施的摘要。就美国国家海洋大气局而言，其任务重点是一系列从区域到全球尺度的天气预报和预警、气候监测以及海洋预报和监测。通过这样做，美国国家海洋大气局在整个行业遥遥领先。

作为一级参与者，联邦机构可以为综合网络提供国家级技术以及运营骨干网，美国国家海洋大气局特别适合领导这项工作，在与其任务一致的情况下，某些联邦机构可以提供指导和培训，以及运营主要的观测和计算基础设施。在这个组别中尤为突出的是那些为了绘制和描绘低对流层条件必要的激光雷达、雷达和辐射光谱系统组成的陆基遥感仪器。每个机构的贡献都将是有针对性的，完全符合其特定任务，并且不会与其他成员组织提供的基础设施和服务重复。总的来说，这些机构将受益于其他组织提供的基础设施和服务，并提高它们之间的合作与协调水平。

第2级:州和地方政府机构、公共和私营机构以及地区

州和地方组织大量地使用中尺度数据。这些信息对于执法、地面交通、道路安全、洪水灾害、水和空气质量监测和预警、洪水控制、大坝和溢洪道的操作、火灾天气监测和预测、雪崩控制、泥石流预报、干旱监测、农业预期和预警等日常决策至关重要。这些大多数“公益”实体，无论是公开运营还是私人运营，目前都持有、运营和维护中尺度观测资产。有些高度依赖复杂的设备和通信系统，例如全州范围的地面站网络、分析系统、河流和泄洪道测量仪，以及城市规模的大气污染物、毒素和其他成分的监测。此类信息的使用通常是本地或区域性的，一般在共享公共区域的各种应用之间极少或没有共同利益。虽然联邦机构广泛部署了先进的监测系统，但州和地方的系统总体上部署的数量多很多，可以提供空间和时间细节以及大气成分信息，这对许多应用至关重要。这种信息孤岛效应创造了“虚假稀疏”环境的效果。也就是说，每个应用其实都可能操作许多其他数据源中具有一定的充分性、密度、域大小和时间分辨率的数据集，有助于实现其目标并造福于更多人。

州和地方机构、当局和地区，无论是公共的还是私营的，目前都是中尺度和城市化区域观

测的区域支柱。与联邦政府支持的系统的天气尺度焦点不同，这些资源在人口稠密地区的当地组成部分在空间密度上是真正的中尺度。然而，在人口较少的地区，尤其是在地形复杂的地区，中尺度覆盖存在很大的缺口，这些地区普遍存在条件参差不齐的情况，且很可能给决策带来不确定性。联邦应向州和地方组织提供成本分摊形式的激励措施，这可以填补关键缺口并提高中尺度监测的整体质量和一致性。这种成本分摊与无回报的支持服务结合，是实现国家中尺度监测能力的关键途径。

第 3 级：天气敏感型行业和/或提供气象信息服务的公司

相当大一部分美国企业对天气很敏感（受天气影响很大），因此需要天气和气候信息来保持竞争力或在竞争中获得优势。大量使用无法从公开来源获得充足的气象数据的公司分为三类：(1)需要专业信息并选择建立观测和计算基础设施以满足其特有目的的公司，(2)需要类似信息并与私人气象服务提供商签订合同的，以及(3)私营气象服务提供商。此类应用的优势本质上是微观尺度（例如，葡萄园和果园）、城市尺度、中尺度或中气候，尽管有些应用在范围上是大陆性的。

尽管来自企业的数据集通常具有高度专业化的披露并且提供受限的访问，但国家综合网络的存在会给这个“群体”带来明显的净利益。我们相信，精心打造的风险回报结构可以使私营行业更好地满足自身需求，刺激私人投资，减少对他人数据访问的限制，并提高天气和气候信息对所有人的效用和盈利能力。

探索和实施一种既能够刺激公共和私人投资，又能最大限度地获取中尺度数据，并充分保护合法的所有者利益的结构，完全符合国家利益。因此，委员会将天气气候企业的这一方面视为复合组织方法的一个令人信服的案例。

第 4 级：合作观测者、天气爱好者和“发烧友”

美国国家海洋大气局维护着一个合作观测计划，这是气候记录的重要组成部分，并对综合网络很重要。它的密度足以包含中尺度的重要信息。然而，大部分数据都不是实时可用的，而且只能每天进行观测，因而最大限度地减少了它们在实用气象学中的效用。这与成千上万的气象爱好者和“发烧友”形成鲜明对比，他们经营自己的专业级地面气象站，通常达到相当高的标准，并实时或接近实时地报告这些数据。正如第 2 章所述，随着区域和准国家网络覆盖范围的扩大，团体和个人层面的公民参与度正在迅速扩大，且通常是免费提供的，只是为了将他们的观测纳入更大计划。从历史上看，此类数据一直被忽视或被怀疑。然而，随着低廉数字电子设备、固态传感器和互联网通信的出现，这种观测在有限的应用中被承认具有真正的价值，尤其是在有组织的专业观测稀少、该应用可以接受很大的不确定性的情况下，或者在需要空间分辨率特别精细的情况下（例如城市化地区等）。

在国家制定的标准和准确完整的元数据环境中，许多爱好者和发烧友的观测可以在国家中尺度多样需求服务方面发挥重要作用。此类消遣性质的行为对于给定的特殊的空间密度、观测的频率很高，以及对准确度和精密度的要求不那么严格的最为受益。此类观测也可以对定量分析起到验证作用，并且可能会有助于数量同化的数据，以用于更广泛的地表分析用途。因此，在适当的质量检查的前提下，层级Ⅳ协作的数据应该有利于有限的网络应用。

7.4 组织模式选择

本章的前几节对建立成功的新国家中尺度监测网络的组织要求提出了一些抽象的观点。根据委员会的判断，没有一个现有的网络或其组织模式能够满足具有不同兴趣和需求的各类国家提供者和用户的需求。下面我们将讨论一些理想的组织特征，这些特征有助于前文在第6章和前文各节中描述的功能。随后，我们检查了一系列可能适用的组织模式，并对其进行了一些定性判断。

7.4.1 预期特征

为了满足本报告中鉴定的国家需求，该组织应具备下述期望的特征。

(1)有效的合作关系

• 组织应该善于协调、支持和公平地代表全部动态范围各种规模的公共和私人贡献。

• 需要以灵活、一致和公平的方式解决数据所有权、数据集的成本和定价以及再发布权等问题。

• 需要在所有潜在解决方案中评估对比构建网络与购买数据集的国家战略。

(2)经济规模

该组织需要足够大以具有经济意义并具备一定的规模经济(例如，足够大以协调和提供核心基本服务)，但又足够小，以保持灵活和适应用户和提供者的需求。

(3)可持续发展

• 组织必须稳定并有长期存在的基础，以吸引用户和提供者。

• 组织需要提供各种类型的激励措施，包括但不限于薪酬激励措施，以塑造最佳和高效的综合网络。

• 组织必须为用户提供附加值，他们可能面临建立条件和访问某些数据集的成本。用户价值服务包括统一的数据集、统一完整的元数据以及数据质量检查措施。

7.4.2 模式类别

对于一个综合网络，需要考虑至少八大类组织模式。提到此类模式时，参照框架侧重于实现综合网络附加值所需的那些设施和服务，而不是目前由数百个组织提供的设施和服务组合而成的支持当前大部分独立网络的集合。这一假设隐含的意思是，所有成员将继续以类似于当前做法的方式使用个人网络和相关基础设施满足其特定任务需求，同时要遵守前文所述的新标准和做法，以获得集体利益。只有综合网络特有的基础设施和服务才会由新的组织提供(例如，基本的核心综合网络服务)。随着时间的推移，综合网络可以在成员们认为合适的情况下向新组织分配额外的职责和权力。需要考虑的八个组织类别如下。

• 领导联邦机构。一个机构从其他有任务要求的机构那里接收和获得承诺的前提下，将为综合网络提供和协调基本的核心服务。

• 联邦机构联盟。联邦政府将同时管理并服务于一个新的管理单位，而该单位将由联邦机构联盟管理。该管理单位可能承担跨机构的多项职责，或者在指定的领导机构监督下由机构配备和借调人员。

• 多级政府联盟。与上述类似，但直接涉及州和/或地方政府的领导、人员配备和资金。由于联盟实体数量众多，将调用某种形式的代表治理。

• 政府工业联盟。与上述类似，仅在合作伙伴和治理结构的组合上有所不同。

• 公共特许私营非营利公司。与公共广播公司、国家公共广播电台和美国邮政服务公司类似，该组织将由美国国会特许和资助，用于更广泛的企业特定方面。其将能够接收和提供资金给公共和私人组织，以合理地实现综合网络任务。

• 私人特许非营利公司。与上述类似，没有广泛的公共授权，但能够向公共和私人资助的组织提供服务并从其接受服务，以及适当的资金转移。

• 私人营利性公司。在营利性合同基础上，独立和集体地向公共和私人客户提供的服务，例如基本核心服务。

• 中尺度综合网络。本质上是当前网络集合的扩展，通过与常设委员会达成共识的过程增加了缓减缺陷的推动力。联邦机构将提供有针对性的激励措施，以便从地方和区域网络在全国范围内的应用中获得更大的收益。

这些模式中的每一个如果得到充分实施，都可以改善中尺度观测的当前状态，以满足多重国家需求。原则上每一种都有可用的机制来改善协作和信息交流。该问题归结为综合网络企业及其运营的效率、有效性和包容性之一。以下是要问的问题：

• 需要多大程度的集权才能实现平衡？

• 一个常设委员会和建立共识就足够了吗？

• 联邦机构能否负担得起或被允许与如此大的动态范围的公共和私人提供者和用户（其中大多数的应用与联邦机构的任务无关）进行响应和有效的交互？

• 营利性公司能否或是否应该为关键的国家级"公益"需求提供必要的设施和服务？

• 鉴于联邦机构合作的复杂历史，在没有中央预算权力的情况下，是否有可能组建一个综合性的联盟并发挥作用？

• 为了领导和提供综合网络的基本核心服务，实际需要联合多少个机构和其他组织？

根据本报告前文提供的有关(1)当前对中尺度观测企业投资的广度，(2)显著提高现有观测的效用所需的变化，以及(3)建立关于通过投资多样化提高观测能力的途径，委员会就哪些组织选择应该被取消以及哪些值得适当考虑做出判断。

7.4.3 组织方案取消

(1)领导联邦机构

一个单一的联邦机构拥有国会授权的任务，就中尺度观测企业方面而言，该任务非常狭窄。将执行中央当局的工作用于综合网络最少会引起争议，这与机构核心计划无关，且可能被法规禁止，且与许多类型的公共和私人组织之间转移资金和其他资源交互方面存在困难。

(2)多级政府联盟、政府-行业联盟

本文认为多级政府的联盟不切实际和无法实施，因为涉及数百甚至数千名提供者用户，他们必须通过如管理委员会这种代表方式组织起来，以领导和执行集中工作。政府-行业联盟虽然具有吸引力，但也有类似的缺点，由于行业本身参与中尺度观测的大型参与方相对较少，该领域由大量中小型公司和针对利基市场有定制需求的公司主导。实际上，这增加了多级政府联盟的复杂性。

(3)营利性私人公司

营利性私人公司选项被认为是极不合适的,其无法服务于国家级“公益”需求相关的所有基本设施和服务。然而营利性参与方是非常重要的,应在适当的情况下给予关注。

7.4.4 值得充分考虑的方案

(1)联邦机构联盟

大约有10个机构可能在综合网络中占有很大比重。一连串联邦机构任务使其在综合网络领域占据了重要的位置,机构代表可以组成一个有效的联合管理团队,尽管从历史上看,除了两三个机构的合作关系之外,各机构很难下放资金权力。在综合网络中的许多类型的公共和私人组织之间转移资金和其他资源仍然存在困难。

虽然可以设想许多可能的联盟治理实施方式,比如可能是理事会,监督并依赖领导机构提供日常集中服务。在这个例子中,管理理事会可能类似于卫星对地观测委员会(CEOS),负责日常运营的联邦机构可能是美国国家海洋大气局/国家气象局。CEOS成功地解决了气象卫星用户和提供商的各种要求,并帮助提供卫星系统的操作和获取的指导。

美国国家海洋大气局显然是该联盟领导机构职责的选择。国家海洋大气局/国家气象局成功运行了多个项目,包括NEXRAD雷达网络和自动地面观测系统(ASOS),尽管这些项目由三个联邦机构(国家海洋大气局、联邦航空管理局和国防部)共同拥有。

联邦机构的优势包括经济可扩展性和相对稳定性,这与联合赞助机构的独家或极高比例的联邦资金有关。这种模式的吸引力在于联邦机构能够提供成功网络所需的连续性和持久性。另一方面,最近与地球系统观测(例如“十年调查”)相关的经验表明该模式的稳定性存在问题,此模式通常依赖于联邦机构提供的资金和组织支持。中尺度观测有更多样化的资金资源,可以用作支持或反对联邦联盟模式的论据。

联邦模式的主要弱点在于可能公私合作关系的缺陷,而公私合作关系是成功所必需的,此处成功是指为满足更广泛企业的需求,而不仅仅是联邦的一系列任务。由大型机构领导的组织往往对类似规模的合作关系反应最佳。较小规模的组织和个人是更广泛的中尺度企业的重要组成部分,则可能会被剥夺权利并系统地退出综合网络。

联邦机构和州政府、学术界和商业部门是用户/提供商基础的很大一部分,在它们之间建立真正的合作关系,对于这种模式来说是一个巨大的挑战。公共实体和私人实体的组织文化不同,摩擦往往是不可避免的。确实存在成功的合作伙伴关系的例子,但其范围和寿命通常有限。只有克服文化惯性,这种模式才能成功,这种惯性使私营部门和公共部门都难以实现真正的投资。不过,尽管对美国国家海洋大气局当前的公共/私人合作关系政策存在争论,但美国国家科学研究委员会在题为《晴朗天气》(2003)的报告中呼吁建立更多此类合作关系。

(2)种子病毒模式(SV)

病毒式或有机维基模式是当前组织和网络拼凑而成的延续,这些组织和网络构成了当今的中尺度观测系统。SV模式不是一个运营和管理综合网络需求的中央实体,而是拥有来来去去的网络,并依靠用户和运作者群体来确定如何集中收集数据,为元数据制定标准等等。用户会去不同的组织寻找数据,就像他们今天所做的那样。这种网络的风险/回报比率很高,因为成本低,但数据的价值可能存疑。与维基百科全书一样,该模式的存在是因为对此类服务有需求,缺乏提供该服务的(经济上)竞争模式,并且有人愿意为实现该服务做出贡献。这种模式在结构上是无章可循的，几乎没有集中控制或其存续的保证。

SV 模式的“种子”方面是来源于联邦的资源，通过增加国家利益和更广泛的公共利益的动机来增强主导的地方力量（建立大多数网站）。例如，可以提供激励措施来鼓励数据稀少地区的发展，以加强网络的“远程影响”特性，尤其是在数值天气预报所保证的情况下。

不难想象数据提供者自愿将维基类型的数据资源库放在一起，使用户能够找到他们想要的数据。这种模式的管理成本较低。事实上，世界气象组织的全球大气监视网最近认可了采用这种模式的一个欧洲数据中心，该模式为卫星数据提供“一站式购物”，而无需大量的知识产权投入。正在开发相当多的架构，来实现自动化数据的搜索过程和来自不同提供商的组件的交付。

公私合作关系是当前系统的关键优势，也是 SV 模式的核心优势。如果一个实体或组织需要数据，而另一个实体或组织提供数据，他们通常可以制定出双方都同意的安排。事实上，这是当今成功运行的中尺度监测网络的关键，也是其持续增长的关键。

大多数潜在组织没有经济规模或足够的资金以独立满足本报告中定义的综合网络成员资格的所有要求。缺乏稳定的资金，再加上许多现有网络的临时性质，将使该模式难以提供长期稳定性。这种网络的有机性质与生命系统的诞生、繁荣、建立和消亡的生命周期平行，它有优势也有风险，尤其是在稳定性方面。

从统计上讲，当前状况的适度演变是综合网络更有可能的结果之一。SV 模式符合这种描述，因此中尺度观测企业应该考虑沿着这样的路线的进化路径，特别是作为提高现有数据效用和鼓励网络填补空隙的临时手段。正如前文所述，我们今天的系统在一定程度上运作，但它缺乏一致的质量、凝聚力、协调性和足够的投资来满足国家规模的需求，这些需求与地方规模的基础设施投资相交但同时需要增设。

7.4.5 首选方案

公共或私人特许的私人非营利公司

在仔细考虑了许多选项之后，委员会认为某种形式的混合非营利公司是最适合综合网络情况的组织。复合非营利组织在与各种既得利益的互动方面具有广泛的影响力、相当大的灵活性和最低限度的法定限制。公私复合组织提供了最好的机会，可以在各级政府与私营部门的许多种类和规模的组织之间建立和巩固真正的合作伙伴关系。根据 501(c)3 组织的规则，私人特许的非营利组织通常会蓬勃发展。这是一项联邦法规，用于管理科学和教育活动等的某些税收豁免。

在 501(c)3 公司的管理下，已经创建了几个与地球物理观测和研究相关的组织。这些组织中有由美国国家海洋大气局、美国国家航空航天局和美国地质调查局（http://www.esipfed.org）赞助的地球科学信息合作伙伴（ESIP）。自成立以来，它通过来自各机构以及其他自愿捐助者的数据和资源的贡献而发展壮大。ESIP 由 501(c)3 母公司管理，即地球科学基金会，该基金会成立于 2001 年，旨在支持为广大用户收集、处理和分析基于科学的地球科学信息的科学计划和组织。它致力于提供最新、最可靠的数据和数据产品，以应对环境、经济和社会挑战。该公司由来自学术界、政府和工业界组成的理事会管理。

501(c)3 公司的另一个例子是大气研究大学联合会（UCAR），其经营多项技术和科学项目。其中包括 Unidata（http://www.unidata.ucar.edu），它一直是大气数据分发开发和服务的一股力量。其某些开发和服务一直与中尺度数据的发布和相关网络问题有关联。Unidata最初由美国国家科学基金会通过UCAR 501(c)3发起,用于基于大学的大气研究应用,但现在也获得了多个公共机构和一些私人资源的支持,用于各种应用,其中一些用于实用气象学。UCAR还运营着国家大气研究中心,这是一个联邦资助的研究与开发中心(FFRDC)。FFRDC是成立501(c)3公司的主要动力。

如501(c)3公司这类私人特许的非营利组织,必须依靠其管理理事会的力量和影响力以及赞助机构本身的动力,才能成功满足跨越各种公共和私营部门的国家级的委任。这是私人和公共特许非营利组织之间的根本区别,后者具有明确的国家委任并直接获得国会资助。

(2)环境监测公司(CEM)

在这种模式下,创建一个获得国会特许的非营利性公司来管理和运营综合网络。接下来的例子,我们假设这个公司为CEM。CEM将以现有的公共特许公司为范本,例如国家公共广播电台(NPR)、公共广播公司(CPB)或美国邮政服务。以CPB为例,理事会制定政策并确定计划优先事项。美国总统任命每位成员,经参议院确认后,任期6年。理事会依次任命总裁和首席执行官,然后由他们任命其他公司高管。CPB同时管理用户和提供者。

作为一家公共特许公司,CEM将从综合网络的用户那里收取收入,并将这些收入用于抵消运营费用。联邦资金将用于促进基本核心服务的建立和提供,并支持如在元数据的生成的与综合网络相关的绩效激励措施。其他活动可能会根据需要得到支持,包括综合网络设计研究、持续发展的实施策略以及对由机构和其他提供者创建的新网络的支持服务。

上述的CEM角色类似于CPB模式。CPB从国会获得资金,然后使用这些资金为其成员电台和组织提供资金用于各种目的,包括内容制作、现有设施升级和新技术开发。

另一个例子是NPR,它发挥着与CPB密切相关的功能,并直接服务于全国广播电台网络。NPR是一家非营利性企业,为其会员电台制作新闻和娱乐产品,并向电台收取支持运营的费用。因此,在有限的联邦补贴下,NPR能够独立于联邦政府运作并仍然为其组织成员服务。NPR并不建立或运营广播电台。同样,根据此规划,CEM不会建立或运营观测网络。

公共特许非营利公司的优势在于,该组织处于实现真正公私合作关系的理想位置。原则上,它可以响应所有类型和规模的用户/提供者组织。它有联邦政府的委任,但在其所服务的群体或区域的范围,它不受法律、法规或相对狭窄的机构任务的严格约束。它构成了一种便利工具,通过它联邦机构可以更好地实现某些目标和目的,以实现更大的公共利益。

如CEM这样的组织至少可以部分自给自足,因此它应该具有持续存续的稳定性。然而,作为一家公共特许公司,每年需要向CEM提供一些联邦补贴。如果这种补贴取消了,可能会对组织产生不利影响。例如,如果没有联邦补贴,美国邮政服务就无法生存,即使它筹集了可观的收入。

假设的CEM模式提供了所需的所有必要属性。很容易去预想这家复合型非营利公司,其成立的明确目的是协调环境监测网络的运营、收集数据、向用户收取使用费,并使用这些费用为数据收集提供资金。联邦、州和地方政府的举措可以扩大综合网络并激励其他人提供额外的观测,这些观测应以国家关键的需求为目标。

7.5 推荐的组织模式

建议：美国应建立一个强大且在经济上可行的组织结构，以便在国家一级实施中尺度的多用途环境观测网络。该组织最好采用公开特许的私营非营利公司的形式。公私混合组织模式将在广泛动态的投资和应用范围内提升公共和私人参与度；最大限度地获取中尺度数据；并起到协调公共利益和私有利益的作用。

第8章

总结与思考

在前面的章节中，我们针对国家多样用途中尺度观测系统的私人、公共和学术利益相关者提供了几项具体建议。这些建议的范围从数据的特定应用到构成国家综合网络的特定类型的观测和基础设施。在本章中，我们讨论与中尺度信息的选择和提供相关的一些人的因素，并列举了与报告中其他地方提到的关键空白相关的观测系统的最高优先事项。

8.1 保护和加强投资的多样性

一个主要实施挑战在于维持促成当前状况所需的精力、热情和多样化投资，同时就实现协调和整合进行适当程度的集中化，最大限度地保障国家利益。这说起来容易做起来难。然而，美国过去也面临过类似的挑战，并取得了成功。美国国会在活动覆盖国家范围的情况下特许私营非营利公司(例如，国家公共广播电台)，但工作的主要组成部分是通过政府和私人资源在联邦和地方合作提供资源的。

中尺度数据的提供者和用户包括：个人，水、能源公用事业、空气质量和交通区域，农业相关组织，市政当局、州政府和联邦机构，以及小型企业和财富500强企业。虽然这些每一个实体对企业都很重要，但所有实体的任务都是有限的，因此在提供基础设施和服务方面，其作用也有限。一个混合的公私组织将鼓励美国国家海洋大气局等联邦机构的领导和突出地位，同时保护、促进和支持其他利益发挥作用，这对协作企业的成功至关重要。

虽然中尺度观测企业遍及美国的商业、工业、学术界和各级政府，但联邦的作用至关重要。这对成本高昂的立体观测尤其重要，而立体观测使得短程数值天气预报、高影响天气的临近预报和化学气象预报成为可能。

8.2 不断发展的人的因素

中尺度信息的社会用途正在迅速发展，这些信息与天气预报和气候监测技术企业的互动越来越频繁。对信息的需求有时是由特定物理、动力和化学过程对不断扩大的用户群新应用的重要性所驱动的。而其他需求是由行为变化、不断发展的社会价值观和不断变化的人口统计数据驱动的。中尺度监测网络设计和不断发展的需求必须被视为包括集成反馈机制的双向过程。

建议：利益相关方应委托独立的社会和物理科学家团队对选定行业进行最终用户评估。评估应进一步量化当前中尺度数据在制定决策中的使用价值，并预测未来趋势和与提出新观

测体系价值。在实施和利用改进的观测结果后，应进行定期评估，以量化中尺度数据使用的变化及其附加的社会影响和价值。

除了已知数据提供方和用户的参与外，应通过非正式的调查来从博客和网页反馈中获取用户评论。此类调查将积极征求已注册或定期访问数据的人员的意见。调查的总体目标是：

- 确定可以开展培训及其推广的优先领域，以扩大用户的数量和类型以及增强网络数据的使用；
- 开发方法来确认和扩大环境监测信息的使用，不囿于天气，还包括检查社会脆弱性和对更广泛灾害的复原力；
- 审查一个州、集团或地区的应用和合作协议是否以及如何在其他地方使用；
- 发现衡量当前举措如何满足公民数据需求的指标，例如教师、学生、医院管理人员、高尔夫球手、房主和各个年龄段的个人；
- 确立在社会中使用环境监测数据的能力建设的新方法。

8.3　源于共同点的最高优先事项

虽然本报告认可更长期、更大规模、更完整的对流层/平流层应用，但它是第一份专门关注高影响中尺度气象和化学气象事件观测需求的报告。委员会调查了中尺度观测在六个应用领域的需求：天气和气候、能源、公共卫生和安全、交通、水资源和粮食生产与研究。为履行委员会职责，我们的调查强调了区域和城市的短期应用，特别关注美国大陆和邻近沿海地区的大气边界层。

基本需求是做必要的事情，以便更广泛、更有效地利用现有的观测结果。虽然这是重要的第一步，但仅靠这些补救措施不足以满足任何被调查应用的所有要求。表 8.1 总结了第 2、3 和 4 章的主要发现。框中的“X”表示该应用需要对应的观测能力。红色表示相应观测能力是粗糙的，或者进行观测的技术和/或基础设施不存在。如果方框为空，则该对应的应用和对应的观测不讨论或者不相关。

表 8.1 中以一行中的两个或更多红色条目的形式突出显示最急需的观测：

- 大气边界层的高度；
- 土壤湿度和土壤温度剖面；
- 湿度的高分辨率垂直分布；
- 测量地表层以上的空气质量和大气成分。

表 8.1　不同参数的应用区域缺口

区域/变量	天气和气候	能源	公共健康和安全	交通运输	粮食和水
地表风速和风向	X	X	X	X	X
表面温度	X	X	X	X	X
地表相对湿度	X	X	X	X	X
表面压力	X		X	X	
可视性	X		X	X	

续表

区域/变量	天气和气候	能源	公共健康和安全	交通运输	粮食和水
降水率	X		X	X	X
积雪量和深度	X			X	X
降水量	X	X	X	X	X
降水类型	X	X		X	X
海表温度	X				
闪电	X		X	X	
大气边界层高度	X	X	X	X	
土壤湿度和土壤温度曲线	X	X	X	X	X
直接辐射和漫反射	X	X	X	X	
垂直风廓线	X	X	X	X	
垂直温度曲线	X	X	X	X	
垂直湿度曲线	X	X	X	X	
水凝物混合比	X				
水库温度/水温		X			X
水流		X		X	X
农业气象气候变量		X			X
近地表结冰		X		X	
空气质量——地表	X	X	X		
空气质量——高空	X		X		
云量/天空视图		X	X	X	
地表湍流参数		X	X	X	
路面温度				X	
地下温度				X	X
低层切变	X	X		X	
海浪高度/水深/洋流/气隙				X	
蒸散					X
水质					X

注："X"表示所在列表头的主题下已讨论了测量。没有阴影的"X"表示正在进行一些网络测量，但可能存在空间和时间缺口。带阴影的"X"表示测量不充分，没有网络存在，必须解决问题。

下一类别是具有一个红色条目和至少一个附加"X"的变量：

- 直接辐射和漫反射，
- 风的垂直分布，
- 次表面温度分布（例如，在路面下），
- 地表结冰，
- 温度的垂直分布，
- 地表湍流参数。

如果想知道通过投资新的或改进的观测系统可以在哪些方面满足多样化的跨领域需求，

表 8.1 提供了相当具体的指南。

观测驱动着所有的环境监测和预报系统。原始、校准和经检查的观测可以满足一些非常短期的应用，即需要在几分钟到一小时内做出响应或决定的应用。然而，对于所有其他应用来说，将不同的观测同化为对当前状况的连贯分析的系统是必不可少的，正如将这种分析引入预报模式一样。可能超过 12 h—当然也会超过 24 h—所有用户群体的需求汇聚在一起就是：他们必须有预报模式。但是如果没有观测来确定初始条件，模式也是无效的。

8.3.1 国家需求

气象和相关环境观测需要的空间和时间分辨率，比当今广泛使用的分辨率要好得多。其优先用途和应用包括跟踪来自工业事故和恐怖活动的化学、生物和核污染物的大气扩散，以及与野火、规定用火和季节性农业火灾相关的烟雾扩散监测和预报；为空气质量预报、高分辨率即时预报和高影响天气的短期预报提供信息；为航空、地面运输和沿海航道提供高分辨率天气信息；并为区域气候监测提供支持。

8.3.2 垂直维度

美国中尺度观测的垂直分量是不足的。对近地表层(前 10 层)之上的对流层低层进行剖面分析所需的评估的测量内容太有限，分布太稀疏或不均匀，或者垂直分辨率太粗糙，或者仅限于区域覆盖范围，显然不符合作为国家层面的中尺度监测网络的条件。同样，地球表面以下的垂直剖面在空间和时间上都没有得到充分测量。这些特定不足的解决需要每个关键联邦机构的领导和基础设施投资。

8.3.3 元数据和选址

综合网络无法为用户带来净收益，除非所有运营商都提供全面的元数据。提供良好的元数据是一项艰巨的任务，但元数据是有效适应不同数据源和尽量广泛利用此类信息的关键。委员会反复讨论了遵守世界气象组织选址标准的问题，这在许多情况下是可取的，但在其他情况下却是非必要的限制和次优项。例如，将传感器根据世界气象组织的选址设置和高度上进行限制显然会在公路和铁路应用中适得其反，然而，假设是已知的非标准选址，将对多种应用有潜在的作用。全面的元数据，包括选址和观测系统性能的所有方面，使网络配置能够最好地满足用户自己指定的定制需求。元数据使人们能够跨多个网络提出问题并在整个综合网络中寻求答案。

由于应用范围通常决定了适当的选址范围，委员会认为低功率无线通信是缓解竞争性选址要求的重要途径，且此方法未得到充分利用。只要数据速率和距离与低功率无线通信兼容，单个地面站就可以在局部区域经济性地实现风力、降水、辐射以及土壤、公路和水面等属性的最佳选址。

8.3.4 地理和人口统计

委员会一再关注城市、沿海和山区，因为这些地区会影响地面中尺度观测系统的组合使用。山脉、海岸线和城市的重要性相比于它们的地面面积而言更大。讽刺的是，相对于它们的需求而言，这些数据始终采样不足。这三者形成了它们特有的天气，这通常很难通过数值天气预报模式来预测。考虑到冬天旅行或夏天扑救森林火灾的危险性，对山区观测的需求不仅仅是天气预报。沿海地区和城市都是人口高度集中的地方，它们也具有特殊的重要性，尤其是当人们考虑到需要进行观测来应对有毒物质的释放、处理公路以应对冰风暴或暴风雪，或者在飓风登陆前疏散人口时。

这些因素对优先事项的影响有些无法确定。城市在中尺度上有特殊的需求，因为人口密度高，并且在极短的距离内拥有非常广泛的人类活动。然而，沿海地区和山脉蕴藏着相当大的气象和环境复杂性，这往往是其他地区所不具有的。虽然部分沿海地区通常人口稠密，山区人口稀疏，这表明在山区观测相对较少，这与过去的做法一致。然而，山区是迄今为止地面观测最不能代表周围地区的地方，它具有很大的大气属性梯度；这些经常被怀疑是城市和沿海地区等下游地区数值预报的主要误差来源。除了依靠测试平台、观测系统实验和观测系统模拟实验来指导中尺度观测设计之外，没有其他简单的方法可以解决这一难题；并且随着计算能力的增加以及我们对解析和理解大气结构这一能力的提高，我们还会获得额外的技能。

8.4 未来挑战

今天，我们面临着一系列复杂的中尺度监测网络，这些网络显然是由市场力量驱动的。总体形势既有活力又混乱，既有地方优势又有国家差距和操作弱点。地面气象站的激增代表了当地优势，这些气象站通常是为满足特定应用的监测需求而定制的。国家差距源于联邦政府观测基础设施的薄弱，因为它们涉及中尺度数值天气预报和化学气象预报。山区、沿海地区和近城市化地区的观测不足需要特别注意。关于中尺度数值天气预测报化学气象预报，三维观测是最重要的，并且涉及重要基础设施，对此，联邦机构必须是主要贡献者。

参与中尺度观测的每一个维度都很重要。目前所面临的挑战是利用我们当前条件的优势，同时创造一个能激励和协调不同资产为类似的不同利益服务的组织环境。委员会认为，它为此提供了具建设性的、有时是新颖的替代办法，同时避免了不成熟的指令性或过于集中的解决办法。但我们仍有许多工作要做，特别是在建筑的细化、网络的设计、各级政府和工业之间新关系的建立以及我们公民的真诚贡献方面。

参考文献*

Aberson, S. D. 2003. Targeted observations to improve operational tropical cyclone track forecast guidance. *Monthly Weather Review* 131:1613-1628.

Ancellet, G and F. Ravetta. 2005. Analysis and validation of ozone variability observed by lidar during the ESCOMPTE-2001 campaign. *Atmospheric Research* 74(1-4):435-459.

Anthes, R. A., P. A. Bernhardt, Y. Chen, L. Cucurull, K. F. Dymond, D. Ector, S. B. Healy, S.-P. Ho, D. C. Hunt, Y.-H. Kuo, H. Liu, K. Manning, C. McCormick, T. K. Meehan, W. J. Randel, C. Rocken, W. S. Schreiner, S. V. Sokolovskiy, S. Syndergaard, D. C. Thompson, K. E. Trenberth, T.-K. Wee, N. L. Yen, and Z. Zeng. 2008. The COSMIC/FORMOSAT-3 Mission: Early results. *Buletin of the American Meteorological Society* 89:313-333.

Baklanov, A., O. Hänninen, L. H. Slørdal, J. Kukkonen, J. H. Sørensen, N. Bjergene, B. Fay, S. Finardi, S. C. Hoe, M. Jantunen, A. Karppinen, A. Rasmussen, A. Skouloudis, R. S. Sokhi, and V. Ødegaard. 2006. Integrated systems for forecasting urban meteorology, air pollution and population exposure. *Atmospheric Chemistry and Physics* 7:855-874.

Baklanov, A., P. G. Mestayer, A. Clappier, S. Zilitinkevich, S. Joffre, A. Mahura, and N. W. Nielsen. 2008. Towards improving the simulation of meteorological fields in urban areas through updated/advanced surface fluxes description. *Atmospheric Chemistry and Physics* 8:523-543.

Bevis, M., S. Businger, T. A. Herring, C. Rocken, R. A. Anthes, and R. H. Ware. 1992. GPS meteorology: Remote sensing of atmospheric water vapor using the Global Positioning System. *Journal of Geophysical Research* 97(D14):15,787-15,801.

Biggerstaff, M.I., and J. Guynes. 2000. A new tool for atmospheric research. Preprints, 20th Conference on Severe Local Storms, American Meteorological Society, Orlando, Florida, pp. 277-280.

Bluestein, H. B., B. A. Albrecht, R. M. Hardesty, W. D. Rust, D. Parsons, R. Wakimoto, and R. M. Rauber. 2001. Ground-Based Mobile Instrument Workshop summary, 23-24 February 2000, Boulder, Colorado. *Bulletin of the American Meteorological Society* 82:681-694.

Bösenberg, J., and R. M. Hoff. 2008. GALION, the GAW atmospheric lidar observation network. WMO GAW Report. Geneva, Switzerland: World Meterological Organization/ Global Atmosphere Watch.

Braun, J. J., C. Rocken, and J. Liljegren. 2003. Comparisons of line-of-sight water vapor observations using the global positioning system and a pointing microwave radiometer. *Journal of Atmospheric and Oceanic Technology* 20:606-612.

Browning, K. A., ed. 1982. *Nowcasting*. London: Academic Press. 256 pp.

Burke, P. C., and D. M. Schultz. 2004. A 4-yr climatology of cold-season bow echoes over the continental United States. *Weather and Forecasting* 19:1061-1074.

Byers H. R., and R. R. Braham. 1949. The Thunderstorm Project. Washington, DC: U.S. Government Printing Office. 287 pp.

Caracena, F., R. L. Holle, and C. A. Doswell III. 1989. *Microbursts. A Handbook for Visual Identification*. Boulder: National Oceanic and Atmospheric Adminsitration, National Severe Storms Laboratory.

Carmichael, G. R., A. Sandu, T. Chai, D. N. Daescu, E. M. Constantinescu, and Y. Tang. 2008. Predicting air quality: Improvements through advanced methods to integrate models and measurements. *Journal of Computational Physics* 227:3540-3571.

CEC (Commission for Environmental Cooperation). 1997. Background Document on Air Quality Data Compatibility. Prepared for the North American Monitoring and Modeling Project of the CEC, August 1997.

Changnon, S. A. 1999. Data and approaches for determining hail risk in the contiguous United States. *Journal of Applied Meteorology* 38:1730-1739.

Changnon, S. A. 2001. *Thunderstorms across the Nation: An Atlas of Storms, Hail and Their Damages in the 20th Century.* Mahomet, IL: Changnon Climatologist.

* 参考文献沿用原版书中内容，未改动。

Changnon, S. A. 2003. Characteristics of ice storms in the United States. *Journal of Applied Meteorology* 42:630-639.

Ciach, G. J., W. F. Krajewski, and G. Villarini. 2007. Product-error-driven uncertainty model for probabilistic quantitative precipitation estimation with NEXRAD data. *Journal of Hydrometeorology* 8:1325-1347.

Cifuentes, L., V. H. Borja-Aburto, N. Gouveia, G. Thurston, and D. L. Davis. 2001. Assessing the health benefits of urban air pollution reductions associated with climate change mitigation (2000-2020): Santiago, Sao Paulo, Mexico City and New York City. *Environmental Health Perspectives* 109(Suppl 3):419-425.

Concannon, P. R., H. E. Brooks, and C. A. Doswell III. 2000. Climatological risk of strong and violent tornadoes in the United States. Second Conference of Environmental Applications, American Meteorological Society, Long Beach, CA, January 8-12, 2000. 9 pp.

Coniglio, M. C., and D. J. Stensrud. 2004. Interpreting the climatology of derechos. *Weather and Forecasting* 19:595-605.

CUAHSI (Consortium of Universities for the Advancement of Hydrologic Sciences), 2007. *Hydrology of a Dynamic Earth. A Decadal Research Plan for Hydrologic Science.* Washington, DC: CUAHSI.

Dabberdt,W., J. Hales, S. Zubrick, A. Crook, W. Krajewski, J. C. Doran, C. Mueller, C. King, R. N. Keener, R. Bornstein, D. Rodenhuis, P. Kocin, M. A. Rossetti, F. Sharrocks, and E. M. Stanley Sr. 2000. Forecast issues in the urban zone: Report of the 10th Prospectus Development Team of the U. S. Weather Research Program. *Bulletin of the American Meteorological Society* 81(9):247-264.

Dabberdt, W. F., M. A. Carroll, D. Baumgardner, G. Carmichael, R. Cohen, T. Dye, J. Ellis, G. Grell, S. Grimmond, S. Hanna, J. Irwin, B. Lamb, S. Madronich, J. McQueen, J. Meagher, T. Odman, J. Pleim, H. P. Schmid, and D. L. Westphal. 2004. Meteorological research needs for improved air quality forecasting: Report of the 11th Prospectus Development Team for the U.S. Weather Research Program. *Bulletin of the American Meteorological Society* 85:563-586.

Dabberdt, W. F., T. W. Schlatter, F. H. Carr, E. W. J. Friday, D. Jorgensen, S. Koch, M. Pirone, F. M. Ralph, J. Sun, P. Welsh, J. W. Wilson, and W. Zou. 2005a. Multifunctional mesoscale observing networks. *Bulletin of the American Meteorological Society* 86:961-982.

Dabberdt, W., J. Koistinen, J. Poutiainen, E. Saltikoff, and H. Turtiainen. 2005b. The Helsinki Mesoscale Testbed: An invitation to use a new 3-D observation network. *Bulletin of the American Meteorological Society* 86:906-907. DOI:10. 1175/BAMS-86-7-906

Daley, R. 1991. *Atmospheric Data Analysis.* New York: Cambridge University Press. 457 pp.

Davis, R. S. 2001. Flash flood forecast and detection methods. Pp. 481-525 in *Severe Convective Storms*, C. A. Doswell III, ed. Boston: American Meteorological Society.

Durran, D. R. 2003a. Downslope winds. Pp. 644-650 in *Encyclopedia of Atmospheric Sciences*, J. R. Holton, J. A. Curry, and J. A. Pyle, eds. New York: Academic Press.

Durran, D. R. 2003b. Lee waves and mountain waves. Pp. 1161-1169 in *Encyclopedia of Atmospheric Sciences*, J. R. Holton, J. A. Curry, and J. A. Pyle, eds. New York: Academic Press.

Engel-Cox, J. A., R. M. Hoff, R. Rogers, F. Dimmick, A. C. Rush, J. J. Szykman, J. Al-Saadi, D. A. Chu, and E. R. Zell. 2006. Integrating lidar and satellite optical depth with ambient monitoring for 3-dimensional particulate characterization. *Atmospheric Environment* 40:8056-8067.

Entekhabi, D., E. Njoku, P. Houser, M. Spencer, T. Doiron, J. Smith, R. Girard, S. Belair, W. Crow, T. Jackson, Y. Kerr, J. Kimball, R. Koster, K. McDonald, P. O'Neill, T. Pultz, S. Running, J. C. Shi, E. Wood, and J. van Zyl. 2004. The Hydrosphere State (HYDROS) mission concept: An Earth system pathfinder for global mapping of soil moisture and land freeze/thaw. *IEEE Transactions on Geoscience and Remote Sensing* 42:2184-2195.

Evans, W. F. J., E. Puckrin, and T. P. Ackerman. 2002. Comparison of ARM AERI with Trent FTS Spectra for the Measurement of Greenhouse Radiative Fluxes. Twelfth ARM Science Team Meeting, St. Petersburg, FL, April 8-12, 2002.

Fabry, F. 2004. Meteorological value of ground target measurements by radar. *Journal of Atmospheric and Oceanic Technology* 21:560-573.

FEMA (Federal Emergency Management Agency). 2000. *Evaluation of Erosion Hazards.* Report prepared by the H. John Heinz Center for Science, Economics, and the Environment under Contract EMW-97-CO-0305. Available online at http://www. heinzctr. org/publications/PDF/erosnrpt.pdf, accessed September 5, 2008. 252 pp.

Fröhlich, C., R. Philipona, J. Romero, and C. Wehrli. 1995. Radiometry at the Physikalisch-Meteorologisches Observatorium Davos and the World Radiation Center. *Optical Engi-*

neering 34:2757-2766.

Georgakakos, K., N. Graham, and A. Georgakakos. 2000. Can forecasts accrue benefits for reservoir management? The Folsom Lake Case Study. *The Climate Report* 1:7-10.

Glickman, T., Ed. 2000. *Glossary of Meteorology.* 2d ed. Boston: American Meteorological Society.

Grund, C. J., R. M. Banta, J. L. George, J. N. Howell, M. J. Post, R. A. Richter, A. M. Weickmann. 2001. High-resolution doppler lidar for boundary layer and cloud research. *Journal of Atmospheric and Oceanic Technology* 18:376-393.

He, H., W. W. McMillan, R. O. Knuteson, and W. F. Feltz. 2001. Tropospheric carbon monoxide column density retrieval during pre-launch MOPITT validation exercise. *Atmospheric Environment* 35:509-514.

Holben, B. N., D. Tanre, A. Smirnov, T. F. Eck, I. Slutsker, N. Abuhassan, W. W. Newcomb, J. Schafer, B. Chatenet, F. Lavenue, Y. J. Kaufman, J. Vande Castle, A. Setzer, B. Markham, D. Clark, R. Frouin, R. Halthore, A. Karnieli, N. T. O'Neill, C. Pietras, R. T. Pinker, K. Voss, and G. Zibordi. 2001. An emerging ground-based aerosol climatology: Aerosol Optical Depth from AERONET. *Journal of Geophysical Research* 106:12,067-12,097.

Horel, J., M. Splitt, L. Dunn, J. Pechmann, B. White, C. Ciolberti, S. Lazarus, J. Slemmer, D. Zaff, and J. Burks. 2002. MesoWest: Cooperative mesonets in the western United States. *Bulletin of the American Meteorological Society* 83:211-226.

Illton, B. G., J. B. Basara, D. K. Fisher, R. Elliott, C. A. Fiebrich, K. C. Crawford, K. Humes, and E. Hunt. 2008. Mesoscale monitoring of soil moisture across a statewide network. *Journal of Atmospheric and Oceanic Technology* 25:167-181.

IPCC (Intergovernmental Panel on Climate Change). 2007. *Climate Change 2007: The Physical Science Basis.* Working Group I Contribution to the Fourth Assessment Report of the Intergovernmental Panel on Climate Change, S. Solomon and D. Qin, eds. New York: Cambridge University Press. 996 pp.

Jackson, T. J., A. Y. Hsu, P. E. O'Neill. 2001. Surface soil moisture retrieval and mapping using high-frequency microwave satellite observations in the southern Great Plains. *Journal of Hydrometeorology* 3:94.

Jones, S. C., P. A. Harr, J. Abraham, L. F. Bosart, P. J. Bowyer, J. L. Evans, D. E. Hanley, B. N. Hanstrum, R. E. Hart, F. Lalaurette, M. R. Sinclair, R. K. Smith, and C. Thorncroft. 2003. The extratropical transition of tropical cyclones: Forecast challenges, current understanding, and future directions. *Weather and Forecasting* 18:1052-1092.

Kalnay, E., 2003: *Atmospheric Modeling, Data Assimilation and Predictability*. New York: Cambridge University Press. 341 pp.

Kaiser, J. 2005. Mounting evidence indicts fine-particle pollution. *Science* 307:1858-1861.

Knight, C. A., and N. C. Knight. 2001. Hailstorms. Pp. 223-254 in *Severe Convective Storms*, C. A. Doswell III, ed. Boston: American Meteorological Society.

Kocin, P. J., and L. W. Uccellini. 2004. *Northeast Snowstorms. Vol. 1: Overview; Vol. 2: The Cases*. Meteorological Monographs, 32, No. 54. Boston: American Meteorological Society. 818 pp.

Koster, R. D., P. A. Dirmeyer, Z. Guo, G. Bonan, E. Chan, P. Cox, C. T. Gordon, S. Kanae, E. Kowalczyk, D. Lawrence, P. Liu, C. -H. Lu, S. Malyshev, B. McAvaney, K. Mitchell, D. Mocko, T. Oki, K. Oleson, A. Pitman, Y. C. Sud, C. M. Taylor, D. Verseghy, R. Vasic, Y. Xue, and T. Yamada. 2004. Regions of strong coupling between soil moisture and precipitation. *Science* 305:1138-1140. DOI: 10. 1126/science. 1100217.

Larson, K. M., E. E. Small, E. Gutmann, A. Bilich, P. Axelrad, and J. Braun, 2008: Using GPS multipath to measure soil moisture fluctuations: Initial results. *GPS Solutions* 12:173-177.

Lambrigtsen, B. H., A. Tanner, T. Gaier, P. Kangaslahti, and S. Brown. 2006. A Microwave Sounder for GOES-R: Developing the GeoSTAR Mission. Proceedings of . IEEE International Geoscience and Remote Sensing Symposium, Denver, CO, July 31-August 4, 2006.

Lawrence, M., O. Hov, M. Beekmann, J. Brandt, H. Elbern, H. Eskes, H. Feichter, and M. Takigawa. 2005. The chemical weather. *Environmental Chemistry* 2:6-8.

Leconte, R., F. Brissette, M. Galarneau, and J. Rousselle. 2004. Mapping near-surface soil moisture with RADARSAT-1 synthetic aperture radar data. *Water Resources Research* 40:W01515. DOI:10. 1029/2003WR002312.

Liljegren, J. C. 2007. *Evaluation of a New Multi-Frequency Microwave Radiometer for Measuring the Vertical Distribution of Temperature, Water Vapor, and Cloud Liquid Water.* DOE Atmospheric Radiation Program Publication. Available online at http://www. arm. gov/publications/tech_reports/handbooks/mwrp_handbook. pdf, accessed September 4,

2008.
Linder, J. C. 2007. AIRNow: EPA mavericks shows that good air quality has grass roots. Chapter 8 in *Spiral Up and Other Management Secrets Behind Wildly Successful Initiatives*. New York: AMACOM Books.
Mailhot, J., and C. Chouinard. 1989. Numerical forecasts of explosive winter storms: Sensitivity experiments with a Meso-α scale model. *Monthly Weather Review* 117:1311-1343.
Manfredi, J., T. Walters, G. Wilke, L. Osborne, R. Hart, T. Incrocci, and T. Schmitt. 2005. Road weather information system environmental sensor station siting guidelines. Report No. FHWA-HOP-05-026, Federal Highway Administration, U.S. Department of Transportation. 46 pp.
Marenco, A., V. Thouret, P. Nédélec, H. Smit, M. Helten, D. Kley, F. Karcher, P. Simon, K. Law, J. Pyle, G. Poschmann, R. Von Wrede, C. Hume, and T. Cook. 1998. Measurement of ozone and water vapor by Airbus in-service aircraft: The MOZAIC airborne program, an overview. *Journal of Geophysical Research* 103(D19):25631-25642.
Matthias V., J. Bösenberg, V. Freudenthaler, A. Amodeo, D. Balis, A. Chaikovsky, G. Chourdakis, A. Comeron, A. Delaval, F. de Tomasi, R. Eixmann, A. Hågård, L. Komguem, S. Kreipl, R. Matthey, I. Mattis, V. Rizi, J. A. Rodriguez, V. Simeonov, X. Wang. 2004. Aerosol lidar intercomparison in the framework of the EARLINET project. 1. Instruments. *Applied Optics* 43(4):961-976.
McLaughlin, D. J., V. Chandrasekar, K. Droegemeier, S. Frasier, J. Kurose, F. Junyent, B. Philips, S. Cruz-Pol, and J. Colom. 2005. Distributed Collaborative Adaptive Sensing (DCAS) for improved detection, understanding, and predicting of Atmospheric hazards. In Proceedings of the 85th Annual Meeting of the American Meteorological Society, San Diego, California, January 9-13, 2005.
McLaughlin, D. J., E. Knapp, Y. Wang, and V. Chandrasekar. 2007. Distributed weather radar using X band active arrays. Proceedings, IEEE Radar Conference, Waltham, MA, April 17-20, 2007.
McPherson, R. A., C. A. Fiebrich, K. C. Crawford, R. L. Elliott, J. R. Kilby, D. L. Grimsley, J. E. Martinez, J. B. Basara, B. G. Illston, D. A. Morris, K. A. Kloesel, S. J. Stadler, A. D. Melvin, A. J. Sutherland, H. Shrivastava, J. D. Carlson, J. M. Wolfinbarger, J. P. Bostic, and D. B. Demko. 2007. Statewide monitoring of the mesoscale environment: A technical update on the Oklahoma Mesonet. *Journal of Atmospheric and Oceanic Technology* 24:301-321.
Miller, P.A., F. Barth, L.A. Benjamin, R. S. Artz, and W. R. Pendergrass, 2005: The Meteorological Assimilation and Data Ingest System (MADIS): Providing value-added observations to the meteorological community. 21st Conference on Weather Analysis and Forecasting, American Meteorological Society, Washington, DC, July 31-August 5, 2005.
Mitchell, K. E., D. Lohmann, P. R. Houser, E. F. Wood, J. C. Schaake, A. Robock, B. A. Cosgrove, J. Sheffield, Q. Duan, L. Luo, R. W. Higgins, R. T. Pinker, J. D. Tarpley, D. P. Lettenmaier, C. H. Marshall, J. K. Entin, M. Pan, W. Shi, V. Koren, J. Meng, B. H. Ramsay, and A. A. Bailey. 2004. The multi-institution North American Land Data Assimilation System (NLDAS): Utilizing multiple GCIP products and partners in a continental distributed hydrological modeling system. *Journal of Geophysical Research* 109:D07S90. DOI:10. 1029/2003JD003823.
Moninger, W., S. G. Benjamin, B. D. Jamison, T. W. Schlatter, T. L. Smith, and E. J. Szoke. 2008. New TAMDAR fleets and their impact on Rapid Update Cycle (RUC) forecasts. 13th Conference on Aviation, Range, and Aerospace Meteorology, American Meteorological Society, New Orleans, LA, January 21-24, 2008. Available online at *http://ams.confex.com/ams/pdfpapers/134128.pdf*, accessed September 8, 2008.
Neiman, P. J., R. M. Hardesty, M. A. Shapiro, and R. E. Cupp. 1988. Doppler lidar observations of a downslope windstorm. *Monthly Weather Review* 116:2265-2275.
Neiman, P. J., P. T. May, and M. A. Shapiro. 1992. Radio Acoustic Sounding System (RASS) and wind profiler observations of lower- and mid-tropospheric weather systems. *Monthly Weather Review* 129:2298-2313.
Njoku, E. G., T. L. Jackson, V. Lakshmi, T. Chan, and S. V. Nghiem. 2003. Soil moisture retrieval from AMSR-E. *IEEE Transactions on Geoscience and Remote Sensing* 41(2):215-229.
NAS/NRC (National Academy of Science/National Research Council). 1958. Research and Education in Meteorology: Interim Report of the Committee on Meteorology. Washington, DC: NAS/NRC.
NRC (National Research Council). 1995. Assessment of NEXRAD Coverage and Associated Weather Services. Washington, DC: National Academy Press.

NRC. 1998. *The Atmospheric Sciences Entering the Twenty-First Century.* Washington, DC: National Academy Press.

NRC. 1999. *A Vision for the National Weather Service: Road Map for the Future.* Washington, DC: National Academy Press.

NRC. 2000. *Improving Atmospheric Temperature Monitoring Capabilities: Letter Report.* Washington, DC: National Academy Press.

NRC. 2002. *Weather Radar Technology Beyond NEXRAD.* Washington, DC: National Academy Press.

NRC. 2003a. *Tracking and Predicting the Atmospheric Dispersion of Hazardous Material Releases: Implications for Homeland Security.* Washington, DC: The National Academies Press.

NRC. 2003b. *Fair Weather: Effective Partnerships in Weather and Climate Services.* Washington, DC: The National Academies Press.

NRC. 2004. *Where the Weather Meets the Road: A Research Agenda for Improving Road Weather Services.* Washington, DC: The National Academies Press.

NRC. 2005. *Earth Science and Applications from Space: Urgent Needs and Opportunities to Serve the Nation.* Washington, DC: The National Academies Press.

NRC. 2007a. *Integrating Multiscale Observations of U.S. Waters.* Washington, DC: The National Academies Press.

NRC. 2007a. *Earth Science and Applications from Space: National Imperatives for the Next Decade and Beyond.* Washington, DC: The National Academies Press.

NRC. 2007b. *Environmental Data Management at NOAA: Archiving, Stewardship, and Access.* Washington, DC: The National Academies Press.

Oke, T. R. 2007. Siting and exposure of meteorological instruments at urban sites. Pp. 615-631 (Chapter 6) in *Air Pollution Modeling and Its Application XVII,* C. Borrego and A.-L. Norman, eds. New York: Springer.

Orville, R. E., and G. R. Huffines. 2001. Cloud-to-ground lightning in the United States: NLDN results in the first decade, 1989-1998. *Monthly Weather Review* 129:1179-1193.

Petersen, R. A., and J. T. McQueen, eds. 2001. *An Assessment of NCEP/Eta Model Performance for the December 30, 2000 Snowstorm.* Silver Spring, Maryland: National Oceanic and Atmospheric Administration, National Centers for Environmental Prediction. Available online at *http://www.nws.noaa.gov/ost/eta.pdf*, accessed September 5, 2008.

Petty, K. R., and C. D. J. Floyd. 2004. A statistical review of aviation airframe icing accidents in the U. S. 11th Conference on Aviation Range and Aerospace Meteorology, American Meteorological Society, Hyannis, MA, October 4-8. 6 pp.

Pisano, P. 2007. Briefing to the NRC Committee on Mesoscale Observations for Multiple National Needs, January 3, 2007.

Raats, P. A. C. 2001. Developments in soil-water physics since the mid 1960s. *Geoderma* 100:355-387.

Rabier, F., H. Järvinen, E. Klinker, J.-F. Mahfouf, and A. Simmons, 2000: The ECMWF operational implementation of four-dimensional variational assimilation. I: Experimental results with simplified physics. *Quarterly Journal of the Royal Meteorological Society* 126:1143–1170.

Remer, L. A., Y. J. Kaufman, D. Tanré, S. Mattoo, D. A. Chu, J. V. Martins, R-R. Li, C. Ichoku, R. C. Levy, R. G. Kleidman, T. F. Eck, E. Vermote, and B. N. Holben. 2005. The MODIS aerosol algorithm, products and validation. *Journal of the Atmospheric Sciences* 62:947-973.

Saunders, S., C. Montgomery, T. Easley, and T. Spencer. 2008. The West's Changed Climate. Washington, DC: Natural Resources Defense Council. Available online at *http://www.nrdc.org/globalWarming/west/west.pdf*, accessed November 26, 2008.

Scheffe, R. 2007. Evolving interface between atmospheric characterizations and air quality assessments: Merging space, time, chemistry and environmental media—monitoring and assessment challenges. U.S. EPA, Office of Air Quality Planning and Standards. Meeting of the American Geophysical Union, San Francisco, CA, December 14, 2007.

Schlatter, T. W., D. Helms, D. Reynolds, and A. B. White. 2005. A phenomenological approach to the specification of observational requirements. A report to the Office of Science and Technology, National Weather Service, NOAA.

Schwartz, B. E., and S. C. Benjamin. 1995. A comparison of temperature and wind measurements from ACARS-equipped aircraft and rawinsondes. *Weather and Forecasting* 10:528-544.

Shafer, M. A., T. Hughes, and J. D. Carlson. 1993. The Oklahoma Mesonet: Site selection and layout. Pp. 231-236 in Preprints, 8th Symposium on Meteorological Observations and Instrumentation, American Meteorological Society, Anaheim, CA, January 17-22, 1993.

Solheim, F., J. R. Godwin, E. R. Westwater, Y. Han, S. J. Keihm, K. Marsh, and R. Ware. 1998. Radiometric profiling of temperature, water vapor and cloud liquid water using various inversion methods. *Radio Science* 33:393-404.

Straka, J. M., E. N. Rasmussen, and S. E. Fredrickson. 1996. A mobile mesonet for finescale meteorological observations. *Journal of Atmospheric and Oceanic Technology* 13:921-936.

Sun, J. Z., and N. A. Crook. 2001. Real-time low-level wind and temperature analysis using single WSR-88D data. *Weather and Forecasting* 16(1):117-132.

Turner, D. D., R. A. Ferrare, L. A. H. Brasseur, W. F. Feltz, and T. P. Tooman. 2002. Automated retrievals of water vapor and aerosol profiles from an operational raman lidar. *Journal of Atmospheric and Oceanic Technology* 19:37-50.

Veselovskii, I., A. Kolgotin, V. Griaznov, D. Müller, K. Franke, and D. N. Whiteman. 2004. Inversion of multiwavelength Raman lidar data for retrieval of bimodal aerosol size distribution. *Applied Optics* 43:1180-1195.

Wakimoto, R. M. 1985. Forecasting dry microburst activity over the High Plains. *Monthly Weather Review* 113:1131-1143.

Wakimoto, R. M., and J. W. Wilson. 1989. Non-supercell tornadoes. *Monthly Weather Review* 117:1113-1140.

Wang, C. -C., and J. C. Rogers. 2001. A composite study of explosive cyclogenesis in different sectors of the North Atlantic. Part I: Cyclone structure and evolution. *Monthly Weather Review* 129:1481-1499.

Ware, R. H., M. Exner, D. Feng, M. Gorbunov, K. Hardy, B. Herman, Y. Kuo, T. Meehan, W. Melbourne, C. Rocken, W. Schreiner, S. Sokolovskiy, F. Solheim, X. Zou, R. Anthes, S. Businger, and K. Trenberth. 1996. GPS sounding of the atmosphere from low earth orbit: preliminary results. *Bulletin of the American Meteorological Society* 77:19-40.

Ware, R.H., D. W. Fulker, S. A. Stein, D. N. Anderson, S. K. Avery, R. D. Clark, K. K. Droegemeier, J. P. Kuettner, J. B. Minster, and S. Sorooshian. 2000. SuomiNet: A real-time national GPS network for atmospheric research and education. *Bulletin of the American Meteorological Society* 81:677-694.

Warner, T., P. Benda, S. Swerdlin, J. Knievel, E. Argenta, B. Aronian, B. Balsley, J. Bowers, R. Carter, P. Clark, K. Clawson, J. Copeland, A. Crook, R. Frehlich, M. Jensen, Y. Liu, S. Mayor, Y. Meillier, B. Morley, R. Sharman, S. Spuler, D. Storwold, J. Sun, J. Weil, M. Xu, A. Yates, and Y. Zhang. 2007. The Pentagon Shield Field Program: Toward critical infrastructure protection. *Bulletin of the American Meteorological Society* 88:167-176. Available online at *http://www.rap.ucar.edu/staff/knievel/pubs/warner_et_al_bams_2007.pdf*, accessed September 8, 2008.

Weckwerth, T. M. 2000. The effect of small-scale moisture variability on thunderstorm initiation. *Monthly Weather Review* 128:4017-4030.

Weckwerth, T. M., D. B. Parsons, S. E. Koch, J. A. Moore, M. A. LeMone, B. B. Demoz, C. Flamant, B. Geerts, J. Wang, and W. F. Feltz. 2004. An overview of the International H2O project (IHOP 2002) and some preliminary highlights. *Bulletin of the American Meteorological Society* 85:253–277.

Weisman, M. L., and J. B. Klemp. 1984. The structure and classification of numerically simulated convective storms in directionally varying wind shears. *Monthly Weather Review* 112:2479-2498.

Weitkamp, C. 2005. *Lidar: Range Resolved Observation of the Atmosphere*. Berlin: Springer.

Welles, E., S. Sorooshian, G. Carter, and B. Olsen. 2007. Hydrologic verification: A call for action and collaboration. *Bulletin of the American Meteorological Society* 88:503-511. DOI: 10. 1175/BAMS-88-4-503.

Whiteman, D. N., B. B. Demoz, E. Joseph, D. Venable, R. M. Hoff, B. Bojkov, T. McGee, H. Voemel, L. Miloshevich, J. Ftizgibbon, F. J. Schmidlin, C. D. Barnet, and I. M. Restrepo. 2006. Water vapor validation experiment–satellite/sondes–overview and preliminary results. Proceedings of the American Geophysical Union Fall Meeting, San Francisco, CA, December 11-15, 2006.

Wilson, J. W., H. A. Crook, C. K. Mueller, J. Sun, and M. Dixon. 1998. Nowcasting thunderstorms: A status report. *Bulletin of the American Meteological Society* 79:2079-2099.

WMO. 2004. WMO/GAW Experts Workshop on a Global Surface-based Network for Long Term Observations of Column Aerosol Optical Properties, Davos, Switzerland, March 8-10, 2004. WMO TD No. 1287, Technical Report 162. Geneva: WMO.

WMO. 2006. *Initial Guidance to Obtain Representative Meteorological Observations at*

Urban Sites, Tim R. Oke, ed., World Meteorological Organization, Instruments and Observing Methods Report No. 81 WMO/TD-No. 1250. Geneva: WMO.

Wu, W.-S., R.J. Purser and D.F. Parrish. 2002. Three-dimensional variational analysis with spatially inhomogeneous covariances. *Monthly Weather Review* 130:2905-2916.

Wurman, J. 2001. The DOW mobile multiple-Doppler network. Preprints, 30th International Conference on Radar Meteorology, American Meteorological Society, Munich, Germany.

Zbinden, R. M., J. -P. Cammas, V. Thouret, P. Nédélec, F. Karcher, and P. Simon. 2006. Mid-latitude tropospheric ozone columns from the MOZAIC program: Climatology and interannual variability. *Atmospheric Chemistry and Physics* 6:1053-1073. Available online at *http://www. atmos-chem-phys. net/6/1053/2006/acp-6-1053-2006.pdf*, accessed September 5, 2008.

Zink, M., D. Westbrook, S. Abdallah, B. Horling, V. Lakamraju, E. Lyons, V. Manfredi, J. Kurose, and K. Hondl. 2005. Meteorological command and control: an end-to-end architecture for a hazardous weather detection sensor network. Proceedings of the ACM Workshop on End-to-End, Sense-and-Respond Systems, Applications, and Services (EESR 05), Seattle, WA, June 2005.

附录A

不同天气现象观测空间密度和时间频率选择的基本原则

我们每年都会问:“我需要观测多少次,以及观测的密度和频率多少?”可靠的答案是:“这取决于它的应用。”本附录涉及一个非常重要的应用:观测对天气和气候监测以及数值天气预报国家基础设施的支持。即使对于这一应用领域,问题的答案也取决于这一现象:它的大小和寿命决定了其可预报性,以及它是否有任何导致局部损坏的嵌入式功能。对这些现象的考虑大致按照大小/寿命的顺序。这不是最终的详细清单,但涵盖了造成最大干扰、破坏和生命损失的天气事件。

A.1 大尺度风暴洪水

定义:持续的透雨,有时出现阵雨和雷雨,导致小溪和大河流泛滥。雨落在融化的雪上加剧了洪水的猛烈程度。

空间尺度:通常 300～2000 km。

持续时间:半天到几天。

易发地:西海岸、南部平原、中西部下游、阿帕拉契山脉。厚厚的积雪层迅速融化,尤其是伴随着降雨,有时会导致美国北部发生洪水,例如,1997 年 4 月北达科他州大福克斯的红河洪水,以及 1996 年 1 月解冻期间从俄亥俄州到新英格兰的洪水。由于洪水导致其他的生物和化学成分入侵,对人类和当地生态带来了健康风险。

这些风暴很大,通常直径为 1000 km,在陆地上很容易观察。2005 年 1 月至 2 月,导致西海岸洪水和滑坡的风暴几乎都集中在近海地区。在没有明确的气旋环流的情况下,偶尔西南气流中的一股长长的水汽会形成加利福尼亚海岸线上的地形雨。无论是哪种情况,都需要在距离海岸几百千米的范围内进行更多的现场观测,尤其是观测温度、风和 600 hPa 以下的水汽,以作为卫星观测的补充信息。在风暴到达西海岸 1 d 左右的时间内对云系内部进行现场观测也会非常有帮助。

风暴环流的中尺度特征通常区分为透雨(例如,0.20 in[①]/h)和严重洪水(大于 0.50 in/h,持续时间长)。在美国许多地方进行的对流层风观测,特别是在多云地区,都相距太远,无法解析这些详细信息。水汽观测,尤其是在 600 hPa 以下水汽最集中的地方,极少观测到。对于这些中尺度特征,探测较低的对流层需要在 $\Delta x=50$ km、$\Delta z=200$ m 和 $\Delta t=3$ h 分辨率下进行。

① 1 in=25.4 mm。

Δx 指水平间距，Δz 指垂直间距，Δt 指时间频率。

对于比此处考虑的更长时间的预报，北太平洋的冬季风暴侦察计划提供有针对性的飞机观测。这些对整个国家有利，尤其是西部地区。

A.2 东北风暴

定义：东北风暴是一种大型气旋风暴，出现在晚秋到春季之间，沿着美国大西洋海岸或离岸几百千米的地方向东北移动。有时，东北风会迅速增强，带来强烈的向岸风，通常来自东北部(因此得名)，伴随着风暴潮、洪水和强降水。实际上，东北风可被认为是大西洋沿海风暴，带来至少 40 mile/h 的向岸风，持续至少 12 h。

空间尺度：通常 500～2000 km。

持续时间：0.5～4 d。

易发地：大西洋沿岸，通常在北卡罗来纳州的哈特拉斯角和缅因州的伊斯特波特之间。每个寒冷的季节通常会发生几次东北风暴。

单独提到这些风暴，是因为损坏的主要形式是由风暴潮导致的沿海洪水和海滩侵蚀(众所周知，一些西海岸风暴也会造成海滩和岬角侵蚀)。在大西洋沿岸，典型的海滩侵蚀速度为每年 1～3 ft，但严重的东北风可以在短短 24 h 内侵蚀海岸陆地 100 ft(FEMA，2000，图 1.1，第 xxvii 页)。海岸线可在 10 a 左右的时间恢复到一半，这对处于风暴潮路径上的房主来说是一个小小的安慰。

当然，东北风暴也会带来暴雨、强风，如果气温足够低，还会带来暴风雪。关于东北暴风雪(包括东北风)的全面调查，请参阅 Kocin 和 Uccellini(2004)。这些风暴最难预报的方面是爆发性增强，每小时气压变化可达 8～10 hPa。墨西哥湾流附近海面温度的详细信息、深层云系中潜在的大量热量以及强有力的高空干扰运动似乎控制了这种增强(可参阅 Wang et al.，2001 或 Mailhot et al.，1989)。在 $\Delta x=10$ km 处增强一天内精确的海面温度，以及在 $\Delta z=0.3$ km 至 12 km 的风暴中心 500 km 范围内 $\Delta x=100$ km 处的 3 h 探测数据可能会改进对这些事件的预报。

A.3 暴风雪和冰暴

定义：这些风暴包括沉积了足够多的雪或冰以阻断道路或航空旅行、通信或电力供应的任何风暴。降水时如果地表温度低于冰点，就会出现冰暴。

空间尺度：暴风雪和冰暴通常会使宽 10～200 km、长 50～1000 km 的地带受灾。

持续时间：2 h～2 d。

易发地：除了山区，主要暴风雪最频繁发生在落基山脉以东和 35°N 以北。

这里包括带来大量水的暴风雪，也包括伴随着大风和低温的“干燥”风暴，还包括湖泊效应的暴风雪，最著名的是秋季和初冬发生在五大湖的下风方，在狭窄的范围内带来严重的积雪。根据 Changnon(2003)的说法，美国东北部的冰暴造成的破坏和经济损失的风险最大，其次是中西部下方和大平原南部。

暴风雪和冰暴都扰乱了日常商业和交通，且冰暴通常会带来停电的额外危险，伴随着所有附带损害，并损坏配电基础设施。冬季大风暴造成的损失非常高。据报道，在 1993 年 3 月美国的超级风暴中，估计损失在 10 亿～60 亿美元，死亡人数在 200～300 人。美国国家气候数据中心关于 1996 年 1 月大西洋中部和东北各州暴风雪和暴风雪后洪水的报告指出，保险损失近 10 亿美元，死亡人数 187 人。[①]

对大多数风暴进行良好预报的关键是准确定位三维锋区，并详细了解风暴内的风、温度和湿度场，特别是如果这些数据表明出现对流的可能。知道一个或多个冻结高度的海拔至关重要。如果有这些信息，则可以更好地预报降水的类型和降水量，以及雪、雨夹雪、冻雨和雨之间的分界线。如果这些分界线的位置出现几十千米的预报误差可能会产生严重的后果，尤其是在人口密集的地区。例如，2000 年 12 月 30 日华盛顿特区和马里兰州巴尔的摩大都市地区对降雪过程预报的报告(Petersen et al. ,2001)。

湖泊效应暴风雪是一个特例。了解湖面温度、穿过湖面的冷空气团中高达 700 hPa 的温度曲线以及穿过水面的风(风向至关重要)是做好预报的关键。

分辨率为 $\Delta x=30$ km、$\Delta z=100$ m 和 $\Delta t=2$ h 时，在降水区域内和周边区域可以探测到温度、风和 500 hPa 以下的湿度。

A.4 登陆飓风和热带风暴

定义：飓风是强大的气旋风暴，造成多种威胁。强风(74 mile/h 或以上)造成结构物破坏，风暴潮造成沿海洪水，登陆后雨水过多造成内陆洪水。热带风暴(风速为 39～73 mile/h)威力较小，但仍会造成损害。

空间尺度：在直径 100～2000 km 的范围内观察到七级以上大风(>39 mile/h)。

持续时间：1 天至一周以上。

易发地：在一个网页上[②]，美国国家海洋大气局的大西洋海洋和气象实验室的飓风研究部绘制了飓风中心在飓风季节内接近给定位置 110 km 以内的概率。出现在墨西哥湾沿岸大部分地区和大西洋沿岸以北到哈特拉斯角的概率略低于 10%，佛罗里达州南部除外，该地区的最大概率约为 16%。哈特拉斯角以北的概率较低。沿着西海岸的热带风暴几乎是未知的，尽管残余有时从巴哈地区向北移动到美国西南部。

飓风的环流很大，通常横跨 1000 km，但破坏性风的直径通常小于 100 km。飓风在温暖的海水中持续数天至数周，但登陆后强风总是会迅速减弱。本报告仅涉及接近登陆的飓风和热带风暴，以及登陆后向温带过渡的风暴，因为在此期间危害最大。

飓风轨迹预报变得越来越熟练，但强度的快速变化仍然很难预报。下垫面的变化(海面温度和 27 ℃等温线的深度)、飓风环境的微妙变化、内部结构的重组或这些因素的组合都是可能的。更好的观测可以阐明哪些机制是最重要的。值得注意的是，进入飓风核心的下投式探空仪尚未被纳入业务预报模式。

在温带过渡期间，数值预报模式往往变得不那么熟练，因为热带气旋遇到以下任何组合：锋区和增强的垂直切变、高空低气压、湿度梯度、海面温度梯度、登陆后增加的表面阻力、环流

① 参见 http://www.ncdc.noaa.gov/oa/reports/billionz.html。

② 参见 http://www.aoml.noaa.gov/hrd/tcfaq/h_prob.gif。

中心向极地移动时增加的地球自转偏向力以及复杂的地形。更多详细信息请参阅 Jones 等(2003)的论文。

Aberson(2003)记录了好几天跟踪预报的实质性改进,在预报对初始条件的敏感性很高的地区进行了有针对性的下沉式探空仪观测。美国国家环境预报中心通过一系列预报的方法来确定目标区域。下沉式探空仪必须对目标区域进行采样。在初始条件下,在目标区域外进行的额外观测并没有使预报进一步改善。

上述考虑表明,轨迹预报和温带过渡预报的进一步改进将需要穿过大约 100～150 km 间距和 6 h 频率的对流层深度的目标探测数据。为了揭示热带气旋增强和减弱的机制,有必要以 $\Delta x=10$ km、$\Delta z=200$ m 和 $\Delta t=3$ h 的分辨率探测飓风核心的整个深度(距风眼 100 km 的标称半径)。这将需要从云层上方开始获取测量值,在强烈飓风中,云层可达到 100 hPa 及以上。

A.5 空气污染

定义:空气污染是指空气中存在气体或颗粒,主要由人类活动引起,但有时是自然发生的(如花粉),直接(如呼吸困难)或间接导致健康问题。作为间接影响的例子:称为含氯氟烃的化合物被广泛用作制冷剂、喷雾罐中的推进剂和清洁溶剂。这些物质以气态形式缓慢向上扩散到平流层,在非常低的温度和阳光直射下,它们参与了消耗臭氧的化学反应,尤其在高纬度地区。因为臭氧吸收太阳的紫外线辐射,平流层臭氧的减少使更多的紫外线辐射到达地球表面,从而增加皮肤癌的发病率——这是一种人造气体对人类健康的间接影响。

空间尺度:当污染源广泛分布或风在大范围内混合污染物时,将在单一高度工业化的山谷内造成数十千米范围的污染,成为超过 1000 km 范围的区域性污染问题。

持续时间:数小时至数天。

易发地:大城市和重工业区。区域污染也是一个问题,尤其是在美国东北城市走廊和东南部(主要是夏季)。

大气污染物集中在停滞的气团中。持续的逆温会将污染物截留在地面附近,高浓度的大气污染会造成健康问题。白天,污染物停留在混合层。这一层的深度至关重要:混合层越浅,高浓度的可能性越大。夜间,残余混合层中的污染物将被风扩散到东北地区,增加这一区域的污染。夜间排放的污染物局限于地面稳定层,但当第二天边界层的污染物再次增加时,它们会与旧的污染物相互作用。

清查污染源,测量各种主要污染物的浓度是基本要求。与污染物扩散有关的测量同样重要:风和温度的高分辨率测量(在城市内分辨率为 $\Delta x=5$ km,$\Delta z=50$ m,$\Delta t=15$ min)对于测量混合层的深度和跟踪污染羽流的漂移必不可少。在大都市地区之外,Δx 可以放宽到 20～30 km,Δt 可以放宽到 30 min,但在湖岸或海岸附近可能还不够,那里的气象条件因地形和海风而变得复杂。这些要求适用于地面稳定层和污染物所在的更深的混合层。

细颗粒空气污染(指 $PM_{2.5}$——直径为 2.5 μm 或更小的颗粒物质)对人类健康造成的损害正在慢慢显现,有可能令人震惊。"数百项研究表明,吸入车辆、工厂和发电厂喷出的细颗粒会引发心脏病发作,并使抵抗力弱人群的呼吸系统疾病恶化,导致美国每年可能有 6 万人过早死亡"(Kaiser,2005,第 1858 页)。其中一项研究(Cifuentes et al. ,2001)认为,减少温室气体排放可以减少相应的颗粒物，作者估计，只要温室气体缓解技术将四个大城市(墨西哥城、圣保罗、圣地亚哥和纽约——总人口 4500 万)的颗粒物和低空臭氧浓度降低 10%，从 2001 年到 2020 年就可以避免 64000 例过早死亡和 65000 例慢性支气管炎病例。

通过减少排放来改善空气质量是避免空气污染的健康成本的一种方法。减少现有污染物的暴露是另一个原因，这可以通过加强观测和改善空气质量预报来实现。

A.6　雾和低云

定义：当云底下降到 500 ft 或雾使地面能见度降低到 1 mile 时，进出大多数机场的空中交通已经受到限制。如此恶劣的条件是这里讨论的焦点。

空间尺度：高度不固定，通常从几十到几百千米。

持续时间：最常见的是从清晨到上午 10 点左右，通常持续一个小时到一天以上。

易发地：美国任何一个地方都有雾，最持久的雾出现在冬季的盆地(如加利福尼亚的中央谷、盐湖谷)。雾和海洋层云在人口密集的沿海地区也很常见。

地面低能见度会对各种运输方式造成重大危害，包括汽车运输、卡车运输、铁路运输和海洋运输，以及飞机起落。仅在 20 世纪 80 年代，就有 6000 多人死于大雾造成的公路事故(来源：美国运输部)。此外，当平行跑道相距 2500 ft 以内时，低云层会限制并排着陆，从而阻碍进出主要机场的交通流量。旧金山就是这种情况，当云层低于 3000 ft 时，海洋层云可以减少 50%的飞机着陆。预测浓雾的开始(地面作业能见度小于 1/4 mile，海上作业能见度小于 1 mile)和预测浓雾消散同样重要。

了解逆温层的高度和逆温强度对于预测浓雾或低云底高度至关重要。为了预测浓雾消散，了解雾层或较低云层的厚度以及是否存在较高云层也很重要。

为了解析逆温深度和强度的中尺度变化，特别是在复杂地形中，需要在距离地面 2000 m 以上的地方以 $\Delta x=25$ km、$\Delta z=30$ m 和 $\Delta t=15$ min 的分辨率测量温度和湿度。了解 2000 m 以上的云量很重要。

A.7　雷暴

雷暴造成的多种危害将在下面单独讨论。与迄今为止讨论的现象不同，雷暴出现的时间很短(一个雷雨单体几乎总是小于 6 h，有时小于 30 min)，它们可以合并为多单体雷暴，它们的外流可以相互作用或与地形相互作用，产生新的雷暴。通过高分辨率的测量，可以精确地预测强动力类型的雷暴。即使有很好的测量方法，由边界层、沿静止低空辐合区或水平对流卷内的阵风锋相互作用引起的雷暴仍很难预测。例如可以参阅 Weckwerth(2000)或 Wilson 等(1998)。

A.7.1　闪电

定义：闪电是电荷通过气流通道转移，引起明亮的闪光。最需要注意的是云对地闪电，它造成的伤害最大。

空间尺度：闪电本身的直径有几厘米，通常有几千米长，但这里强调的是雷暴单体产生的闪电总数。因此,关注的水平维度大致在1～20 km。

持续时间:单次雷击的持续时间小于0.1 ms,但单体雷暴中多次雷击的主要威胁通常持续几分钟到近一个小时。

易发地:任何地方都会出现雷暴,请参见地图(Orville et al.,2001)提供的1989—1998年美国每平方千米的云对地雷击次数。最大的雷击密度在美国的东南象限。

云对地闪电是对生命和财产的明显威胁,它会引发许多森林火灾。“干”闪电在西部和阿拉斯加引发的森林大火造成了巨大的经济损失。在5年时间里,6.6万起闪电引起的火灾烧毁了2000多万英亩①土地。② 闪电造成的财产损失也很大。美国州立农业保险公司每年处理的与闪电有关的索赔就超过30万起,赔偿损失超过3亿美元。③

虽然有许多商业闪电探测系统,但它们只有在第一次雷击发生后才能发出警告。避免雷击危险完全取决于对雷暴发展的准确预测,而这又取决于对风、温度和湿度的中尺度观测,尤其是在边界层。

对于雷暴开始的短期预报,从地面到边界层顶部,需要以$\Delta x=2$ km、$\Delta z=100$ m和$\Delta t=15$ min的分辨率观测风、温度和湿度。边界层的顶部(也称为充分混合层)代表高分辨率温度或折射率测量。

A.7.2 暴洪

定义:暴洪是指由于降雨量过多而导致的水位突然上升,通常发生在无法预料水深或水流湍急的地方。洪水在降雨的6 h内发生。

空间尺度:虽然降雨量过多的区域往往只有几千米宽,但洪水可以向下游传播几十千米。

持续时间:30 min到几个小时。

易发地:暴洪喜欢陡峭的地形,尤其是地面相对不透水或土壤已经饱和的地方。一小时内几英寸的降雨量几乎可以在任何地方引起洪水。

当雷暴持续发生在特定地形时,会引发一些暴洪。另一些暴洪发生在风暴线内的雷暴平行于风暴线移动时,这种情况最常见于几乎静止的低空辐合区。还有一些暴洪与“中尺度对流系统”有关,这是一种雷暴群,在夜间比白天形成得更频繁。在美国,每年暴洪造成的死亡人数超过任何其他对流风暴。④

暴雨的一个预测指标是垂直综合降水量(IPW),但洪水通常在1 h内就超过了综合降水量。进入雷暴的水汽通量和上升气流中的凝结速度控制着降水量,而这反过来又取决于大气的不稳定性、向风暴横向引入水汽的风的强度以及它所携带的水汽量。因此,准确预测过量对流降水取决于:

• 风暴形成后一小时内和风暴形成时大致相同气团内的温度和湿度分布(作为潜在不稳定性的衡量标准)。分辨率:$\Delta x=50$ km,$\Delta z=200$ m,至少达到200 hPa,$\Delta t=60$ min,以及详细的地形高程测量(容易获得1 km内的分辨率)。

---

① 1英亩=4047 m^2。

② 摘自密苏里州堪萨斯城消防和航空管理网络应用数据库,作者为美国国家跨部门消防中心预测服务部门的希思·霍肯伯里。

③ 参见http://www.lightningsafety.com/nlsi_lls/nlsi_annual_usa_losses.htm。

④ 美国国家海洋大气局自然灾害统计,http://www.nws.noaa.gov/om/hazstats.shtml。

• 云下层中的风和湿度测量。除了高空雷暴(极少引发暴洪)外,参与上升气流的大部分空气来自云下层。发生暴洪时,云底通常低于气候正常值;事实上,它经常低于 1500 m。10 ℃或更高的云底温度是高降水效率的指标;冰点以下相当大的云层深度有助于"暖雨"过程(通过碰撞和聚结形成许多大水滴)(Davis,2001,第 491 页)。在云下层测量风和湿度的标称分辨率为:$\Delta x=20$ km,$\Delta z=100$ m,$\Delta t=15$ min。这一要求仅适用于风暴的流入区域,不会超过 100 km。

许多过量降雨事件中的一个常见因素是"低空"急流,这是一条宽 100～200 km、深 1～2 km 的高速气流带,带来富含水分的空气,通常来自墨西哥湾,但有时也来自太平洋或大西洋,一旦形成,要么进入风暴发生区,要么进入风暴本身。低空急流的一个子类是"夜间急流",它在夜间形成于大平原南部和中部缓坡地形上。测量低空喷流的水平和垂直尺度是在垂直于喷流方向上的 $\Delta x=30$ km,沿喷流方向 100 km,$\Delta z=200$ m～3 km,$\Delta t=2$ h。

A. 7. 3 雹暴

定义:冰雹是一个个的冰球,当云中温度低于冰点时,其在包含液态和结冰颗粒的雷暴上升气流中形成并悬浮。雹暴就是下冰雹,在地面造上造成灾害或人身伤害。

空间尺度:雹暴的范围通常在 0.5～10.0 km。

持续时间:雹暴通常持续几分钟到几十分钟。

易发地:冰雹发生率最高的地方是从怀俄明州到新墨西哥州的大平原西部边缘。冬季冰雹很小,虽然太平洋西北海岸经常下冰雹,但是冰雹量和冰雹大小是比冰雹频率更好的冰雹损失指标。Changnon(2001,第 70 页)绘制了美国各地冰雹造成的"损失成本"图,即特定时期农作物损失的美元金额除以保险赔付的美元金额,再乘以 100 美元。损失最大值(6～9 美元)从蒙大拿州东南部向南延伸至怀俄明州东部、科罗拉多州东部和新墨西哥州东部。第二个最大值在种植烟草的南卡罗来纳州。烟草很容易受到损害,即使是相对较小的冰雹。大冰雹虽然很少造成生命威胁,但造成财产损失(个别雹暴造成损失高达数亿美元)。2 in 冰雹发生率最高的地区是从南达科他州到得克萨斯州的大平原中部。冰雹造成财产损失的最大风险在大致相同的地区(Changnon,1999)。

每当大量水滴和冰晶出现在 0 ℃以下的云层中时,雷暴中就会形成冰雹。每当冰粒捕捉到云或雨滴时,云滴就会冻结在冰粒上,使冰粒变大。当冰雹形成时,上升气流使冰雹悬浮在云中。由于大冰雹比小冰雹下落得更快,因此大冰雹的产生需要更强的上升气流。

雷达能探测风暴中的冰雹,但无法预测特定的雷暴是否会产生大冰雹,即使有条件支持。云的物理学和动力学如何控制冰雹的增长仍然是一个未解之谜(Knight et al.,2001),但很明显,对流可用势能和垂直风切变是重要的,对流可用势能是与最大上升气流速度相关的大气不稳定性的量度,垂直风切变决定了降水轴是否阻塞上升气流。鉴于这种情况,关于暴洪章节的两个要点中给出的要求是可行的。除了 2 in 或更大的冰雹,雹暴几乎总是与超级单体雷暴有关。对于非常大的冰雹,可以采用龙卷的分辨率标准(在本附录后面)。−20 ℃等温线的高度和湿球温度为 0 ℃的高度可以从探空数据中诊断出来。这些参数与冰雹在融化前到达地面的概率有关。

A.7.4 破坏性直线风

定义：在本节中，我们将讨论伴随雷暴的两种特定类型的破坏性直线风：(1)与弓形回波相关的风，弓形回波是雷达反射率显示器上的回波，它在回波线上的其他回波之前凸出来；(2)线状风暴，一种由强直线风引起的长距离损害的雷暴。

空间尺度：受损地带通常只有几千米宽，但范围从几千米到100多千米长。

持续时间：几分钟到一个多小时。

易发地：美国大陆上空冷季弓形回波的4年气候学显示，它们只出现在落基山脉以东和45°N度以南(Burke et al.，2004)。1986—2001年的所有线状风暴气候学(Coniglio et al.，2004)显示了一条在温暖季节从密西西比河上游河谷到俄亥俄州的“高频走廊”。

造成破坏性风的弓形回波最常形成于与对流线相关的强低空切变环境中。反向旋转的涡流经常出现在弓形回波的一端，这两者都有助于加速弓形回波本身的空气向前推进。在大气动力学强烈地强迫下，低空的不稳定性变缓和，但在微弱的强迫下，不稳定性变大。在产生弓形回波的路径中，经常会出现一股上升的干燥空气后流入射流。与弓形回波(以及更一般的飑线)相关的速度图通常比与超级单体相关的速度图更直(切变更接近单向)。

这些概括表明了在雷暴前的环境中应该寻找什么特征，但是试图提前一个小时预测哪些单体会产生弓形回波基本上是徒劳无果的。为了理解导致弓形回波的内部环流，需要在$\Delta x=1$ km、$\Delta z=100$ m和$\Delta t=5$ min的尺度上进行观测。

A.7.5 龙卷

定义：龙卷是一种剧烈旋转的气流柱，它连接着对流云和地面。龙卷通常(但不总是)伴有漏斗状云。龙卷的强度由Tetsuya Fujita最先提出并以他的名字命名。2007年2月1日，美国国家气象局引入了由气象学家和风力工程师团队制定的改进型藤田级数。级别从EF0(造成轻微破坏)到EF5(造成几乎完全破坏)。

空间尺度：通常直径从几十米到1 km以上。

持续时间：从不到一分钟到一个多小时。

易发地：Concannon等(2000)提交了一份美国地图，显示了每世纪至少有一次EF2级或更高强度的龙卷在80 km的一个方格内发生的平均天数。最长40 d记录发生在俄克拉何马市东南部，25 d的等高线包含俄克拉何马州大部分地区、堪萨斯州东部2/3的地区、内布拉斯加州东南部、艾奥瓦州西南部、密苏里州西北部和阿肯色州中西部。[①] 落基山脉以西或阿巴拉契亚山脉以东很少出现EF2级或更大的龙卷。

本章讨论两类龙卷：超级单体和非超级单体。

超级单体雷暴有强烈的旋转上升气流。虽然超级单体雷暴产生龙卷的概率可能不超过20%，但大多数强烈或猛烈的龙卷(EF2或更大)以这种方式产生。

Weisman和Klemp(1984)定义了一个整体里查森数(大气不稳定性的量度除以从地面到6 km的垂直切变的量度)，它很好地区分了风暴尺度模式中的雷暴类型。这个数字很容易从探测数据中计算出来。数值在15～45之间有利于超级单体雷暴。超级单体的其他良好预测

① 地图可在网上查阅，网址：http://www.nssl.NOAA.gov/users/brooks/public _ html/concannon/。

因素是最低 6 km 处的风切变和低空螺旋性(较高的数值有利于强旋转上升气流)。超级单体雷暴产生的龙卷来自旋转的上升气流向地面下降。

重要的是要对超级单体形成风暴前的环境进行采样。由于风切变可以在 2 h 或 3 h 内迅速变化,采样率必须相当高。建议的分辨率:$\Delta x=50$ km,$\Delta z=200$ m～6 km,$\Delta t=1$ h。虽然在这种环境下可能会形成多个风暴,但很难事先说清楚哪些会获得超级单体特征。如果一个超级单体形成,并且最低 1 km 处的切变很高,那么龙卷的形成比切变分布在更深一层时更有可能。雷达探测超级单体内中气旋(大型旋转上升气流的特征)可以在 100 km 左右的范围内探测。

非超级单体龙卷(Wakimoto et al.,1989)在没有强烈切变的环境中最为常见。初始在地表附近旋转,然后在低空辐合区集中。如果雷暴在辐合区形成,则低空旋涡(衡量气流中的旋转)被吸入上升气流并垂直拉伸,旋转加剧。如果龙卷形成,则它会从地面向上发展。以这种方式形成的龙卷被称为陆上龙卷或阵旋风。它们几乎总是比其超级单体的对应部分弱,但是,因为它们没有受到大气动力学强烈的强迫,所以更难预报。

虽然多普勒雷达可以很容易地探测到超级单体雷暴中的中气旋,但它们不能经常看到龙卷涡旋,除非它至少有几百米宽并且在近距离。一般来说,非超级单体的龙卷更小,更难探测。为了预测非超级单体龙卷,必须在 $\Delta x=500$ m、$\Delta z=100$ m 和 $\Delta t=5$ min 的分辨率下监测云层下的风、温度和湿度场。还必须知道正在生成的单体是否位于旋转中心的上方。

A.8 无降水风暴

A.8.1 下坡风暴

定义:下坡风暴通常发生在高山屏障的背风面。吹过高山屏障的风使气流形成气浪,就像水流流经河床中的岩石时在溪流中形成水波一样。越过高山的气流越强,山越高,在波的底部就会出现强烈的地面风,这就是“地形波”。有时,一场风暴会造成数百万美元的财产损失,或者引发野火造成更大的附带损害。

空间尺度:下坡风暴具有很大的局部性,影响范围从山麓边缘到顺风 20 km。

持续时间:下坡暴风通常持续一到几个小时。一天内可能发生 2 次或以上。

易发地:下坡风暴经常出现在从柯林斯堡到科泉市的科罗拉多山脉东坡和犹他州盐湖城附近的瓦萨奇山脉西坡。也会出现在新墨西哥州的阿尔伯克基市附近。它们在南加利福尼亚州被称为“圣塔安娜风”,在加利福尼亚州圣巴巴拉市附近被称为“日落风”,而在阿拉斯加州东南部,尤其是朱诺市被称为“塔库风”。

大多数下坡风暴是由对流层上部和平流层下部的地形波活动和破碎重力波(类似于海洋中破碎的水波)引起的(Durran,2003a,b)。它们的特点是在地形波底部附近有很强的背风面风,在山的上方和附近有剧烈的晴空乱流。预报员寻找的强烈跨山风,是一个接近山顶的稳定层,通常沿着科罗拉多州落基山脉的山前 600 hPa 附近,在对流层的中高部缺乏强切变。强烈的地面风通常一次持续几个小时,并且会突然刮剧烈阵风。

下坡风暴期间的地面激光雷达测量显示了极端的局部可变性(Neiman et al.,1988)。强风出现的时间和地表面似乎对小于 1 km 尺度的地形特征以及大气风和温度剖面的微小变化很敏感。为了断定下坡风暴的有利条件,应从山脉位置到上游 500 km 采用 $\Delta x=100$ km、$\Delta z=$

200 m 和 $\Delta t=3$ h 的分辨率探测对流层。为了了解风暴的局部可变性，分辨率应为 $\Delta x=1$ km，$\Delta z=100$ m，$\Delta t=15$ min。可能需要 $\Delta x=0.5$ km 的地形数据。

A. 8. 2　气压梯度风暴

定义：气压梯度风暴发生在低压系统的外围，短距离内强大的压力差导致强风，没有降水。高吹尘造成了许多致命的交通事故。与降水相关的强风（例如暴风雪、东北风、飓风或对流风暴）在其他章节讨论。

空间尺度：气压梯度风暴比下坡风暴影响更大的区域，通常横跨数百千米。

持续时间：气压梯度风通常持续 2～12 h。

没有降水的气压梯度风暴在 40°N 以北的冬季和春季最为频繁，因为那里的低压系统比美国南部更有活力。强风有时出现在强低压系统的暖区，但也经常出现在冷锋通道后低纬度地区的西侧。只需提前 24 h 预报大风就可以。为此，在 $\Delta x=100$ km、$\Delta z=0.5$ km 和 $\Delta t=6$ h 的分辨率下，需要对包括低纬度地区在内的整个对流层温度和风探测。

A. 9　火险天气

定义：火险天气是指有利于灌木丛或森林火灾快速蔓延的条件，无论是否在发生火灾。

空间尺度：火险天气的区域通常覆盖 10～100 km。

持续时间：通常是几个小时到几天。

易发地：旱季从落基山脉到西海岸的森林地区最常见。许多火灾是由"干燥"雷暴中的云对地闪电引起。美国西部一半的野火由闪电引起。总共约有 1 万起此类火灾，每年给美国土地管理局造成约 1 亿美元的损失。[①] 很多其他野火由人为疏忽引起。

闪电引起的野火已经在闪电一节中提到过。这些火灾在森林的自然演变中发挥作用。但每当森林火灾或灌木丛火灾威胁到生命或财产时，就必须加以控制。

天气信息不仅对确定火灾危险程度很重要，而且对确定火灾蔓延的速度和消防队员的危险状况也很重要。先前的地面条件（降水、温度、风和湿度）预示着森林地面上的可燃物已经变得多么干燥，但是仅仅地面条件不足以确定火灾蔓延的速度。例如，对流层低层的递减率控制着高空强风混合到地面的难易程度。另外，有云和无云将调节白天混合层的发展。

野火发生时的观测要求类似于下坡风暴（A. 8 节），只是大气探测不需要高于 500 hPa。只需在上游 500 km 处观察，就能对边界层中风向或风速的变化给出足够的预警。在火灾现场，测风是最重要的，其次是相对湿度和温度。

A. 10　对飞机的危害

除了雷暴之外，还有几种气象现象对飞行特别危险：结冰、下击暴流和乱流。晴空乱流比其他类型的乱流更危险，因为它没有视觉提示，有时也没有预警（例如，来自最近飞越同一空域的飞机）。

---

① 参见 http://www.lightningsafety.com/nlsi_lls/nlsi_annual_usa_losses.htm。

A.10.1 云中积冰

定义：当飞机在低于冰点的温度下飞过含有液态水的云层时，冰会在机身上积聚。

空间尺度：过冷云覆盖了几十到几百千米宽的区域。

持续时间：通常从半小时到半天。

易发地：无特定特点。任何过冷云都会引起飞机结冰。

过冷云包含温度低于 0 ℃的液态水。飞机在这样的云层中飞行时，会在机翼和其他表面上积冰，有时积冰速度会超过脱落速度，导致升力下降。过冷云中的水滴越大，积冰越快。事实上，较大的水滴会从除冰靴上滚下来，冻结在机翼上，严重降低飞机性能，并在进入过冷云层的几分钟内积累。从 1982 年到 2000 年，机身结冰在美国造成了 583 起事故和 800 多人死亡(Petty et al.，2004)。这些事故中不到四分之一是由起飞前地面的机身结冰引起。

成功预测飞机结冰取决于成功预测云的位置和云内的温度。由于缺少天然冰晶，云顶温度在－10～0 ℃通常最容易使飞机结冰(在较低的温度下，更有可能出现冰颗粒。当两者都存在时，它们变成过冷液滴，通过碰撞聚集液滴，导致它们冻结。因此，冰颗粒会耗尽过冷的水)。

云顶部温度高于－10 ℃的过冷云在后锋面的层积云中很常见。模式可以稳定地预测云量和云的高度，也可以模糊地预测云的属性，但无法预测单个云的位置。一方面，预测云比预测降水更困难，因为云的空间、时间和物理变化性更大。云的观测从地面到遥感卫星观测是一个进步，但更详细的风和水汽浓度测量将更直接地满足精确水汽通量的需要，这反过来将有助于更好地预测云中气流的垂直运动和云团。

预测冻结程度比预测冰点以下温度的液态水要容易得多。

结冰探测需要观测位于 0 ℃和－20 ℃等温线之间的云，分辨率为 $\Delta x=5$ km，$\Delta z=100$ m，$\Delta t=1$ h。在这一层需要测量温度和水汽凝结体的类型。来自太空的红外测量和来自地面的云高仪测量无法探测到过冷云，除非云底或云顶位于临界温度层内。

A.10.2 下击暴流

定义：下击暴流是来自于直达地面的对流云中的强烈的气流。也叫微下击暴流。

空间尺度：通常 100～2000 m 宽。

持续时间：通常为 1～10 min。

易发地：下击暴流可以伴随任何对流风暴。对飞机最危险的是那些低反射率、地面降水少或没有降水、没有闪电的下击暴流，因为它们提供的视觉条件很少。这种“干燥”的下击暴流最常发生在夏季大平原西部和西部落基山区的干燥气候中，从中午一直持续到傍晚(Caracena et al.，1989)。

下击暴流对正在起飞或即将着陆的飞机构成严重威胁。飞机第一次经历下击暴流是由于突然的逆风。一旦经过离下击暴流中心最近的地方，飞机就会遭遇突然的顺风。升力的损失会导致起飞的飞机从跑道末端滚出，着陆的飞机在跑道附近坠毁。[①] 有雨的下击暴流与强降水的下降核心有关，可能与来自中层的不饱和空气混合。这些下击暴流看起来很危险，至少在白天是这样，并且雷达可以可靠地探测到。因此，下击暴流并不难避免。

---

① 参见 http://www-das.uwyo.edu/～geerts/cwx/notes/chap08/microburst.html。

干燥的下击暴流更加危险。它们是由于水滴以一个陡峭的递减率(温度随高度迅速下降,大约每 100 m 高度下降 1 ℃)下落入高云底下相当干燥的深层空气中蒸发造成。如果液滴数量众多且很小,但在到达地面之前没有完全蒸发,下击暴流的空气可以加速到足以产生超过 30 m/s 的径向外流。有时唯一的视觉提示是地面上一圈灰尘。

午后早期的探测将有助于预测下击暴流。对流层中部的潮湿空气支持高空雷暴和云底以下的陡峭递减率是下击暴流条件的特征(Wakimoto,1985)。如果降水中包含大约 20 m/s 这样级别的动量,对流层中部风将加强下击暴流。在机场附近,有一个无线电探空测风仪就足够。

一旦形成对流阵雨,从地面到 400 hPa(对流云中)高度的监测变得至关重要。因为大多数下击暴流仅持续几分钟且影响范围小(约 10 km^2),采样分辨率可以是 $\Delta x=1$ km、$\Delta z=200$ m 和 $\Delta t=1$ min。

A. 10. 3 飞机湍流

定义:经常飞行的人总是会经历湍流和飞机颠簸的各种空气运动。

空间尺度:影响飞机的湍流发生在几十到几百米的尺度上。

持续时间:虽然单个颠簸持续大约 1 s,但导致颠簸的涡旋可能会持续几十秒钟;一些航班一次就经历好几分钟的颠簸。

易发地:无特定地点。晴空湍流最常见于高空锋面附近,这与强大的三维风切变有关。晴空乱流也很常见,在地形波情况下可能会很严重。由于空气的上下运动,对流云中的湍流被认为是正常的,但飞行员会尽量避免雷暴。

湍流是造成空乘人员和乘客非致命伤害的主要原因。在美国联邦航空管理局(FAA)的"更安全的天空计划"下,商业航空安全委员会委托湍流联合安全分析小组研究 1987 年至 2000 年间飞机湍流事件和事故的增长率。所有航空公司的死亡和所有非致命伤害的平均年成本合计约为 2600 万美元。

由于湍流的短暂性,它的存在几乎总是从更大规模的风场中推断和预测出来。经历湍流的飞机通常会通知后续航班的飞机将要发生的事情。

需要在晴朗和多云的空气中每隔几秒钟测量几十到几百米距离上的气流,以探测飞机湍流。如果有湍流,就必须从飞机本身着手。未来许多年,飞机湍流的预测将基于参数化(计算机模式中的近似值,考虑到物理过程太小,无法在模式计算发生的点网格上捕捉到)。尚未证明湍流的观测可以更好地在模式中预测湍流。

附录B

地面观测系统表

本附录包含两个地面观测系统表，第一个表（表 B.1）总结美国所有可能对中尺度天气应用有用的网络。第二个表（表 B.2）侧重于空气质量测量。第一个表对美国地面气象观测进行了分类。它来自 Scot Loehrer 向委员会提交的一份报告，这份报告基于他在过去十年中在美国大气研究大学联合会/国家大气研究中心（UCAR/NCAR）开发的数据库，该数据库由全球能量和水循环实验（GEWEX）/GEWEX 美国预报项目（GAPP）资助。① 一些条目是从美国国家科学基金会赞助的数据库中更新的，②该数据库目前正在开发中，旨在为用户提供关于现有资源的信息和确定大气研究中未来的观测需求。该表不是完全最新的；网络数量是庞大的（超过 500 个记录），它们不断出现、消失和演变。一些条目已经根据审稿人的评论或其他网站进行了更新。其他有用的信息来源出现在正文中。第二个表主要关注空气质量器，来自 Scheffe（2007）。

表 B.1　美国地面观测网清单

观测网类型	站点数量	运营机构	公用或存档位置	备注
合作观测气候网	8000	国家海洋大气局（NOAA）	国家气候数据中心（NCDC）	包括美国东北部约 75 个现代化的站点
气候基准网	80	联邦机构	国家气候数据中心（NCDC）	能够代表气候变化
航空网	约 900 个自动地面观测系统 约 1000 个自动气象观测系统 约 15 个自动天气传感系统	主要是联邦，有些是州	有许多在国家气候数据中心（NCDC），一些在 MADIS、MesoWest	自动地面观测系统、自动气象观测系统和自动天气传感系统分站
道路交通网	34 个网络共 2400 个观测站	主要是国家交通部门，一些城市	MADIS，MesoWest，FHWA Clarus 即将推出	道路信息系统，还有其他州也有观测，但它们不在数据库中。气象数据加上路面温度等（通常只可获得气象数据）
铁路网	450 个站点	联合太平洋铁路公司	MADIS、MesoWest	主要是气温；风和水位也是关注点

① 参见 http://www.eol.ucar.edu/projects/hydrometnet。

② 参见 http://www.eol.ucar.edu/fadb/。

续表

观测网类型	站点数量	运营机构	公用或存档位置	备注
农业/蒸发蒸腾和中尺度监测网	61个网络，约1700个观测站	州、地方、大学、私营部门（许多电视台）、美国垦务局	有些 MADIS，Meso West	天气和农业状况的一般监测。气象加地面终端，某些站点的辐射数据。包括俄克拉何马州中尺度天气网，它有120个观测站点，加上两个农村微网的35个观测站点和新俄克拉何马城中尺度天气网的40个观测站点(2009年8月8日修订)
其他天气网络	10000个站点	公共、私人、混合		非自动航空例行天气报告～250个 CWOP～3000个 WCforYou.com～150个 AnythingWx.com～100个 AWS～6000个
军事＋辐射监测网	20个网络，350个观测站	军事机构和国家实验室	大多数 MADIS、MesoWest	天气，有时是辐射
沿海[气象加水位(潮位)、水质、海啸、港口运输]网	五大湖/大西洋海岸：20个网络，约300个观测站点；墨西哥湾：13个网络，约200个观测站点；太平洋海岸(包括阿拉斯加、夏威夷)：14个网络，约200个观测站点	国家海洋大气局，各州，私营	美国国家海洋大气局/国家资料浮标中心使质量控制后的气象数据实时可用	分为11个区域。大多数观测位于海岸或靠近海岸
降水	12000个	美国国家海洋大气局，合作观测计划加社区协作雨、冰雹和雪网络	国家气候数据中心，合作观测计划	
	5000个	国家环境预报中心	国家大气研究中心	
降水、恶劣天气警告网	150个	美国国家气象局、联邦航空管理局、美国空军	国家气候数据中心	来源：美国国家海洋大气局
降水、恶劣天气警告网	估计150个	电视台		估计值
洪水预警网	350个气象站 1250个流量计 3500个雨量计	各地区		降水、径流、水库水位、天气
雪监测网	750个积雪遥测(SNOTEL)；175个雪崩/滑雪网络	农业部/自然资源保护局、雪崩预报中心、滑雪场等	MesoWest，MADIS	监测积雪的供水、稳定性和滑雪。气温，雪水当量。有些还观测气象、土壤条件
实时(非实时)水资源网	水标尺 8500个(25000个) 地下水测站 1100个(5100个) 水质测站 1400个(5700个)	美国地质调查局(USGS)，USACE、USBR，其他联邦、州、地方机构	美国地质调查局(USGS)	河流、水库、地下水条件

续表

观测网类型	站点数量	运营机构	公用或存档位置	备注
火险天气网	1700 个 RAWS 站点（目前 2200 个）	美国国家林业局、州林业机构	WRCC，MADIS，MesoWest	气象及燃料温度和湿度
空气质量网	来自 50 个网络超过 2000 个观测站点	美国环保署、国家公园管理局、州和地方政府、某些国家公园管理局、部落机构、私营部门		污染物（二氧化碳、二氧化氮、二氧化硫、C_3、$PM_{2.5}$、PM_{10}、铅）和/或金属、有机物、无机物。源头附近或人口稠密地区。 高变异性。很少包括所有标准气象变量
辐射网	约有 100 个观测站点	联邦、大学		太阳能资源、地表辐射、紫外线 B(UVB) 气象学、太阳直射和散射；等等
能量/二氧化碳通量网	ARM：24 个 AmeriFlux：80 个 OKMesonet：10 个	联邦、大学		地面气象学、潜热和感热通量、二氧化碳/水蒸气通量、地面能量平衡 美国国家海洋大气局高塔网络即将推出
土壤温度/湿度网	ARM：22 个 ISWS：20 个 OKMesonet：115 个 SCAN：122 个 AmeriFlux：80 个	联邦、大学		土壤温度、湿度等，气象学
生态网	LTERS：22 个	联邦机构、大学	长期生态研究网	国家生态系统观测网即将推出
无线电探空仪网	美国国家海洋大气局：80 个 其他：11 个	美国国家海洋大气局、州和地方政府	美国国家海洋大气局	温度、水汽、风速和风向的垂直分布
廓线仪网	CAP：76 个(50 RASS) NPN 35 个(11 RASS)	公共、私有、混合	美国国家海洋大气局	风速和风向的垂直剖面图，有些具有虚拟温度（RASS）和频谱宽度
气溶胶柱值/气溶胶廓线网	AERONET：48 个 MPLNet：5 个 REALM(7 个)ARM(3 个)、影带网络	各种机构	气溶胶自动观测网（AERONET）	反向散射，气溶胶光学深度
GPS 监测网	美国国家海洋大气局/全球系统部陆基 GPS 气象学	约 150 个（根据地图估算）	美国国家海洋大气局、USCG/USACE、DOT、SuomiNet[由 UCAR/COSMIC、多所大学、美国国家科学基金会（NSF）资助]	综合可降水；来自美国国家海洋大气局 GPS-Met 网站

注：MADIS(Meteorological Assimilation and Data Ingest System)气象同化和数据采集系统；
Meso West(Cooperative mesonet in the Western United States)美国西部中尺度天气观测合作网。
部分条目已于 2008 年 3 月更新；其他条目已在“备注”说明。
资料来源：Scott Loehrer，2007 年 4 月 4 日提交给委员会的陈述。由 GEWEX/GAPP 和美国国家科学基金会赞助。

表 B.2 美国主要常规业务化空气质量监测网(一些单独列出的网络也可作为其他更大的列出网络的子部分。因此,很可能会重复计算单个监测点的数量)

观测网	牵头联邦机构	站点数量	起始时间	测量参数	信息和/或数据的位置
国家核心监测网[1]	环保署	75 个	2008 年	臭氧、一氧化氮/二氧化氮/氮氧化物、二氧化硫、一氧化碳、$PM_{2.5}$/$PM_{10-2.5}^{2}$,$PM_{2.5}$ 化学成分,氨气、硝酸、地面气象学[3]	http://www.epa.gov/ttn/amtic/monstratdoc.html
州和地方环境监测站网[1]	环保署	约 3000 个	1978 年	臭氧、氮氧化物/二氧化氮、二氧化硫、$PM_{2.5}$/PM_{10}、一氧化碳、铅	http://www.epa.gov/ttn/airs/airsaqs/aqsweb/aqswebhome.htm
$PM_{2.5}$ 光谱趋势网	环保署	300 个	1999 年	$PM_{2.5}$、$PM_{2.5}$ 形态、主要离子、金属	http://www.epa.gov/ttn/airs/airsaqs/aqsweb/aqswebhome.htm
光化学评估监测站网	环保署	75 个	1994 年	臭氧、氮氧化物、一氧化碳、挥发性有机化合物、羰基化合物、地面气象学和高层大气	http://www.epa.gov/ttn/airs/airsaqs/aqsweb/aqswebhome.htm
受保护视觉环境跨部门监测网	国家公园管理局	110 加 67 个协议站点	1988 年	$PM_{2.5}$/PM_{10}、主要离子、金属、消光、散射系数	http://vista.cira.colostate.edu/improve/
清洁空气现状和趋势网	环保署	多于 80 个	1987 年	臭氧、二氧化硫、主要离子、计算的干沉降、湿沉降、硫/氮的总沉降、地面气象学	http://www.epa.gov/castnet/
气体污染物监测网	国家公园管理局	33 个	1987 年	臭氧、氮氧化物/一氧化氮/二氧化氮、二氧化硫、一氧化碳、地面气象[加上加强监测一氧化碳、一氧化氮、氮氧化物和二氧化硫以及三个站点的挥发性有机化合物(VOC)罐样本]	http://www2.nature.nps.gov/air/Monitoring/network.cfm#data
光化学臭氧测量站网	国家公园管理局	14 个	2002 年	臭氧、地面气象、带 CASTNet 协议过滤包(可选)硫酸盐、硝酸盐、铵、硝酸、二氧化硫	http://www2.nature.nps.gov/air/studies/portO3.cfm
被动臭氧采样器监测计划	国家公园管理局	43 个	1995 年	臭氧剂量(每周)	http://www2.nature.nps.gov/air/Studies/Passives.cfm
国家大气沉积计划/国家趋势网	美国地质调查局	多于 200 个	1978 年	降水化学中的主要离子	http://nadp.sws.uiuc.edu/
国家大气沉积计划/汞沉积观测网	无	多于 90 个	1996 年	降水化学中的汞	http://nadp.sws.uiuc.edu/mdn/
大气综合研究监测网	国家海洋大气局	8 个	1984 年	降水化学中的主要离子	http://nadp.sws.uiuc.edu/AIRMoN/
综合大气沉积网	环保署	20 个	1990 年	在空气和降水样品中测量多环芳香烃(PAH)、多氯联苯(PCBs)和有机氯化合物	http://www.epa.gov/glnpo/monitoring/air/

续表

观测网	牵头联邦机构	站点数量	起始时间	测量参数	信息和/或数据的位置
国家空气污染监测网	加拿大	多于152个	1969年	二氧化硫、一氧化碳、臭氧、一氧化氮、二氧化氮、氮氧化物、挥发性有机物、半挥发性有机物、PM_{10}、$PM_{2.5}$、总悬浮颗粒物、金属	http://www.etcentre.org/NAPS/
加拿大空气和降水监测网	加拿大	29个	2002年	臭氧、一氧化氮、二氧化氮、氮氧化物、过氧乙酰硝酸酯、氨气、$PM_{2.5}$、PM_{10}和粗粒级质量、$PM_{2.5}$形态、颗粒和痕量气体的主要离子、主要离子的化学沉淀	http://www.msc.ec.gc.ca/capmon/index_e.cfm
墨西哥城市空气质量网	墨西哥	93个		臭氧、氮氧化物、一氧化碳、二氧化硫、PM_{10}、总悬浮颗粒物	参见 CEC,1997
国家大气毒物趋势监测站	环保署	23个	2005年	挥发性有机化合物、羰基化合物、PM_{10}金属[4]、汞	http://www.epa.gov/ttn/airs/airsaqs/aqsweb/aqswebhome.htm
州/地方空气毒物监测	环保署	多于250个	1987年	挥发性有机化合物、羰基化合物、PM_{10}金属、汞	http://www.epa.gov/ttn/airs/airsaqs/aqsweb/aqswebhome.htm
国家二噁英空气监测网	环保署	34个	1998—2005年	二噁英、氟化镉、二噁英样多氯联苯	http://cfpub2.epa.gov/ncea/cfm/recordisplay.cfm? deid=22423
部落[5]监测	环保署	多于120个	1995年	臭氧、氮氧化物/二氧化氮、二氧化硫、$PM_{2.5}$/PM_{10}、一氧化碳、铅	http://www.epa.gov/ttn/airs/airsaqs/aqsweb/aqswebhome.htm
休斯敦区域监测网	无	9个	1980年	臭氧、氮氧化物、$PM_{2.5}$/PM_{10}、一氧化碳、二氧化硫、铅、挥发性有机化合物、地面气象学	http://hrm.radian.com/houston/how/index.htm
气溶胶研究吸入性流行病学研究网/东南 气溶胶研究和表征研究实验	无	8个	1992年	臭氧、一氧化氮/二氧化氮/氮氧化物、二氧化硫、一氧化碳、$PM_{2.5}$/PM_{10}、$PM_{2.5}$形态、主要离子、氨气、硝酸、散射系数、地面气象学	http://www.atmosphericresearch.com/studies/SEARCH/index.html
辐射监测网——原来的环境辐射监测系统	环保署	多于200个	1973年	放射性核素和辐射	http://www.epa.gov/enviro/html/erams/
地面空气取样方案	国土安全部	41个	1963年	^{89}Sr、^{90}Sr、天然放射性核素、^{7}Be、^{210}Pb	http://www.eml.doe.gov/databases/sasp/
社区环境观测网	能源部	26个	1993年	电离伽马辐射、地面气象	http://newnet.lanl.gov/stations.asp

续表

观测网	牵头联邦机构	站点数量	起始时间	测量参数	信息和/或数据的位置
全面禁止核试验条约	能源部	80个	1996年	放射性核素和惰性气体	http://www.clw.org/archive/coalition/briefv3n14.htm
环保署阳光智慧计划紫外线指数	环保署	约50个美国城市	2002年	计算得出的紫外线辐射指数	http://www.epa.gov/sunwise/uvindex.html
紫外线网/紫外线监测计划	环保署	21个	2002年	紫外线太阳辐射(UVB和紫外线波段)	http://www.epa.gov/uvnet/access.html
中波紫外线监测和研究计划	农业部	35个	1992年	中波紫外线辐射	http://uvb.nrel.colostate.edu/UVB/jsp/uvb_climate_network.jsp
地面辐射观测网	美国国家海洋大气局	7个	1993年	太阳和红外线辐射、太阳直射和漫射	http://www.srrb.noaa.gov/surfrad/index.html
公园研究和强化监测生态系统网	国家公园管理局	14个	1997年	臭氧、干湿沉降、能见度、地面气象学和紫外线辐射	http://www.forestry.umt.edu/research/MFCES/programs/primenet
生物监测	国土安全部	多于30个	2001年	空气含有致病菌时向政府和公共卫生界发出潜在生物恐怖事件的警告	http://www.fas.org/sgp/crs/terror/RL32152.html

注:[1] NCore是一个网络,旨在取代州和地方环境监测站,成为国家环境监测站的一个组成部分;国家环境监测站目前被指定为国家趋势网。

[2] $PM_{10-2.5}$ 提议使用的新国家环境空气质量标准。

[3] 地面气象包括风向和风速、温度、降水、相对湿度和太阳比(仅限光化学评估监测站)。

[4] PM_{10} 金属包括砷、铍、镉、铬、铅、锰、镍等。

[5] 部落监测的地点数量实际上是监测器的数量,而不是站点数量。拥有多台监测器的站点数量不超过80个。

资料来源:Scheffe,2007。

附录C

缩略词和简称

ABL	大气边界层
ACARS	飞机通信寻址与报告系统
AERI	大气辐射干涉仪
AERONET	气溶胶自动观测网
AGL	离地高度
AIRMoN	大气综合研究监测网
AIRS	大气红外探测仪
AMDAR	航空器气象资料下传
AMSR	先进微波扫描辐射计
AMSU	先进微波探测装置
ARIES	气溶胶研究和吸入性流行病学研究
ARM	大气辐射测量
ASOS	自动地面观测系统
AVHRR	先进甚高分辨率辐射仪
AWIPS	先进天气信息处理系统
AWOS	自动气象观测系统
AWSS	自动天气传感系统
BASC	大气科学和气候委员会
BLP	边界层廓线仪
CAA	清洁空气法案
CALIPSO	云-气溶胶激光雷达和红外探路者卫星观测
CAP	合作机构廓线仪
CAPMoN	加拿大空气和降水监测网
CARL	大气辐射测量/云与辐射测试平台拉曼激光雷达
CART	云与辐射测试平台
CASA	大气协同自适应遥感
CASTNet	清洁空气现状和趋势网
CEM	环境监测公司
CEOS	卫星对地观测委员会
CGMS	气象卫星协调小组
CMIS	锥形图像:降雨率扫描微波成像仪/探测仪

CoCoRaHS	社区协作雨冰雹雪网络
CONUS	美国大陆
COOP	合作观测计划
COSMIC	气象、电离层和气候星座观测系统
CPB	公共广播公司
CPR	云剖面雷达
CTBT	全面禁止核试验条约
CUAHSI	水文科学联合大学联盟
CWOP	公民天气观测计划
DCAS	分布式协同自适应传感
DCP	数据收集平台
DHS	国土安全部
DIAL	差分吸收
DoD	国防部
DOE	能源部
DOT	交通部
EARLINET	欧洲气溶胶研究激光雷达网
EEZ	专属经济区
ENVISAT	环境卫星
EPA	环境保护署
ERAMS	环境辐射监测系统
ESIP	地球科学信息伙伴关系
ESRL	地球系统研究实验室
ESS	环境传感器站
EUCOS	欧洲气象服务网综合观测系统
EUMETNET	欧洲气象服务网
FAA	联邦航空管理局
FHWA	联邦公路管理局
FRA	联邦铁路管理局
FRM	联邦参考方法
GALION	全球气溶胶激光雷达观测网
GAPP	全球能量与水循环试验美国预报项目
GAW	全球大气观监测网
GCOS	全球气候观测系统
GEOSS	全球综合地球观测系统
GEWEX	全球能量与水循环试验
GOES	地球静止业务环境卫星
GOOS	全球海洋观测系统
GOS	全球观测系统

GPMP	气体污染物监测网
GPS	全球定位系统
GPS Met	GPS 气象学
GSD	全球系统部
GTOS	全球陆地观测系统
GTS	全球电信系统
GUAN	GCOS 高空网
HIRS	高分辨率红外辐射探测仪
HRM	休斯敦区域监测网
HSRL	高光谱分辨率激光雷达
IADN	综合大气沉积网
IASI	红外大气探测干涉仪
IEOS	综合地球观测系统
IMPROVE	受保护视觉环境跨部门监测
IOOS	综合海洋观测系统
IPCC	政府间气候变化专门委员会
IPW	综合可降水量
ISWS	伊利诺伊州水资源调查
ITU	国际电信联盟
LDAS	陆地数据同化系统
LIDAR	激光雷达
LLWAS	低空风切变分析系统
LME	大型海洋生态系统
LTER	长期生态研究网
LTM	长期监测
MADIS	气象同化数据获取系统
MDCRS	气象数据采集和报告系统
MDN	汞沉积观测网
METAR	机场定时地面天气报告
MODIS	中分辨率成像光谱辐射仪
MOZAIC	在役空客飞机测量臭氧、水汽、一氧化碳和氮氧化物
MPL-NET	微脉冲激光雷达网
MSL	平均海拔高度
MWRP	微波辐射计剖面仪
NAAQS	国家环境空气质量标准
NADP	国家大气沉积计划
NAMS	国家环境监测站
NAOS	北美观测系统
NAPS	美国国家空气污染监测网

NASA	美国国家航空与航天局
NATTS	美国国家大气毒物趋势监测站
NCAR	美国国家大气研究中心
NCDC	美国国家气候资料中心
NCEP	国家环境预报中心
NCore	国家核心监测网
NDAMN	国家二噁英空气监测网
NDBC	国家资料浮标中心
NEON	国家生态系统观测网
NEWNET	社区环境观测网
NLDN	国家雷电探测网
NMHS	国家气象水文局
NOAA	美国国家海洋大气局
NPN	国家廓线网
NPOESS	国家极地轨道业务环境卫星系统
NPR	全国公共广播电台
NPS	国家公园管理局
NRC	美国国家科学研究委员会
NRCS	自然资源保护局
NSF	国家科学基金会
NTN	国家趋势网
NWA	美国国家气象协会
NWP	数值天气预报
NWS	国家气象局
NWSMC	国家气象局现代化委员会
OCS	俄克拉何马州气候调查
OLETS	俄克拉何马执法电信系统
OMI	臭氧监测仪
OSE	观测系统实验
OSSE	观测系统模拟实验
PAMS	光化学评估监测站
PAR	光合有效辐射
PARASOL	大气科学-激光雷达耦合的反射率偏振和异向性
PBL	大气边界层
PHOTONS	卫星归一化业务处理光度法
PHS	公共健康和安全
PM	颗粒物
PMc	颗粒物粗粒级
PMOD	达沃斯物理气象观测站

PORTS	物理海洋学实时系统
PRIMENet	公园研究和强化监测生态系统网
RAOB	通用无线电探空测风仪观测计划
RASS	无线电声学探测系统
RAWS	远程自动气象站
RBSN	区域基本天气观测站网
RCOOS	区域沿海海洋观测系统
REALM	东部地区大气激光雷达中尺度监测网
RO	无线电掩星
RRR	滚动需求审查
RWIS	道路信息系统
SASP	地面空气取样计划
SCAN	土壤气候分析网络
SEARCH	东南气溶胶研究和表征研究实验
SLAMS	州和地方环境监测站
SMAP	土壤水分主动-被动观测卫星
SNOTEL	积雪遥测
SOA	面向服务的架构
SSM/I	特种传感器微波成像仪
SST	海面温度
STN $PM_{2.5}$	$PM_{2.5}$ 光谱趋势网
SURFRAD	地面辐射估算网
SV	种子病毒模型
TAMDAR	对流层航空器气象资料下传
TDWR	机场多普勒天气雷达
TES	对流层发射光谱仪
TRMM	热带降雨测量
UAS	无人驾驶航空系统
UCAR	美国大气研究大学联合会
UHF	超高频
UPS	联合包裹服务公司
USACE	美国陆军工程兵团
USAF	美国空军
USBR	美国垦务局
USCRN	美国气候参考网
USDA	美国农业部
USFS	美国林业局
USGEO	美国地球观测组织
USGS	美国地质调查局

USWRP	美国天气研究计划
UTC	世界协调时间
UVB	中波紫外线(紫外线 B)
VAD	速度方位显示器
VHF	甚高频
VII	车辆基础设施倡议
WFO	天气预报办公室
WHYCOS	世界水文循环观测系统
WMO	世界气象组织
WRCC	西部地区气候中心
WWW	世界天气监测网

附录D

任务说明

该委员会负责制定一个综合、灵活、自适应和多用途的中尺度气象观测网络的总体愿景，并寻求确定具体步骤，以符合成本效益的方式协助构建一个满足多重国家需求的网络。根据现有资料，负责进行这项研究的特设委员会将：

(1)描述中尺度大气观测的现状和目的；

(2)将美国中尺度大气观测系统与其他观测系统基准进行比较；

(3)描述综合国家中尺度观测系统的所需属性；

(4)确定加强和扩大中尺度气象观测能力的步骤，以满足多重国家需求；

(5)建议切实可行的步骤，改造目前有限的中尺度气象观测能力并使之现代化，以更好地满足广大用户的需求，提高成本效益。

这项研究将主要侧重于美国和邻近沿海地区的中尺度观测要求，重点是描述大气边界层的特征(指从地表以下约 2 m 延伸到地表以上 2～3 km)、时间尺度大至 48 h 的预报以及城市地区的需求。这项研究将提供一种切实可行的方法，强化应用以及如何设计和实施一个增强的大气观测系统，使由此产生的信息大大改善用户的决策。该研究将探讨联邦、州和地方政府以及商业实体将扮演的角色。从本质上说，这项研究将提供一个框架和建议，能让所有对天气敏感的信息提供者和用户参与开发一个综合的、多用途的国家中尺度观测网络。

附录E

委员会成员和工作人员简历

Richard E Carbone(主席)是科罗拉多州博尔德市国家大气研究中心的高级科学家和综合多学科地球研究所(TIIMES)所长。他撰写了100多部学术著作。作为气象雷达的先驱,他发表了关于云和风暴的物理过程、地形影响的环流、暖季降雨的可预测性以及天气预测的社会方面的文章。Carbone先生领导了美国天气研究计划,并担任世界气象组织世界天气研究计划的主席。他于1994年当选为美国气象学会会员。其他荣誉方面:Carbone先生还获得了2001年AMS Cleveland Abbe大气科学杰出服务奖和2003年国家大气研究中心出版奖。他曾在美国国家科学研究委员会担任多项职务,包括联邦航空管理局空中交通管制天气预报准确性委员会和全球能量与水循环试验(GEWEX)小组。

James Block是DTN/Meteorlogix的首席气象学家,拥有超过25年的商业气象经验。在DTN/Meteorlogix,他负责所有DTN公司产品和服务中使用的所有天气信息。其中包括天气预报和超过150000家企业做出关键决策时使用的产品。Block先生拥有威斯康星大学麦迪逊分校的气象学学士学位和硕士学位。自1976年以来,Block先生一直是美国气象学会的成员,1989年,他被美国气象学会评为注册咨询气象学家(CCM)。他还于1990年被选为国家工业气象学家理事会的一员(一个CCM组织),于2000年被选为理事会理事,并于2002年担任理事会主席。Block先生还曾在商业气象服务协会(一个气象行业贸易团体)的委员会任职。

S. Edward Boselly是Weather Solutions Group, Inc.(天气解决方案集团有限公司)的创始人和总裁,该公司向公共和私营实体提供咨询服务,以帮助它们减少天气对其运营的影响,并对公路机构的冬季养护做法进行研究和培训。他还在2002—2005年间担任华盛顿州运输部的公路天气项目经理,负责将天气技术集成到维护操作中。Boselly先生领导了许多研究项目,并撰写了许多与公路天气相关的出版物。从1986—1993年,他在华盛顿西雅图的Matrix Management Group(矩阵管理集团)工作,在那里,他担任过美国国家科学院战略公路研究计划的首席研究员,负责调查天气信息在冬季高速公路维护活动中的使用。Boselly先生撰写了《美国国家高速公路协会兼交通局冰雪控制指南》,并担任州运输部门七个冰雪控制项目的首席研究员。他还担任了三个交通研究委员会项目的项目总监,包括调查公路天气信息系统的战略公路研究计划项目。Boselly先生还在美国空军担任了23年的气象官,退休时为中校级别。Boselly先生是美国气象学会交互式信息和处理系统委员会、AMS智能运输系统(ITS)和地面运输委员会、ITS美国天气信息应用特别兴趣小组和美国公共工程协会的成员。他还曾在美国国家气象协会的企业活动委员会任职,并担任公路天气倡议理事会的特别顾问。Boselly先生被认为是公路天气管理的创始人之一,也是公路天气相关活动的特邀嘉宾。他获得了犹他大学的气象学硕士学位,并获得了华盛顿大学的化学和大气科学学士学位。

Gregory R. Carmichael,艾奥瓦大学化学和生物工程教授,是开发自然和污染发言物排放技术以及从地方到全球范围的化学输运模式的领导者。他广泛研究了亚洲酸性和光化学污染物的远距离迁移问题，以及亚洲发展对环境的影响。他是一名积极的导师和顾问，曾指导过29名硕士和24名博士学生。Carmichael博士于1979年获得肯塔基大学化学工程博士学位。他曾担任系主任，是全球和区域环境研究中心的联合主任。他目前是世界气象组织城市环境研究计划科学顾问委员会的主席，并在大气化学和全球污染委员会指导委员会任职。他一直是美国气象学会大气化学委员会和许多其他委员会和董事会的成员和主席。Carmichael博士有220多篇文章得到期刊引用，并在多个编辑委员会任职。

Frederick H. Carr 是 Mark 和 Kandi McCasland 的气象学教授，也是俄克拉何马大学气象学院的院长。他在佛罗里达州立大学获得了气象学博士学位，随后在纽约州立大学奥尔巴尼分校获得了博士后称号。他的研究兴趣包括天气、热带和中尺度气象学、数值天气预报和资料同化，以及在诊断和数值天气预报研究中使用新的观测系统。Carr博士曾在美国国家环境预报中心、国家大气研究中心和国家海洋大气局的预报系统实验室担任客座科学家。他当时是俄克拉何马大学风暴分析和预测中心的副主任，也是美国国家科学基金会(NSF)工程研究中心“大气协同自适应遥感”的副主任。Carr是美国气象学会(AMS)的会员，曾担任AMS高等教育委员会主席、AMS理事会成员和AMS教育咨询委员会成员，还担任过《每月天气评论》的编辑。Carr博士是首个COMET顾问小组的主席，被评为10位“COMET创始人”之一。此外，他曾在国家科学基金会访问者委员会(负责评估ATM)，美国大气研究大学联合会提名委员会(作为主席)，北美观测系统委员会，以及国家海洋大气局预报系统实验室和中尺度发展实验室的外部审查小组任职，并且是美国天气研究计划数据同化和中尺度观测系统研讨会的联合组织者。

V. (Chandra) Chandrasekar 当时是科罗拉多州立大学(CSU)的教授。Chandrasekar博士参与天气雷达系统的研究和开发已超过20年，在雷达系统方面拥有大约25年的经验。他在将CSU-CHILL国家雷达设施开发为可用于研究的最先进气象雷达系统之一方面发挥了关键作用，并通过支持CSU-CHILL雷达的研究和教育任务以及担任该设施的联合首席研究员，继续积极参与相关工作。此外，他还担任新成立的国家科学基金会工程研究中心-大气协同自适应遥感中心的副主任。Chandrasekar博士目前的研究资金包括美国国家航空与航天局(NASA)对降水研究的支持。他是一个有激情的实验主义者，致力于进行特殊的实验来收集现场观察数据，以验证新的技术和工艺。Chandrasekar博士是《极化多普勒气象雷达》和《概率论与随机信号处理》两本教科书的合著者。他撰写了超过85篇的期刊文章和150份会议出版物，并担任40多名研究生的学术导师。他曾在美国国家科学研究委员会工作，包括新一代气象雷达以外的天气雷达技术委员会和未来降雨测量任务委员会。他是2006年美国电气和电子工程师学会(IEEE)地球科学和遥感国际研讨会的主席，并在多个政府机构的多个审查小组中任职。他获得过许多奖项，包括国家航空与航天局技术成就奖和ABELL基金会杰出研究员奖。他被选为IEEE(地球科学和遥感)的会员，以表彰他对定量遥感的贡献。

Eve Gruntfest 是科罗拉多大学科罗拉多斯普林斯分校的地理和环境研究教授。她已在减轻自然灾害领域工作了30年。她发表过大量文章，是预警系统开发和山洪暴发专业领域的国际公认专家。她最近刚结束一年的休假，在此期间，她致力于国家大气研究中心的物理和社会科学家研讨会，该研讨会旨在探讨气象学中的文化变革，以便将社会影响积极纳入天气预报中。这项工作被称为WAS*IS(天气和社会综合研究)。截至2006年11月，共有85名WAS

* IS 参与者。她曾与美国的许多专业组织进行过交流，包括州洪泛区管理者协会、美国国家气象局、美国陆军工程兵团水文工程中心、美国国家大气研究中心的"业务气象教育和培训合作计划"以及美国国家海洋大气局的预报系统实验室。她参加过许多研讨会，并分享了关于预警系统和山洪暴发研究的经验教训。Gruntfest 博士在克拉克大学获得了地理学学士学位，在博尔德科罗拉多大学获得了地理学硕士和博士学位。

Raymond M. Hoff 是巴尔的摩郡马里兰大学的物理学教授。他时任地球系统技术联合中心的主任。Hoff 博士在大气研究方面有着 31 年的经验。他的研究兴趣包括大气中气溶胶和气体的光学特性，以及有毒有机和元素化学物质在环境中的路径和演变。Hoff 博士一直是制定差分吸收、机载和星载激光雷达、火山释放、有毒化学物质向五大湖的大气传输、大气能见度、北极雾霾和污染物扩散等主要研究计划的核心人物。他领导或参与过 20 多项重大实地实验。他是 83 篇期刊文章和专著章节以及 94 篇其他被引用作品的作者，并做过许多有关其作品的公开演讲。Hoff 博士于 1970 年在加州大学伯克利分校获得物理学学士学位，并于 1975 年在西蒙弗雷泽大学获得物理学博士学位。他曾在美国国家航空与航天局(NASA)、美国环保署(EPA)、加拿大环境部和欧洲经济共同体担任委员会和同行评审的职务。他拥有六个科学协会的成员资格，并担任这些协会的委员会主席。

Witold F. Krajewski 是艾奥瓦大学水资源工程"罗斯与约瑟夫·萨默斯"讲座教授和土木与环境工程教授。在 1987 年加入艾奥瓦大学之前，他一直是美国国家气象局水文办公室的水文学家。Krajewski 博士的专业知识领域包括水文学和水文气象学、水资源系统、雷达和卫星遥感、不确定性建模和系统分析。他目前的研究兴趣包括水文过程的遥感、降雨的雷达和卫星估算、降雨观测的统计误差结构、实时水文气象预报和水文学中的不确定性分析。Krajewski 博士是全球降水测量卫星任务科学团队的成员，在水文研究中心董事会任职，是艾奥瓦大学促进水文科学大学联盟的代表。他是美国气象学会和美国地球物理联盟的成员。他曾在各种专业组织的许多委员会和专门小组以及若干期刊的编辑委员会任职。目前他是《水资源进展》的编辑。他获得了华沙理工大学的水资源系统博士学位和环境工程硕士学位。

Margaret A. LeMone(美国国家工程院)是美国国家大气研究中心的资深科学家。她有两个主要的科学兴趣：大气边界层的结构和动力学及其与下垫面和云顶部的相互作用，以及中尺度对流与边界层和下垫面及与周围大气的相互作用。LeMone 博士是美国科学促进协会和美国气象学会的成员。她还是美国国家工程院(NAE)和大气科学与气候委员会(BASC)的成员。她曾在美国国家科学研究委员会的提高美国气候建模效率小组、地面运输气象研究委员会和 NAE 特殊领域和跨学科工程同行委员会任职。她目前在美国国家科学基金会大气科学研究支持挑战战略指导委员会任职。LeMone 博士获得了华盛顿大学的大气科学博士学位。

James F. W. Purdom 是科罗拉多州立大学大气合作研究所(CIRA)的高级研究科学家。在加入 CIRA 之前，Purdom 博士曾担任美国国家海洋大气局/NESDIS 研究和应用办公室主任四年。他的研究侧重于从空间遥感地球及其环境，以及大气对流的发展和演变，重点是利用卫星数据研究中尺度过程。1994 年获美国商务部银奖，1996 年获国家国家气象协会特别奖，1997 年获美国气象学会特别奖。Purdom 目前是世界气象组织基础系统委员会全球观测系统开放计划领域小组的主席。

Thomas W. Schlatter 是环境科学合作研究所(CIRES)的助理科学家，该研究所是美国国家海洋大气局与科罗拉多大学的合作研究所。从政府部门退休后，他现在在国家海洋大气局的地球系统研究实验室兼职。在他职业生涯的大部分时间里，他一直积极参与多种大气观测数据的评估（包括质量控制）和使用：地基和天基、现场和遥感。他的早期工作是全球预报的数据同化方法，但最近几年他专注于中尺度应用的数据同化和预报。Schlatter 博士的大部分职业生涯时间都集中在美国国家海洋大气局，他致力于中尺度数据同化和预报，主要是在快速更新循环的背景下，研究一个每小时生成地面和对流层条件分析和短期预报的业务系统。他积极参与了国家海洋大气局剖面网络和北美高空观测系统的规划。2004 年，他在前预报系统实验室担任了几个职位：分支机构负责人、部门负责人和执行主任，为期 6 个月。自 1980 年以来，他一直为《Weatherwise》杂志撰写“气候问题”专栏。他获得了圣路易斯大学的气象学学士、硕士和博士学位。

Eugene S. Takle 于 1971 年加入艾奥瓦州立大学，时任地质和大气科学系大气科学教授、农学系农业气象学教授，并在航空航天工程系担任附属职务。他拥有路德学院的物理和数学学士学位以及艾奥瓦州立大学物理系的博士学位。他是艾奥瓦州立大学区域气候建模实验室的联合主任，该实验室目前正积极参与为美国开发区域气候变化和影响的未来场景。他是美国国家科学基金会、美国农业部、美国国家航空与航天局（NASA）和美国能源部所签订总计超过 370 万美元的合同的主要或合作研究者。他在国家和国际委员会担任《地球科学评论》的大气科学编辑、《应用气象学和气候学》杂志的副主编，以及世界气候研究计划水文气象小组可转让性工作组主席。他编写了 200 多份出版物和研究报告，所涉及的主题包括气候变化、农业防护林中的湍流和公路天气。虽然这些研究报告的主要重点是中尺度和微尺度流动的数值模拟和分析，但是，他也一直在从事边界层现场实验，致力于研究防护林带附近的流动特征以及大气过程在土壤中微量气体“压力泵送”的作用。艾奥瓦州环境中尺度监测网最初是由美国农业部在 2001 年拨款建立的，Takle 教授是联合首席研究员。他于 1995 年开设了名为“全球变化”的在线课程，这是艾奥瓦州第一个也是时间最长的互联网课程。自 2006 年 1 月起，他还担任大学荣誉课程的系主任。

Jay Titlow 是 WeatherFlow Inc.（动态天气公司）的资深气象学家。他拥有北卡罗来纳州立大学的气象学学士学位和特拉华大学的地理学硕士学位。Titlow 先生的气象和海洋学专业经验包括在特拉华大学海洋研究学院、路易斯安那州立大学和两个美国国家航空与航天局（NASA）机构（戈达德太空飞行中心和兰利研究中心）担任职务。在过去的 10 年里，他协助 WeatherFlow 从一个小型的区域航海气象服务公司发展成为一个全国性企业，该企业主要是提供商业海洋气象产品，在全国拥有超过 60000 名客户。这一成功商业模式的基石是 WeatherFlow 的国家沿海中尺度监测网。这个不断扩大的网络目前遍布美国海岸、墨西哥湾、夏威夷以及墨西哥和加拿大，拥有 300 多个观测站点。日益多样化的用户群包括向国防威胁降低局（DTRA）提供 WeatherFlow 国家中尺度监测网的业务反馈，用于危险羽流建模。Titlow 先生在 WeatherFlow 的职位职责包括中尺度监测网工程（选址、安装、数据质量控制和维护）、主导产品开发和特殊项目。其中一个示例项目包括 2001 年夏季由 DTRA 赞助的沿海地区天气模式实验中具有领导作用的登陆海港（SPOD）脆弱性和船舶保护项目。与该项目相关的众多任务包括负责安装该实验所用的区域中尺度监测网。最近，Titlow 一直在与波士顿市警察局领导一个项目，该项目涉及在市区内安装 20 个中尺度监测点，以帮助改进危险羽流跟踪。

美国国家科学研究委员会工作人员

Curtis H. Marshall 是大气科学和气候理事会(BASC)的高级项目官员。他在俄克拉何马大学获得了气象学学士(1995年)和硕士(1998年)学位,在科罗拉多州立大学获得了大气科学博士(2004年)。他的博士研究考察了人为土地利用变化对佛罗里达半岛中尺度气候的影响,该研究论文发表在《自然》和《纽约时报》上。在2006年成为大气科学和气候理事会的工作人员之前,他在美国国家海洋大气局担任研究科学家。自成为大气科学和气候理事会的工作人员以来,他指导了美国气候变化科学项目的同行评审,并调配人员研究中尺度气象观测系统、天气雷达、NPOESS航天器以及气候变化对人类健康的影响。

Rob Greenway 是美国国家科学院大气科学和气候理事会的高级项目助理。他参与了美国国家科学研究委员会的研究,发表了《关于延长热带降雨测量任务的效益评估:基于研究和行动界的视角》《国家海洋大气局科学管理计划回顾》《何处天气适合公路行驶:改善公路天气服务研究议程》和《完成预报:利用天气和气候预报表征和传达不确定性,以做出更好的决策》等报告。他在佐治亚大学获得了文学学士学位和文学教育硕士学位。

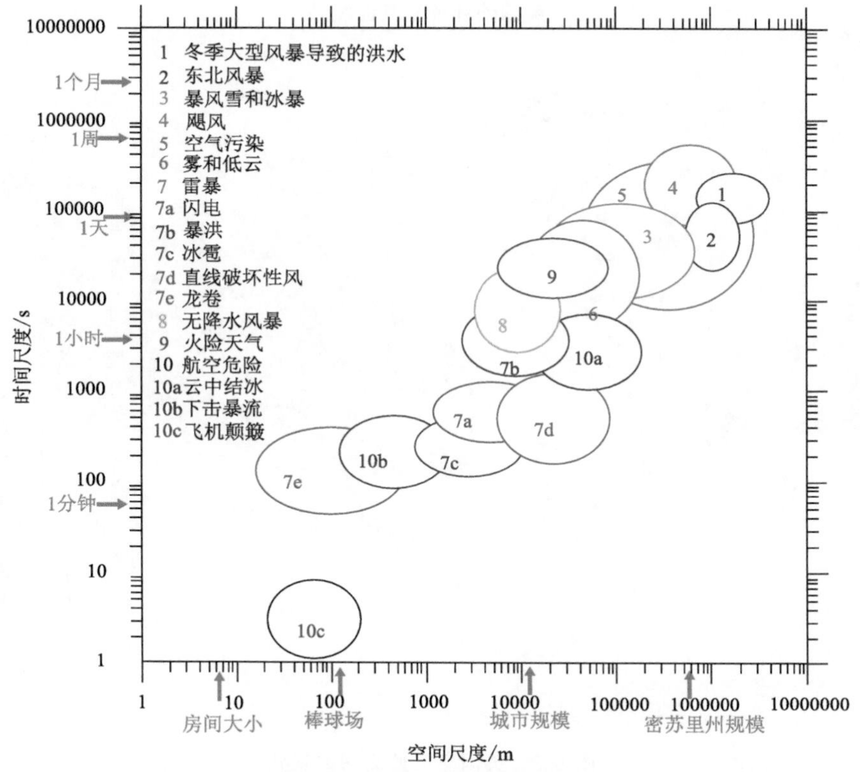

图 2.1 "高影响"天气现象相关的时间和空间尺度在附录 A 进行讨论并总结于此

注：该尺度在两个方向上均为对数。垂直坐标上标注了常用的时间单位。水平轴上列出了常用的空间尺度表示。每个现象相关的空间尺度和持续时间为典型特征，但并不具有绝对性。较大事件中所含的中尺度特征未予描述

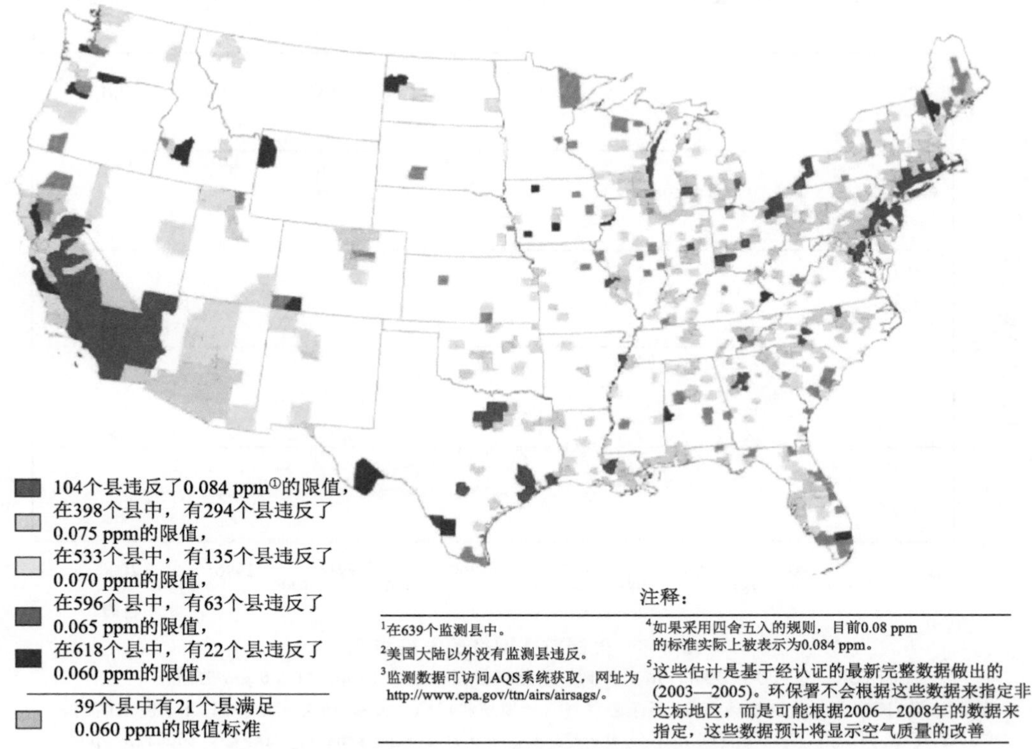

图 3.1 美国未达到 NAAQS 中 8 h 臭氧标准的县。资料来源：Scheffe(2007)

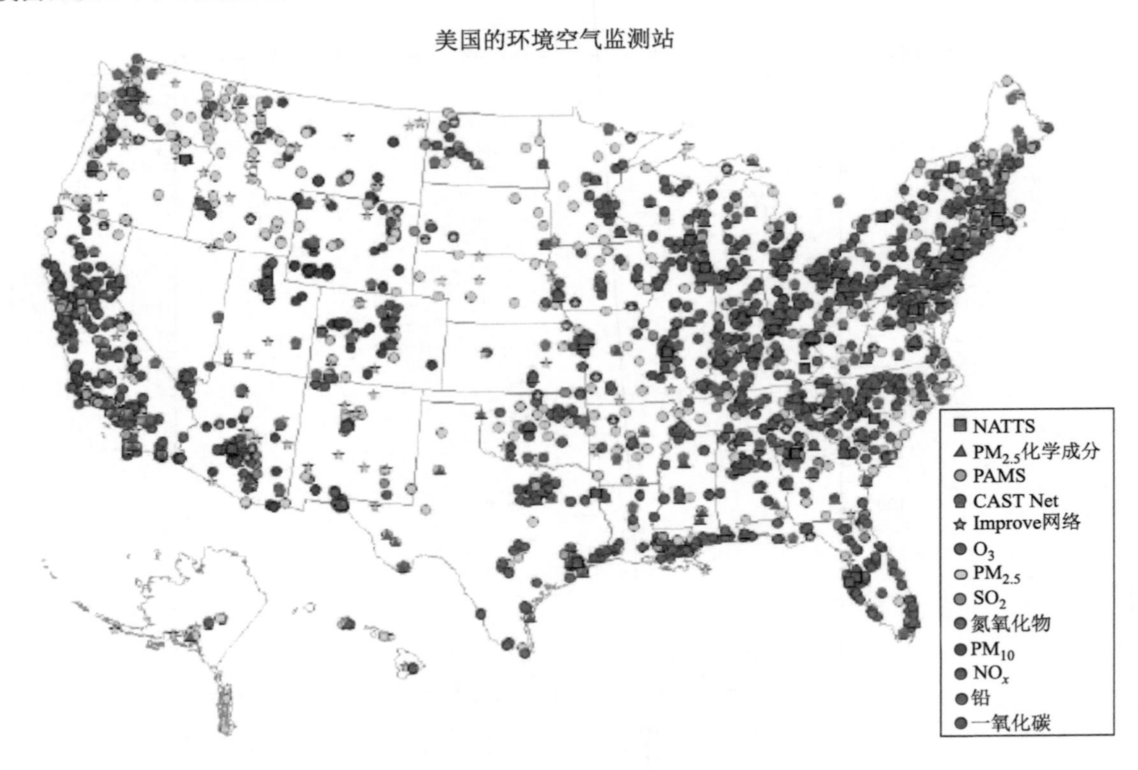

图 3.2 美国空气监测网的现状

图中显示了各个项目的站点位置，以及具体的空气污染参数在全国的覆盖范围。

关于国家空气毒物趋势站、光化学评估测量站、清洁空气现状和趋势网和 IMPROVE 网的详细情况，见附录表 B.2。

资料来源：《国家空气质量监测战略(草案)》，环保署空气质量标准和规划办公室，三角研究园，北卡罗来纳州，2005 年 12 月，相关资料可查阅 http://www.epa.gov/particles/pdfs/naam_strategy_20051222.pdf

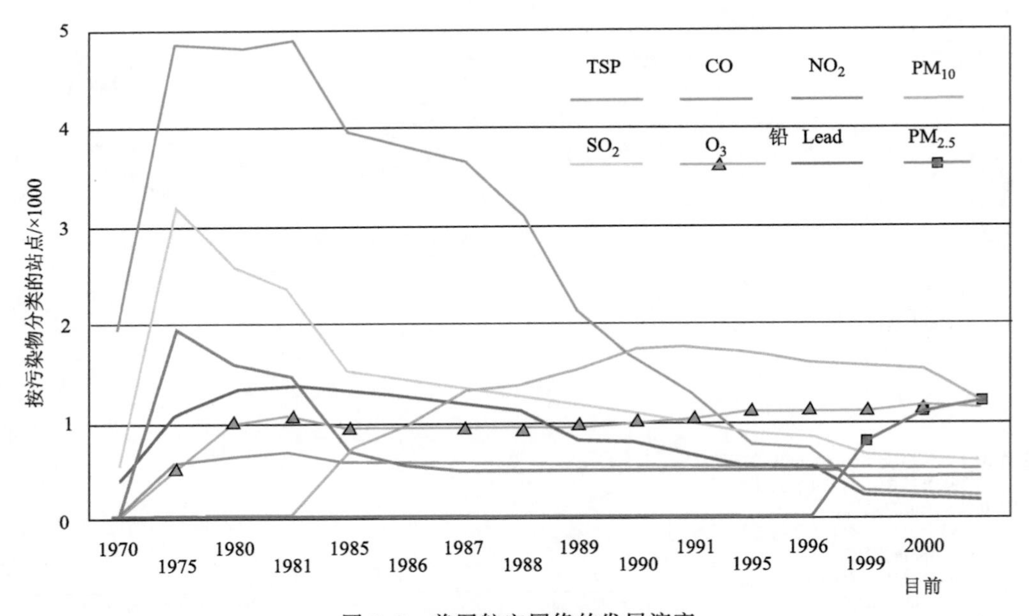

图 3.3 美国航空网络的发展演变

注：TSP＝总悬浮颗粒物，PM_{10} 和 $PM_{2.5}$ 分别指直径小于 10 μm 和 2.5 μm 的颗粒。

资料来源：国家空气监测战略草案，环保署空气质量规划和标准办公室，研究三角公园，北卡罗来纳州，2005 年 12 月，相关资料可查阅 http://www.epa.gov/particles/pdfs/naam_strat-egy_20051222.pdf

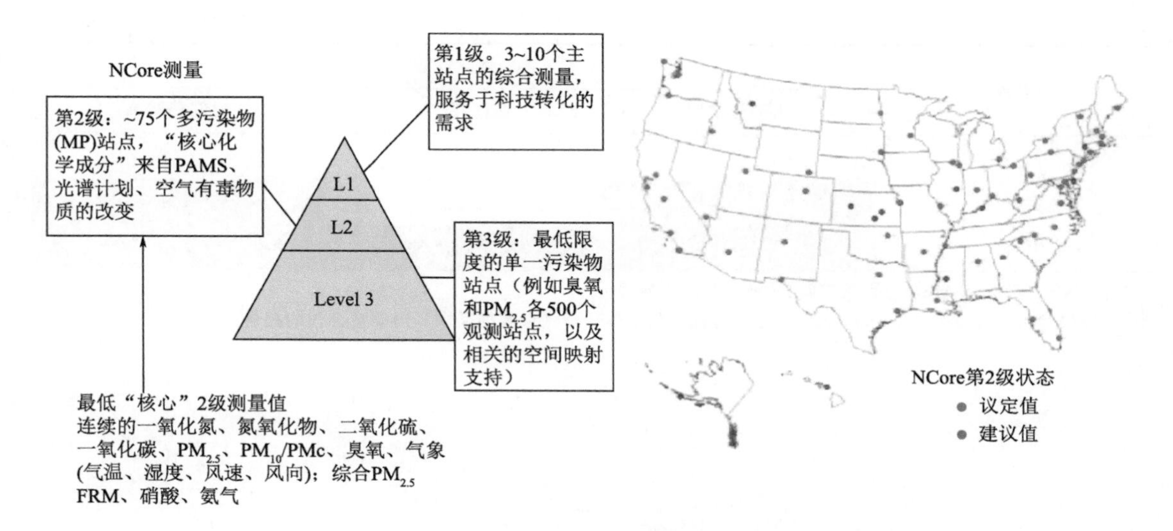

图 3.4 NCore 网络的设计

注：PAMS 是指光化学评估监测站计划，PMc 是指颗粒物的粗粒度部分，FRM 是指细颗粒物测量的联邦参考测量方法。资料来源：Scheffe(2007)

表 3.2 满足公共卫生和安全应用的关键气象观测能力概要

参数	观测问题		
	水平分辨率	垂直分辨率	时间分辨率
空气质量			
· *地表*	一般		良好
· *高空*	差	差	差
边界层高度			
· *夜间边界层*	差	差	差
· *陆地边界层*	一般	一般	差
· *海洋边界层*	差	差	差
风速			
· *地表*	良好		良好
· *空中*	一般	一般	差
温度			
· *地表*	良好		良好
· *空中*	一般	一般	差
相对湿度			
· *地表*	良好		良好
· *空中*	一般	良好	差
云层	良好	良好	良好
降水	良好		良好

续表

参数	观测问题		
	水平分辨率	垂直分辨率	时间分辨率
气压			
·*地表*	良好		良好
·*空中*	良好	良好	良好

注:NBL、CBL 和 MBL 分别指夜间、陆地和海洋边界层。

资料来源:Tim Dye,Sonoma Technologies,《社区的空气质量气象数据需求》,向委员会作的报告。

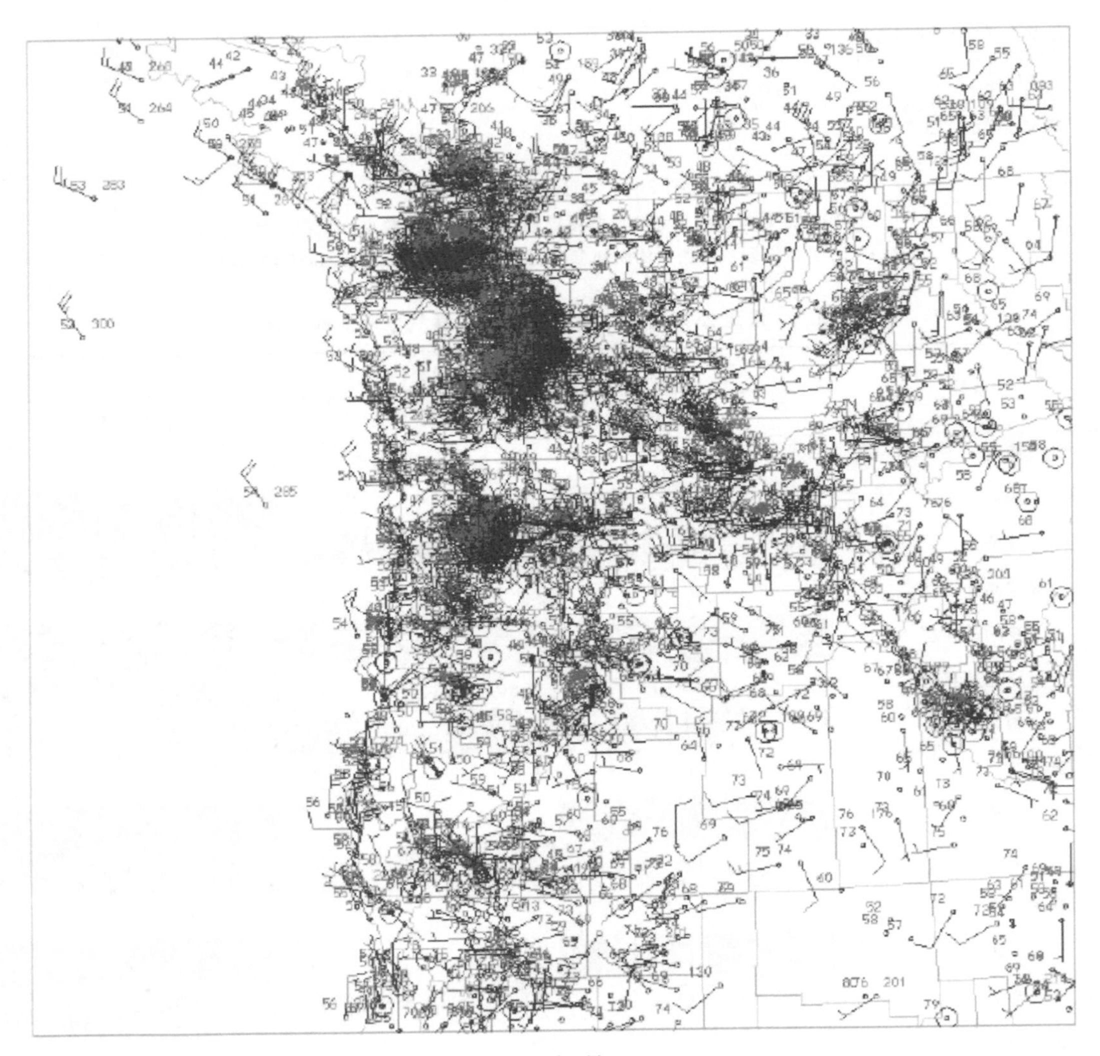

2007年10月25日　　0000Z

图 4.1　NorthwestNet 地面观测结果样本图

资料来源:图片由华盛顿大学 Cliff Mass 提供

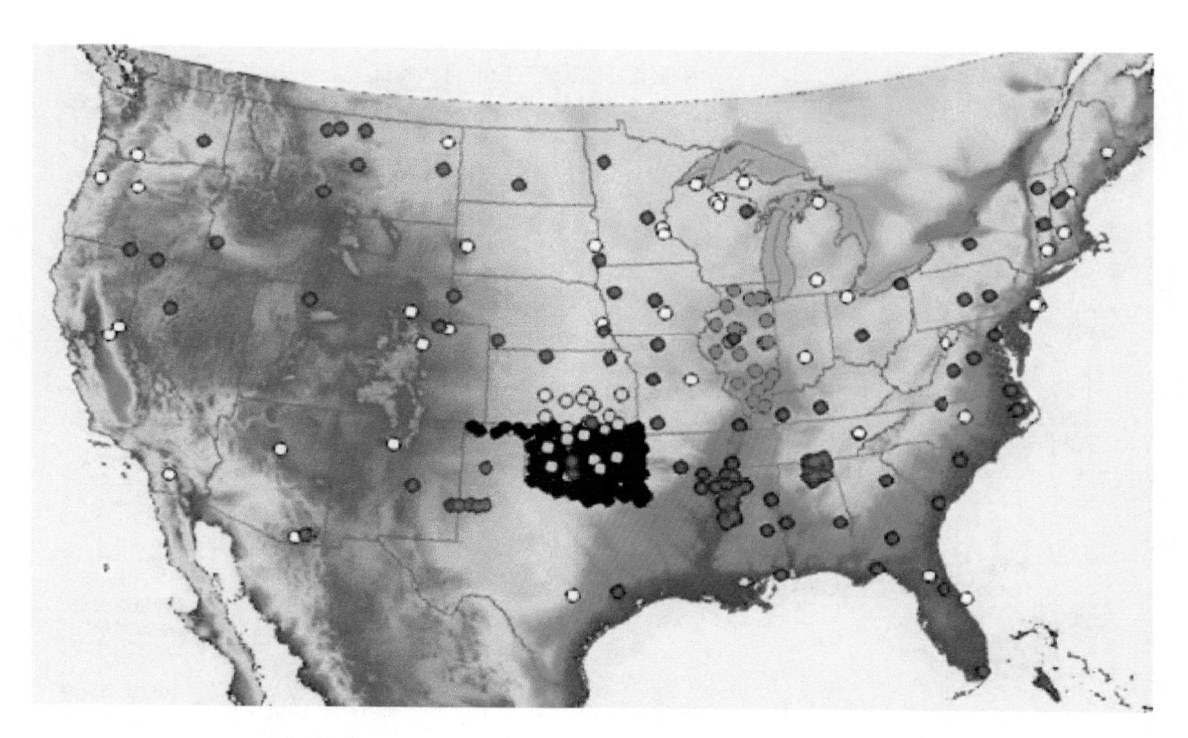

图 4.2　美国土壤水分网络记录在 http://www.eol.ucar.edu/fadb/

注：黑点代表俄克拉何马州中尺度监测网；绿色代表伊利诺伊州水文调查网络；

黄色代表大气辐射测量/云与辐射测试平台；白色代表美国通量站点；

红色代表美国农业部/自然资源保护局(USDA/NRCS)土壤气候分析网络(SCAN)。

资料来源：Scot Loehrer 提供

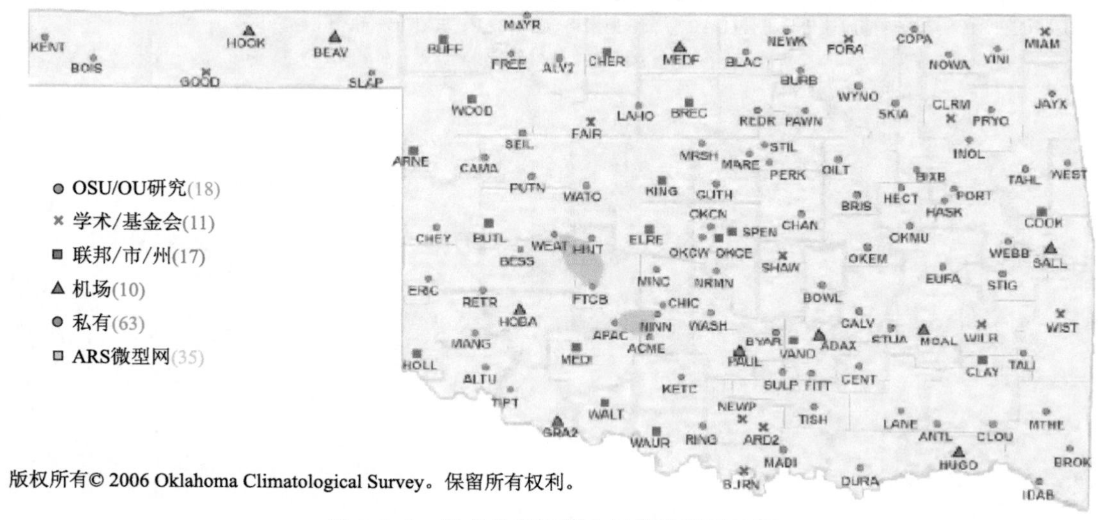

图 4.1.1　俄克拉何马州中尺度监测网地图

注：多个机构涉及个别站点

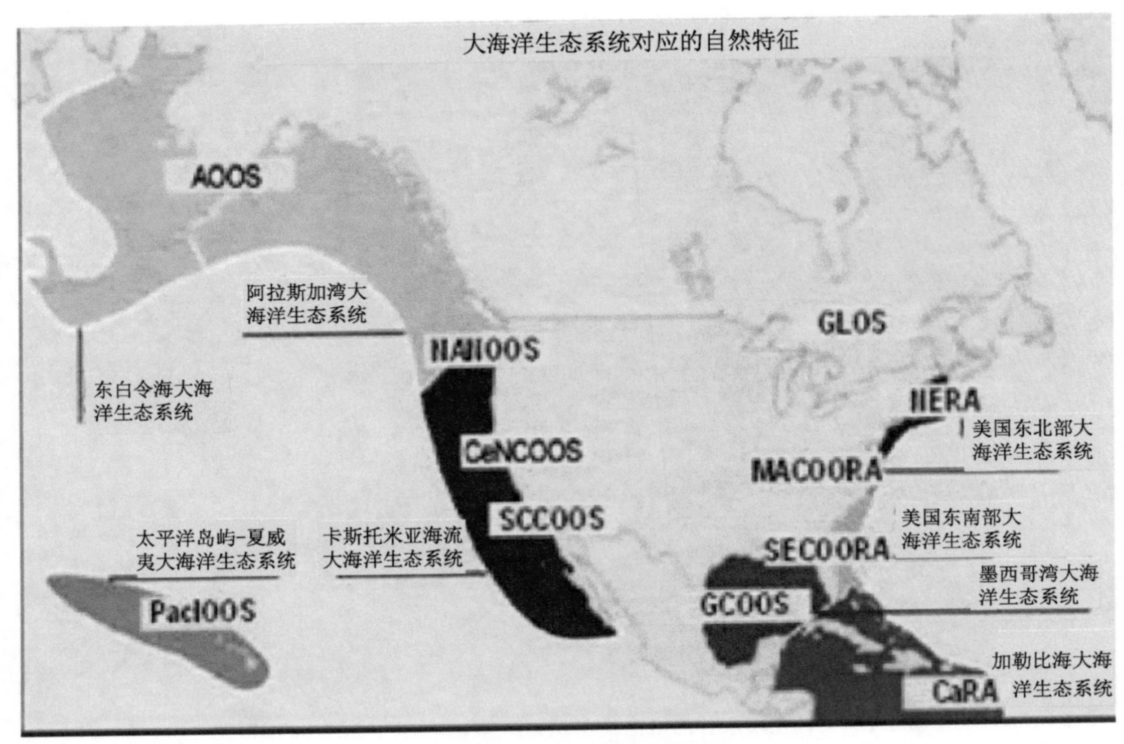

图 4.3　区域沿海观测系统

注：LME＝大海洋生态系统。资料来源：国家资料浮标中心，http://www.ndbc.noaa.gov/

太平洋沿岸地区沿海网络

太平洋海岸设有沿海自动台站(C-MAN)和国家资料浮标中心(NDBC)系泊浮标，但也有水位观测网(NWLON)、特理海洋学实时系统(PORTS)、海啸项目深海评估与报告(DART)和本地网络，如 MBARI、SCCOOS 和 OrCOOS。

14 个总网络和约 200 个观测站点

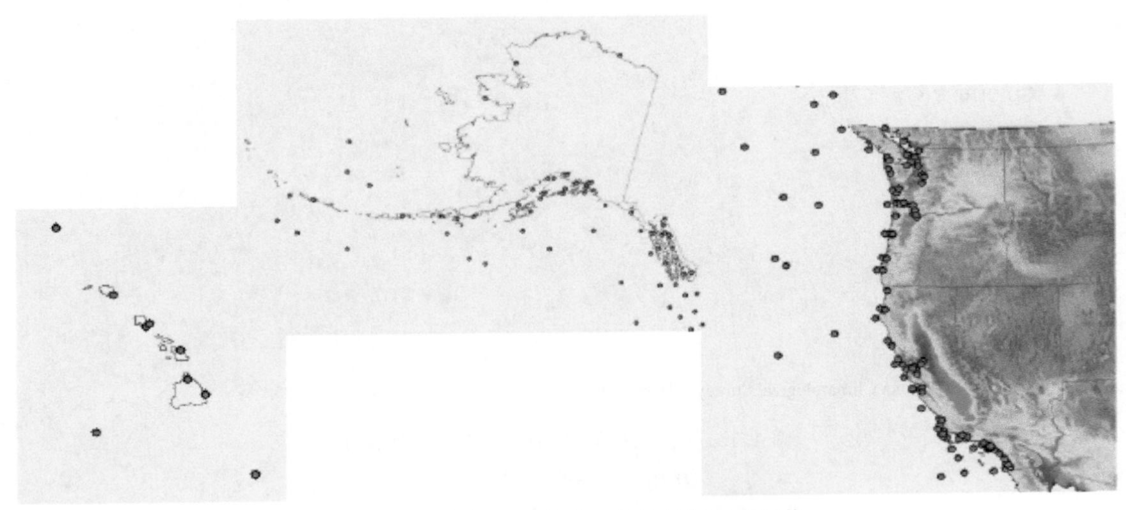

图 4.4　沿美国太平洋海岸线的沿海观测网络

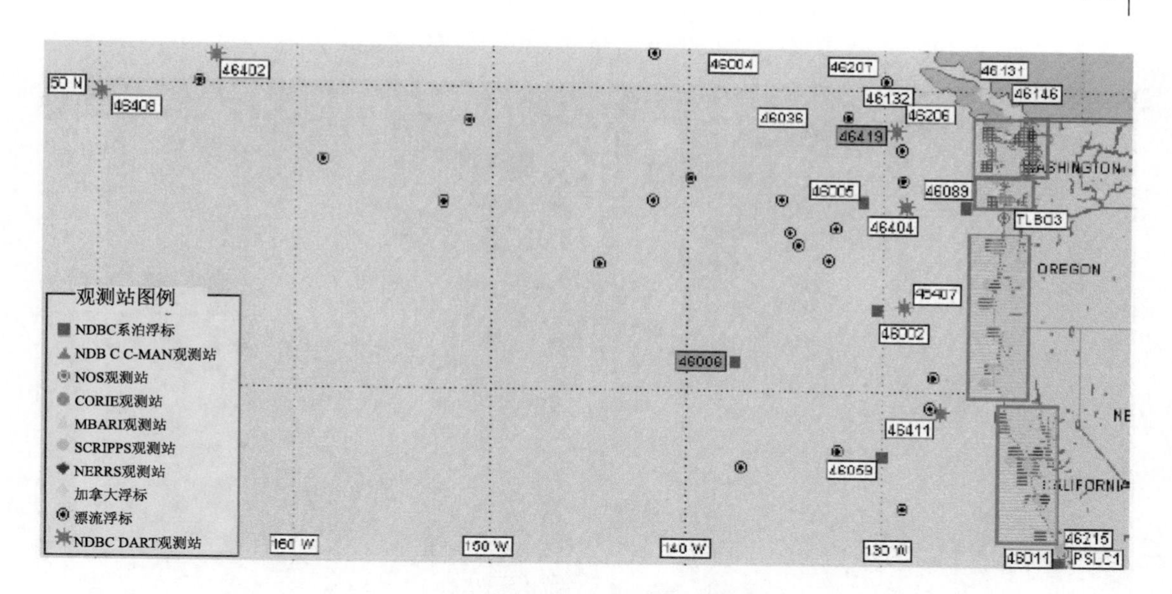

图 4.5　位于太平洋东北部的观测站点

资料来源：GAPP/NCAR 地球观测实验室，http://www.eol.ucar.edu/projects/hydrometnet。

图片来自国家资料浮标中心，http://www.ndbc.noaa.gov/

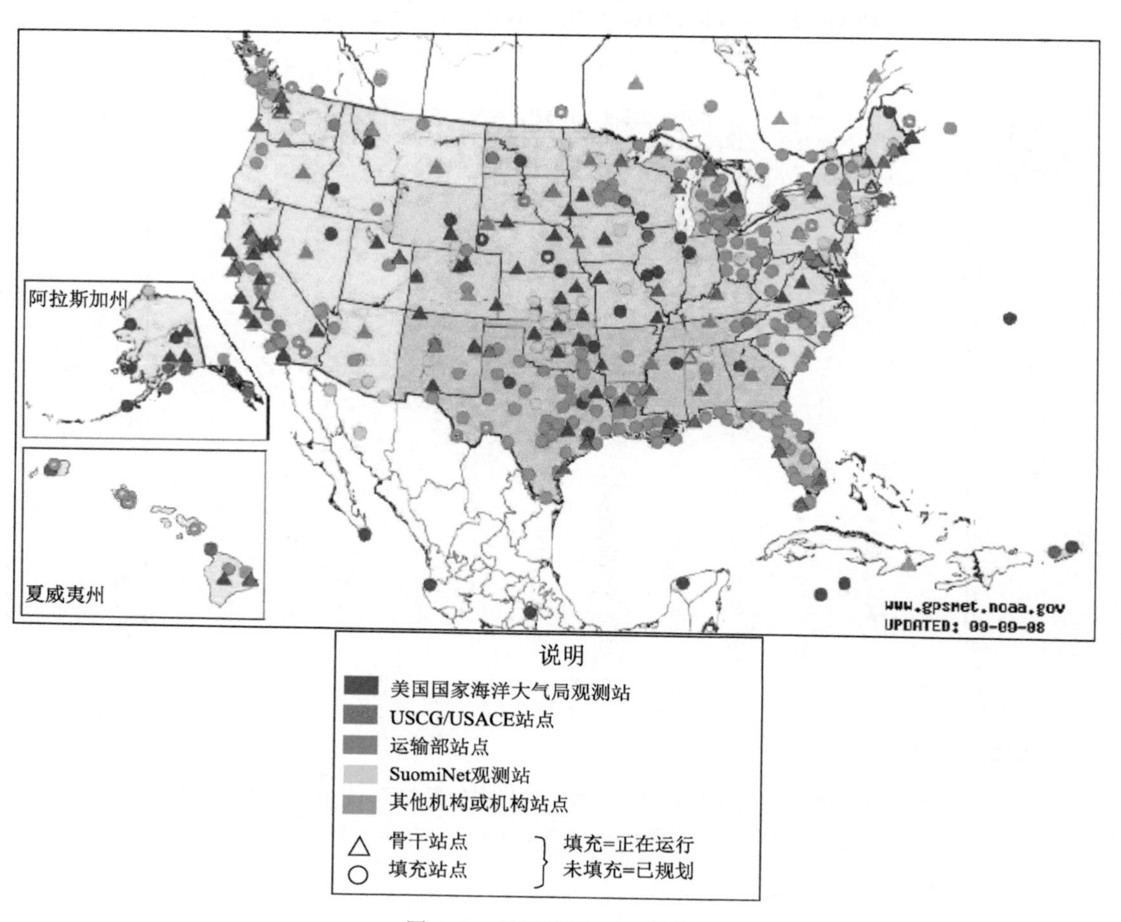

图 4.6　美国地面 GPS 网络

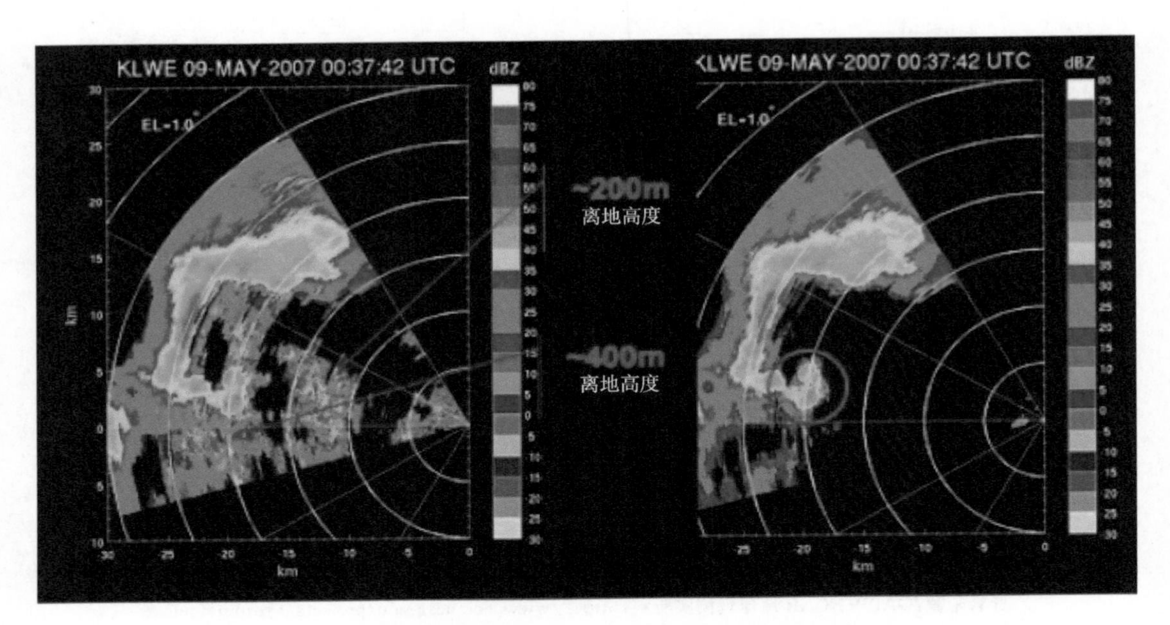

图 4.8 Lawton 龙卷在离地面 400 m 的高度显示钩状回波(红色圆圈,右图)

注:右图已进行了过滤,以消除地面杂波。资料来源:V. Chandrasakar,CSU/CASA

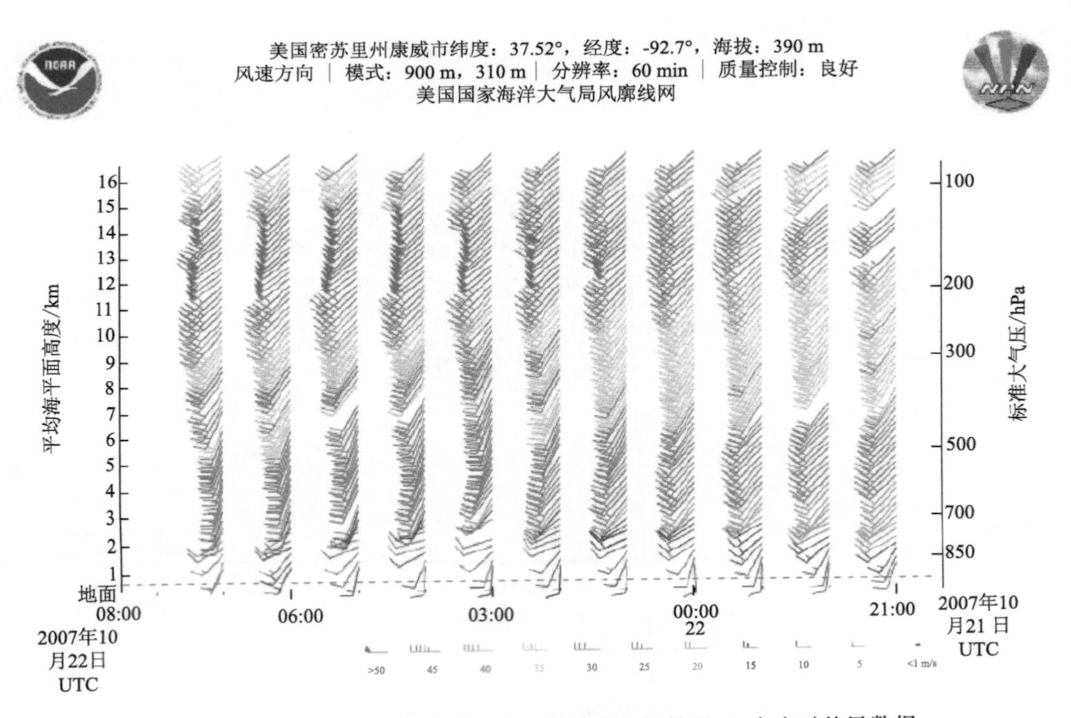

图 4.9 NPN 设置在密苏里州康威市的风廓仪提供了 11 个小时的风数据

注:短倒钩、长倒钩和旗子分别代表 5 m/s、10 m/s 和 50 m/s 的风速